Александр Вильшанский

Физическая физика
Часть 1
Гравитоника

Израиль 2014

Alexander Vilshansky

Physical Physics
Chapter 1
Gravitonics

(in Russian)

Copyright © 2014 by Alexander Vilshansky
All right reserved. No portion of this book may be reproduced or transmitted in any form or by any means, electronic or mechanical, without written permission of the author.

Publisher "DNA", Israel
Printed in United States of America, Lulu Inc. catalogue **15855528**
ISBN 978-1-312-72670-3
Contact Information - publisherdna@gmail.com
   Fax: ++972-8-8691348
   Adresse: POB 15302, Bene-Ayish, Israel, 60860

Israel   2014

Аннотация

Книга предназначена для тех, кто прошёл и школу, и ВУЗы, так и не поняв физику – из-за отсутствия нормальных объяснений. Однако она может быть полезна и академикам.

«Физическая физика» - это вовсе не «масляное масло». Она получила свое название в противовес «Математической физике», в которой явления «объясняются» с помощью математических формул и моделей, но в которой собственно «физическая» суть этих явлений остается скрытой от исследователя.

Мы попытаемся исследовать саму основу материального мира, те его «уровни», которые по своей величине лежат **ниже** уровней элементарных частиц. Но, как скоро станет понятно, все «вышележащие» уровни, вплоть до космических явлений, оказываются от них решающим образом зависимыми. Однако для простоты и краткости во многих моих статьях на эту тему используется название **«гравитоника»**.

С самых первых шагов мы обратим внимание читателя на ставшие привычными термины (и даже просто слова и выражения), получившие широчайшее распространение в научной литературе. Тем не менее, их использование нельзя считать приемлемым, а значение - вполне определенным. Поэтому значительное место в первой главе отведено методологическим принципам работы исследователя.

Читатель, не слишком интересующийся на первом этапе так называемыми «гносеологическими» проблемами (что означает по-русски – «теория познания»), а желающий сразу «взять быка за рога», может начать чтение со второй главы. Тем не менее, автор советует не пренебрегать этими вопросами, так как именно в первой главе изложен принципиально важный мировоззренческий вопрос о строении нашего мира.

Начавшись с изучения вопроса о происхождении гравитации, наше исследование стало затрагивать фундаментальные основы физики, которым начинают обучать еще в школе, вернее сказать, «вбивают в мозги». В результате подавляющее большинство людей становятся практически неспособными мыслить вне рамок так называемой «стандартной модели» мироустройства, Это, в свою очередь, позволяет оправдывать существование в науке самых невероятных представлений о мире.

Изложенная ниже гипотеза является, по мнению автора, непротиворечивой и проверяемой, что позволяет считать ее научной гипотезой.

Содержание

Вступление \ 8
Глава 1. Причина кризиса современной физики и путь его преодоления \ 10
    1. Кризис \ 10
    2. Физика и математика \ 11
    3. Бесконечная материя \ 16
    4. Научный метод познания \ 23
    5. Логика \ 24
    6. Гуманитарный метод \ 28
    7. Учение \ 30
    8. Общие положения и определения \ 31
        8.1. Что такое парадигма \ 31
        8.2. Наследие феноменологического подхода \ 32
        8.3. Гипотеза\ 34
        8.4. Базис (составная часть парадигмы) \ 37
            8.4.1. Требования к парадигме. Терминология. Попытка дать определения \ 37
            8.4.2. Реалы \ 43
            8.4.3. Пространство \ 47
            8.4.4. Иерархия реалов. Организмы \ 49
            8.4.5. Время \ 50
            8.4.6. Информация \ 52
            8.4.7. Мышление. Реальность и действительность \ 54
            8.4.8. Знание \ 58
    9. Нетривиальные следствия принятой гипотезы \ 59
    Литература \ 60

Глава 2. Причина гравитации \ 61
    1. Модель \ 61
    2. Параметры преонов и гравитонов \ 69
        2.1. Длина свободного пробега частицы в газе. Ориентировочные параметры частиц преонного газа (преонов) \ 69
        2.2. Плотность преонного газа \ 71
        2.3. Концентрация гравитонного газа \ 73
        2.4. Скорость и масса гравитонов \ 75
        2.5. Взаимодействие гравитонов большими космическими телами \ 76

2.5.1. Накопление массы \ 76
2.5.2. Гравитация \ 77
2.5.3. Энергия \ 79
2.5.4. Излучение Солнца \ 79
2.6. Вихри. Качественные представления о структуре атома \ 80
2.7. Виды вихрей \ 81
2.7.1. Цилиндрический вихрь \ 81
2.7.2. Тороидальный вихрь \ 82
2.7.3. Вихревые кольца \ 83
3. Модель атома \ 86
4. Обобщенная структура атома водорода \ 88
5. Взаимодействие преонов и гравитонов \ 92
5.1. Движение преона около протона \ 93
5.2. Взаимодействие гравитона с преоном \ 93
6. Устойчивость атома \ 94
7. Уточнение параметров гравитонов \ 96
7.1. Концентрация гравитонного газа \ 96
7.2. Ориентировочные параметры преонов и гравитонов \ 98
8. Устойчивость космических систем \ 98
9. Нетривиальные следствия \ 99
Литература \ 100

Глава 3. Основы гравитонной механики \ 101
1. Гравитонная механика \ 101
1.1. Соударение двух шаров \ 101
1.2. Движение тела в свободном пространстве \ 104
1.3. Движение тела с ускорением под воздействием силы тяжести (падение) \ 109
1.4. Обмен количеством движения (скоростями) \ 112
1.5. Источник силы \ 115
2. Взаимодействие микро- и макрочастиц \ 118
3. Ускорение и торможение макротела при наличии гравитации \ 119
4. Что такое "количество движения" \ 123
5. Источник бесконечно большой энергии \ 125
6. Несколько задач \ 126
6.1. Отражение шарика от плиты \ 126
6.2. Движение тел в свободном пространстве \ 130
6.3. Подъем груза без ускорения \ 134

7. Инерционная и гравитационная массы \ 137
8. Физическая сущность гравитационной постоянной и ее размерности \ 142
9. Энергия преонного и гравитонного газов \ 147
   9.1. Энергия движения молекул воздуха \ 147
   9.2. Энергия преонного газа \ 147
   9.3. Энергия гравитонного газа \ 148
10. О законе сохранения энергии с точки зрения гравитоники \ 149
11. Определения массы, инерции, силы, энергии в классической физике \ 150
12. Нетривиальные следствия \ 153
Литература \ 154

Глава 4. Взаимодействие гравитонного газа с веществом. \ 156

1. Движение в свободном пространстве при отсутствии гравитации \ 156
2. Абсолютная система отсчета \ 156
3. Эффект торможения движения макротел гравитонным газом \ 157
4. Разгон тел гравитонами \ 1580
5. Динамический баланс \ 162
6. Взаимодействие потока гравитонов с массой вещества \ 163
7. Торможение планеты (Земли) при движении по орбите \ 167
8. Движение планет по орбитам \ 168
9. "Космическая метла" \ 168
10. Об обратном вращении удаленных спутников Юпитера и Сатурна \ 172
11. Превращение эллиптических орбит в круговые \ 173
12. Астероиды \ 174
13. Ускорение и замедление вращения вокруг оси \ 175
14. О гравитонном механизме возникновения землетрясений \ 177
15. Гравитонная космология \ 182
    15.1. "Критическая гравитирующая масса" \ 182
    15.2. Эволюция планет \ 184
    15.3. Эволюция звезд \ 184
    15.4. Возникновение планетных систем у звезд \ 186
    15.5. Момент вращения планетной системы \ 189
    15.6. Вихри на Земле и в космосе \ 189

15.7. Галактики \ 194
15.8. Газовые гравитонные смерчи \ 202
15.9. «Темная материя» \ 206
15.10. Возникновение и формирование Вселенной \ 207
15.11. Почему мы не видим других вселенных \ 211
16. Нетривиальные следствия \ 215
Литература \ 218

Приложение 1. Пуанкаре против ЛеСажа \ 220
Приложение 2. Круговое движение в свободном пространстве \ 231
Заключение (выводы) \ 273
Нетривиальные следствия по главе 2 \ 275
Нетривиальные следствия по главе 3 \ 276
Нетривиальные следствия по главе 4 \ 277

Вступление

Работа посвящается Николасу Фатио де Дуилье, впервые обосновавшему эту идею в 1690 году и незаслуженно забытому, благодаря стараниям И. Ньютона, Ж. Ле Сажа и других великих ученых.

«Если какой-нибудь предмет имеет персональное наименование, то это никогда не бывает имя первооткрывателя, это всегда — имя какого-то другого человека. (Принцип Арнольда). Но, чтобы принципом Арнольда уверенно пользоваться, его нужно дополнить принципом Берри: «Принцип Арнольда применим к самому себе».
Академик Арнольд. «Нужна ли в школе математика» [1]

"Мне кажется, что предки наши предполагали в механизме мира существование значительно большего числа небесных кругов, главным образом для того, чтобы правильно объяснить явления движения блуждающих звезд, ибо бессмысленным казалось предполагать, что совершенно круглая масса небес неравномерно двигалась в различные времена".
"... я стал часто задумываться над вопросами, нельзя ли обдумать более разумную систему кругов, с помощью которой всякую кажущуюся неправильность движения можно было бы объяснить, употребляя уже только одни равномерные движения, вокруг их центров, чего требует главный принцип абсолютного, [истинного], движения. Принявшись за это очень трудное и почти не поддающееся изучению дело, я убедился, в конце концов, что эту задачу можно разрешить при помощи значительно меньшего и более соответствующего аппарата, чем тот, который был когда-то придуман с этой целью".

Николай Коперник (1473–1543)

Для того, чтобы иметь возможность критически оценивать любые сочинения, необходимо сформулировать свой собственный взгляд на обсуждаемые в них проблемы. Случилось так, что наш взгляд не совпадает со многими положениями современной науки. С другой стороны наш подход естественным образом не совпадает и с множеством так называемых "альтернативных" подходов, ибо, как сказал в свое время Козьма Прутков, «у каждого портного свой взгляд на искусство».

Настоящая работа выполняется автором уже 12 лет в одиночку и с великим опасением, что оно попадет в руки нынешнему «просвещенному человечеству».

Автор выражает свою глубокую признательность Соломону Хмельнику – единственному человеку, который прочитал эту книгу и дал серьезные замечания по ее форме и содержанию.

Хороший рассказ, как правило, обходится без примечаний – они органически вплетены в нить рассказа «по ходу пьесы». Но мы еще не так хорошо представляем себе наш предмет в целом, чтобы можно было заранее распланировать рассказ о нем. Поэтому примечания будут отмечаться значками (*) и располагаться прямо в конце абзаца курсивным шрифтом. Это позволит нам избежать нумерации примечаний. Их можно было бы отмечать цветом, но они будут плохо заметны при обычной черно-белой печати.

Нумерация рисунков независимая в каждой главе. Рисунки по тексту иногда не пронумерованы, если они относятся только к ближайшим абзацам, и на них нет ссылок из других мест книги.

Ссылки на литературу приводятся отдельно в каждой главе (или даже параграфе, если необходимо), часто в виде ссылок на специальный сайт в Интернете www.geotar.com/hran/gravitonica

Глава 1. Причина кризиса современной физики и путь его преодоления

1. Кризис

> *«Блажен, кто посетил сей мир*
> *В его минуты роковые...»*
> Ф. Тютчев. «Цицерон»

Сегодня то и дело слышишь и читаешь о кризисе в науке. Однако, если вы попросите десять собеседников объяснить вам, в чем он заключается, вы получите множество ответов, а значит – ни одного правильного. Потому что если бы среди них был хотя бы один правильный, то кризис, наверное, был бы уже преодолен. Но он явно затянулся. Мы видим огромные затраты средств и усилий в попытках освоить термоядерную энергию, в стремлении проникнуть вглубь материи. Но сегодня мы, как и сто, и двести лет назад, не можем внятно объяснить, что такое «заряд», что такое «гравитация», как устроен электрон, что такое фотон, и не можем ответить на множество других важных для понимания мироздания вопросов.

Поскольку никто не понимает причины кризиса, то не видно и путей выхода из него. Ситуация до некоторой степени похожа на явление кризисов в экономике в эпоху К. Маркса, который фиксировал их наличие, но не понимал их причины [2], и потому не мог предложить ничего более путного, чем разрушить саму систему капиталистического способа производства. Мы не можем идти по его пути, поскольку не хотим разрушать созданное человечеством здание науки. Поэтому единственным вариантом для нас является выяснение сути кризиса в науке и его первопричины.
Попытка разобраться в этом вопросе и привела, в конце концов, к написанию этой книги, являющейся, по мнению автора, необходимым шагом на пути к изменению ситуации.

Несколько серьезных работ, описывающих нынешний кризис в науке, собраны в приложении к этой главе www.geotar.com/hran/gravitonica/1.rar и www.geotar.com/hran/gravitonica/1/besdelimost.rar.

2. Физика и математика

Следует иметь в виду, что современная наука освободилась от влияния древних схоластических философских учений и концепций всего лишь менее двухсот лет назад (а в некоторых странах и того меньше). Об этом может свидетельствовать исключение греческого языка и латыни из числа общеобразовательных предметов в гимназиях. Первый был исключен совершенно, латынь же осталась только как рабочий язык в медицине. Академии констатировали их ненужность для дальнейшего развития науки, так как, по-видимому, более ничего полезного из трудов древних мыслителей (на языках которых следовало эти труды изучать) уже нельзя было извлечь. Это говорит, однако, о стойкости (если не сказать – рутинности) науки совсем недавнего прошлого, о метафизическом наследии, которое, так или иначе, и по сей день проявляется в науке.

Первым заблуждением науки, унаследованным от древних, является убежденность в возможности логических доказательств в метафизике, а от нее – и в физике. Неоспоримые достижения в математике убедили ученых (Аристотель) в том, что при наличии неопровержимых постулатов (аксиом) можно построить весьма стройное и непротиворечивое здание математики. Как известно, оно базируется всего на нескольких постулатах и жесткой системе операций с числами и понятиями.

Однако попытка сделать то же самое в физике приводила к неудаче за неудачей. Не удавалось найти подходящую (бесспорную) систему постулатов, а, следовательно, и логические операции над физическими понятиями не всегда могли привести к выводам, адекватным природе вещей. Классической иллюстрацией является алхимия с ее наследием – теорией теплорода. Затем появились теория относительности и квантовая механика, утверждавшие, что в макро- и микромире господствуют другие законы, чем те, которые мы можем наблюдать в повседневной реальности.

Восторг от достижений математиков был столь велик, что расхожей фразой среди солдат науки стало изречение: «В каждой науке ровно столько науки, сколько в ней математики». Это высказывание приписывается К. Марксу, человеку, сделавшему непростительные ошибки в арифметике в своем 1-ом томе «Капитала»! [2]

На самом же деле нечто другое по этому поводу сказал Кант, а именно: «Ни в какой науке нет столько науки, сколько в математике». Согласитесь, это совсем разные вещи. Так что приписываемая

Марксу цитата – это просто перифраз Канта, однако не безобидный. Но авторитет Маркса в СССР сделал фразу крылатой, и укрепил «математизаторов от науки» в убеждении их правоты.

Строго говоря, математику нельзя считать наукой в полном смысле слова. Методы доказательств в математике исключительно логические. Научный же метод познания (природы) совершенно иной (гипотеза-эксперимент-теория). А математике эксперимент не требуется, цепочка получения знания в ней иная (теорема-доказательство-теория).

Выходит, что в отличие от математики с ее неоспоримыми доказательствами, в физике сегодня ничего нельзя строго «доказать». Тот, кто на этом настаивает, либо сам не понимает проблемы, либо, сознательно или нет, пытается вас обмануть. Утверждения типа «существование темной материи доказано экспериментально» ни в коем случае не соответствуют действительности. В лучшем случае следует говорить «Известно, что…» А уж что именно и кому известно, это уже следующий вопрос...

И когда в конце XIX века уже многим казалось, что здание теоретической физики будет вот-вот завершено, стали возникать новые проблемы, требовавшие для своего разрешения введения все новых и новых постулатов. Физика все более запутывалась. Стали говорить о кризисе в физике. О Великом Кризисе….

Но кризис возник гораздо раньше, в эпоху Ньютона. Это был **методологический кризис.**

Вообще говоря, любые кризисы (в том числе и в науке) возникают в тех случаях, когда мы сталкиваемся с явлениями, которые нам не удается объяснить в рамках ранее принятых нами постулатов и гипотез. Однако кризис кризису – рознь… Одно дело, когда нам в течение долгого времени не удается придумать объяснения происходящему. Это – кризис. Но, в конце концов, объяснение находится. И совсем другое дело, когда мы меняем сам подход к таким объяснениям. Тут уже меняется «парадигма» - общий подход. Именно это последнее и случилось во времена Ньютона.

Во все времена философия была неотделима от физики, а во времена Ньютона – еще и от религии. И такой глубоко религиозный человек, как Исаак Ньютон, вполне мог допустить, что движением небесных тел (весьма и весьма согласованным!) управляет некая божественная (и, во всяком случае, необъяснимая) сила. Ведь казалось очевидным, что никакого прямого контакта между небесными телами нет! Подход Ньютона получил название «дальнодействие» (воздействие на расстоянии без посредника), а прямое воздействие одних тел на другие было названо «близкодействием».

Споры между сторонниками этих двух подходов продолжались и до последнего времени, пока не было найдено «компромиссное решение». «Творчески развив» формулировки Фарадея, влияние одних тел на другие на расстоянии отнесли за счет воздействия некоего «поля» (поля тяготения, электрического поля), а само поле было объявлено «формой материи».

Однако, легко сказать – «дальнодействие»! А попробуй объяснить «механизм»!? КАК ЭТО одни тела влияют на другие на расстоянии, не соприкасаясь с ними? Наука призвана докапываться до причин, до причинно-следственных связей между явлениями!

Объяснить эти явления не удавалось. Прежде всего, Ньютону не удавалось объяснить причину тяготения, причину гравитации. Знаменитое ньютоновское изречение «Гипотез не измышляю!» отражает не сам научный принцип Ньютона (куда ж в науке без гипотез, она только этим и занимается, что проверяет разные гипотезы - см. *Турчин* [3]), а его полное бессилие вообразить себе какой-то физический «механизм», приводящий к гравитации. И Ньютон выходит из положения в какой-то степени подобно пифагорейцам, утверждавшим, что «Мир есть числа».

Согласно подходу Ньютона, для понимания происходящего вполне можно обойтись и без знания причин тех или иных явлений. Достаточно по ряду экспериментов (чем их больше, тем лучше!) установить математические соотношения между параметрами процессов. То есть, говоря современным языком, построить «математическую модель» явления. Так, можно считать установленным фактом (!), что тела, обладающие массой (что такое масса и как ею можно «обладать» – вопрос не обсуждается в силу его якобы полной интуитивной ясности), такие тела взаимодействуют друг с другом на расстоянии в соответствии с математическим соотношением

$$F = G\left(\frac{m_1 \cdot m_2}{r^2}\right) \qquad (1)$$

где
F – сила взаимодействия (притяжения),
m – масса тел,
r – расстояние между телами,
G – некий коэффициент, размерность которого «приводит в соответствие» (!) размерности величин слева и справа от знака равенства, а величина его определяется опытным путем.

Вот и всё. После нахождения этого соотношения (названного впоследствии «Законом») поиски самой причины гравитации можно оставить энтузиастам-любителям, не царское это дело! Дело Царя – провозгласить Закон!

Но родился этот закон не на пустом месте.

Еще до этого Ньютон использовал точно такой же подход для определения результатов взаимодействия тел вообще.

Так называемый «Первый закон Ньютона», гласящий, что «тело находится в состоянии покоя или равномерного прямолинейного движения до тех пор, пока какое-либо воздействие не изменит этого его состояния» – этот закон на самом деле был сформулирован еще Галилеем.

«Галилей...сформулировал первый закон механики (закон инерции): при отсутствии внешних сил тело либо покоится, либо равномерно движется. То, что мы называем инерцией, Галилей поэтически назвал «неистребимо запечатлённое движение». Правда, он допускал свободное движение не только по прямой, но и по окружности (видимо, из астрономических соображений). Правильную формулировку закона позднее дали Декарт и Ньютон; тем не менее, общепризнанно, что само понятие «движение по инерции» впервые введено Галилеем, и первый закон механики по справедливости носит его имя».

http://ru.wikipedia.org/wiki/%D0%93%D0%B0%D0%BB%D0%B8%D0%BB%D0%B5%D0%B9,_%D0%93%D0%B0%D0%BB%D0%B8%D0%BB%D0%B5%D0%BE

(Примите во внимание также цитату из статьи Арнольда в самом начале книги о связи названия и авторства, вернее об отсутствии такой связи.)

Однако, как рассчитывать то или иное взаимодействие тел? Неужели каждый раз ставить какие-то опыты в конкретных условиях, как это делал Галилей? Ведь все тела – разные, и силы между ними возникают самые разнообразные!?

И Ньютон делает гениальный ход. Он говорит нам – давайте не будем задумываться над конкретной причиной каждого движения! Тело покоится или движется равномерно-прямолинейно? Очень хорошо, значит, на него ни с какой стороны не оказывается никакого воздействия!

Но ведь тело может двигаться иначе! Оно может ускоряться или замедлять свое движение. И тогда, по Галилею, это означает, что на него-таки оказывается некое воздействие! Назовем это воздействие «силой» (что по сути одно и то же), и тогда можно считать, что чем больше эта сила, чем сильнее воздействие, тем быстрее тело начинает ускоряться или замедляться. Ну и, конечно, степень этого «ускорения-замедления» (со знаком плюс или минус) должна зависеть от массы тела. Чем больше масса, тем, очевидно, бóльшая сила потребуется для создания того же самого ускорения. Короче – все очень просто:

$$F = ma, \qquad (2)$$

где

m – масса тела,

a – ускорение.

Это соотношение было названо «Вторым законом Ньютона». Из этих двух соотношений (1) и (2) было получено огромное количество следствий; была создана большая и почти завершенная теория, именуемая «ньютоновской механикой». В обоих случаях, повторяем, был применен один и тот же подход – математическое моделирование процессов без изучения их внутренних причин.

Метод себя так хорошо «зарекомендовал», что впоследствии, когда возникла необходимость изучения электричества, он был применен Кулоном для формулировки «закона Кулона», точно определявшего силу взаимодействия между «заряженными» телами, не интересуясь самой сущностью понятия «заряд».

Именно поэтому мы сегодня и не имеем представления ни о природе электрического заряда, ни о природе тяготения (общая теория относительности не в счет, это такая же математическая модель, как и все остальные, да еще с произвольными постулатами).

Таким образом, было положено начало <u>математизации физики</u>, что на первых порах выглядело (да и было на самом деле) колоссальным научным достижением. Но за это достижение наука заплатила отказом от своего главного предназначения – поиска и установления причин явлений.

Хотя ведь можно спросить – кто ж кому мешал заниматься поисками этих причин? Ищите причины гравитации на здоровье!

А вот и нет!

Читая в иных учебниках рассказы о Ньютоне, можно подумать, что открытие причины гравитации во времена Ньютона было слишком трудным делом; и пока не родился Эйнштейн, действительно, не удавалось даже сделать разумные предположения относительно этой причины. Однако, это не так.

Именно во времена Ньютона (1642—1727) Николас Фатио де-Дуилье (Швейцария, 1690) предложил (и в возможной по тому времени мере) детально разработал теорию гравитации, основанную на принципе «близкодействия». Но он не был столь известен в те времена, как Ньютон, и последний просто затмил Фатио своим авторитетом. Не последнюю (отрицательную) роль сыграла здесь и католическая церковь [4]. Но, чтобы найти мировоззренческий корень этой проблемы, нам придется погрузиться еще больше в глубь веков.

Все, конечно, началось в очень Древней Греции...

3. Бесконечная материя

«Я не СВОЖУ понятие материи к какой-то частице, это делают «атомисты». В моем понятии «материя» бесконечно делима. Каждая частица «материи» (это слово добавлять вовсе не обязательно, можно как раз по Витгенштейну - спасибо! – каждая частица МИРА) состоит из еще более мелких частиц. И - всё. Понятие «материя» для физика становится ненужным. А хвылософы – да пусть их... Лишь бы не мешали, что они постоянно делают...»

(Из письма автора к оппоненту)

Под словом **«материя»** древние греки понимали вообще все природные объекты, которые может изучать человек опытным путем. И, хотя мир людей прошлого был явно ограничен небосводом, кое-кто из "еретиков-теоретиков" уже очень давно, задолго до Птолемея, догадался, что мир наш бесконечен вширь и вглубь.

"Вширь" означает, что мы наблюдаем очень небольшую часть Вселенной, которая распространяется на неизвестное расстояние. Впоследствии создание телескопов сделало это утверждение почти очевидным.

"Вглубь" - предполагает делимость материи; более крупные ее единицы (части, куски) состоят из более мелких частей, и так далее до не известного нам пока предела. Создание микроскопов сделало и это утверждение почти очевидным.

"Почти" потому, что всегда находились и находятся сторонники иной точки зрения.

Ситуация в науке во времена Птолемея неплохо описана в статьях:

1) http://scepsis.ru/library/id_649.html
2) http://files.school-collection.edu.ru/dlrstore/d62a2628-a780-11dc-945c-d34917fee0be/08_arnold-schoolmath.pdf

Глава 1. Причина кризиса современной физики и путь его преодоления

Долгое, очень долгое время для людей было «очевидно», что мир ограничен «хрустальным сводом небес». Затем границы мира раздвинулись эдак примерно на 15 миллиардов световых лет, но, тем не менее, для научных работников «птолемеевского типа» было по-прежнему «очевидно» (и, конечно, «доказано»), что Вселенная наша этим пространством и ограничена. Возникли «теории», объясняющие единственность нашей Вселенной через ее возникновение путем «математически обоснованного» Большого Взрыва.

Демокрит и Левкипп

Все эти ученые искали «первоматерию», «праматерию», те «кирпичики», из которых, по их мнению, построено Мироздание (аналогично всякому зданию, которое они видели перед собой – отсюда и термин «мироздание»). Сегодня они ищут «Бозон Хиггса».

Авторитетом для этих ученых являлся Демокрит (ученик Левкиппа), который более 2000 лет назад предположил, что мир состоит из неделимых частиц - "атомов" ("а-том" - не-делимый).

Википедия пишет также:

Главным достижением философии Демокрита <u>считается развитие им учения Левкиппа об «атоме»</u> (вспомнили «Принцип Арнольда»? – см. эпиграф к книге) - неделимой частице вещества, обладающей истинным бытием, не разрушающейся и не возникающей (<u>атомистический материализм</u>). Он описал мир как систему атомов в пустоте, отвергая бесконечную делимость материи, постулируя не только бесконечность числа атомов во Вселенной, но

Глава 1. Причина кризиса современной физики и путь его преодоления

и бесконечность их форм (идей, εἶδος — «вид, облик», материалистическая категория, в противоположность идеалистическим идеям Сократа).

Следовательно, Вселенная бесконечна, раз число атомов в ней бесконечно? Однако этот естественный вывод ими почему-то не делался (прим. автора).

Атомы, согласно этой теории, движутся в пустом пространстве (Великой Пустоте, как говорил Демокрит) хаотично, сталкиваются и вследствие соответствия форм, размеров, положений и порядков либо сцепляются, либо разлетаются. Образовавшиеся соединения держатся вместе и таким образом производят возникновение сложных тел. Само же движение есть **свойство**, естественно **присущее** атомам. Тела — это комбинации атомов. Разнообразие тел обусловлено как различием слагающих их атомов, так и различием порядка сборки, как из одних и тех же букв слагаются разные слова. Атомы не могут соприкасаться, поскольку всё, что не имеет внутри себя пустоты, является неделимым, то есть единым атомом. Следовательно, между двумя атомами всегда есть хотя бы маленькие промежутки пустоты, так что даже в обычных телах есть пустота. Отсюда следует также, что при сближении атомов на очень маленькие расстояния между ними начинают действовать силы отталкивания. Вместе с тем, между атомами возможно и взаимное притяжение по принципу «подобное притягивается подобным».

Здесь можно обсуждать чуть ли не каждое слово.

Но, хотя такой авторитетный мыслитель всех времен как Аристотель, не был согласен с Демокритом, особых споров на эту тему не возникало 2000 лет до тех пор, пока ученые не стали проникать внутрь этих самых якобы "неделимых" атомов.

То, что атом в XX столетии оказался делимым, большой проблемы не составило – ведь, в конце концов, тут проблема терминологическая. Отодвинули предел делимости - и всё. («Назови хоть горшком, только в печку не ставь!» - говорит русская пословица). Вначале атомами были названы частички разных "веществ", которые, как выяснилось впоследствии, состояли из еще более мелких частиц. Но менять терминологию уже не стали, назвав теперь уже казавшиеся неделимыми частички «атомов» "элементарными частицами". Постепенно оказалось, что количество видов этих "элементарных" столь велико (более трехсот!), что уже можно было предполагать наличие у них собственной структуры. Но, поскольку понять и обнаружить их внутреннюю структуру не удавалось, была развита "полевая" (математическая, феноменологическая) теория материи. Это казалось тем более логичным, что так и не удалось объяснить в классических понятиях ни природы электричества, ни природы тяготения. Была сформулирована задача создания так называемой "общей теории **поля**" (математической теории, конечно), решить которую за сто лет после объявления этого пути "магистральным направлением науки" не удалось никому.

Неуспех этих попыток в значительной степени можно приписать неверной философской базе. В основе любой из существующих гипотез о строении мироздания (а это именно гипотезы, обычно громко именуемые "теориями") вы, чаще всего, найдете представление о неких "основных, элементарных" (а то и неделимых) частицах "материи", "обладающих" теми или иными "свойствами". Пресловутая самая современная "теория струн" – не исключение, а именно развитие подобного подхода. Вполне логичным результатом кажущейся невозможности в наглядной (так называемой - "физической") форме объяснить возникновение и течение основных физических процессов была постепенная и полная "математизация" физики - замена наглядного описания процессов их математическими моделями.

Здесь следует дать небольшое пояснение, во избежание недоразумений. Конечно, математическое описание любых процессов совершенно необходимо для уяснения количественных соотношений меняющихся параметров. Но совсем иное дело - построение математической модели процесса, когда постулируется существование некоего воздействия неизвестной природы, затем это воздействие обозначается математическим знаком, и в дальнейшем количественные соотношения "связываются" с этим воздействующим фактором. Это позволяет развивать "теорию" процесса, не интересуясь внутренней сущностью, природой самого воздействующего фактора, но, одновременно, это и тормозит исследования. И если вы встречаете в тексте слова вроде "обозначим это действие буквой F", будьте осторожны - вас могут "математизировать".

Само по себе предположение о возможности существования какого-либо предела нашего мира принципиально не меняет нашего мировоззрения, если только декларируемый предел всегда находится за пределами нашего наблюдения, то есть по мере исследования граница мира отступает от нас, как горизонт от путешественника. (А вот предположение об изменении характера физических законов, начиная с определенных размеров объектов, должно было быть обосновано лучше, чем простое постулирование этого весьма неочевидного утверждения).

В "атомистической" гипотезе есть один "неприятный" момент, казавшийся неприемлемым еще Аристотелю. Если признать существование неких **неделимых** частиц, то становится невозможным и признание бесконечности мира "вглубь". Граница мира в этом случае не отодвигается от нас по мере исследования; мы просто натыкаемся на нее. Философия здесь ставит ловушку научному методу познания - исследователю кажется, что с помощью удачной математической модели ему удастся найти нечто неизведанное, что вытекает с необходимостью из математики - царицы наук, претендующей на полную логичность своих выводов. Но такие надежды могут оказаться беспочвенными. Пифагорейство с его числами как основой мира не смогло продвинуться до физики; осталась голая философия. Математическая модель всегда базируется на выявленных в эксперименте соотношениях **между уже известными процессами**. Изменения в математическую модель могут быть введены только после экспериментального обнаружения новых фактов. И именно так и делается.

В определенном смысле такой подход мало отличается от уверенности древних философов, что путем одного лишь логического развития основных постулатов можно познать всю Природу. Этот подход был отвергнут развитием науки. Но чем же отличается от него подход математический? И в нем присутствует логика, да еще какая – безупречная! И в нем развитие теории базируется на логических выводах из постулатов.

Но, в конце концов, вы упираетесь в тупик. Потому что, в отличие от математики с ее немногочисленными постулатами, в физике вы никогда не уверены, что ваша система постулатов достаточна и полностью определена. Чтобы это понять, философам потребовался весь XX век.

Кроме того, из раздела о научном методе познания (см. следующий раздел) следует, что математические модели и связанные с ними гипотезы относятся к разряду непродуктивных. Продуктивная же ("рабочая") гипотеза должна не только объяснять все известные факты, но и предсказывать новые. Такие случаи в современной математической физике известны (предсказание и обнаружение позитрона), но они - единичны. Да и существование самого позитрона некоторыми исследователями до сих пор ставится под сомнение. И современная математическая физика (матфизика), осознавая это, уже предлагает нам гипотезы, которые просто по

Глава 1. Причина кризиса современной физики и путь его преодоления

определению нельзя проверить экспериментально (гипотеза "Большого Взрыва", "теория струн", и т. п., см. Ли Смолин "Неприятности с физикой" [7].

Таким образом, эта "физика" непосредственно смыкается с мистикой, ибо непонятно, чем с философской точки зрения гипотеза происхождения мира в результате "Большого Взрыва" из некоей точки ("сингулярности") лучше, чем простая и понятная (и столь же непродуктивная, кстати) гипотеза Божественного происхождения нашего мира.

Более того, оказывается, что подобные математические модели (в содружестве с философией, а иного и ожидать трудно) ставят предел развитию представлений о бесконечности мира "вширь". За пределами нашей Вселенной (не то расширяющейся, не то сжимающейся) якобы вообще нет Ничего (Ничего с большой буквы) - ни пространства, ни времени. Модель, мало чем отличающаяся от идеи Сотворения Мира Всевышним.

Возможно, Аристотель интуитивно не мог согласиться с основной идеей Демокрита-Левкиппа о существовании "неделимых частиц" как основы мироздания. На уровне знаний своей эпохи Аристотель считал, что материя "обладает свойством сплошности", другими словами - сколько воду или масло ни разделяй на части, эти части всегда останутся частями воды или частями масла.

Понятно, что эта идея получила обоснованную отставку после того, как было обнаружено, что различные комбинации атомов химических элементов могут давать вещества, совершенно отличающиеся по своим "свойствам". Но одновременно была отодвинута на задний план и сама идея бесконечной делимости материи вообще!

Нужно сказать, что в атомистической гипотезе кроме принципиальной невозможности ответить на вопрос, ЧТО находится у этих неделимых частиц внутри (из чего они состоят), мы немедленно сталкиваемся с необходимостью объяснять, что такое пространство, и что такое время. Это не сразу очевидно, но это так. Ибо, отрицая существование все более мелких частиц, мы тем самым теряем ориентиры в пространстве между этими частицами; пространство становится неизмеряемым. То же касается и времени (в принятой здесь в дальнейшем нашей парадигме оно измеряется периодами вращения вихрей внутри частиц, но обо всем этом — позже).

Развиваемая здесь парадигма (общий подход) не отказывается ни от общепринятых на сегодня в классической физике способов объяснения, что такое **пространство и время**, ни от методов их измерения. Как и в классической физике, пространство и время мы признаем не зависящими друг от друга понятиями. Они не СУЩествуют в природе как физические СУЩности (объекты), и применяются только разумными наблюдателями для описания происходящих вокруг них явлений. В природе СУЩествуют только более или менее организованные конгломераты частиц и те или иные процессы (в принципе сводимые к соударениям частиц).

В подходах Демокрита и Аристотеля к объяснению явлений мы можем наблюдать часто встречающийся "дихотомический" подход, решение вопроса по принципу "ИЛИ-ИЛИ, третьего не дано". Но этот подход существенно ограничивает исследователя. Ведь вполне возможно, что существуют вовсе не две взаимно исключающие друг друга модели явлений; таких моделей может быть и несколько.

Увы, мы сегодня имеем дело с тем случаем, когда мадам Философия, претендуя на право "объяснять" мир, в очередной раз поставила труднопреодолимый барьер перед Наукой, и перед теми, кто действительно хотел бы **объяснить** мир.

Ниже развивается **физическая модель** мира (в которой математике отводится подобающая ей роль служанки, а не хозяйки в доме). Эта модель базируется на предположении о бесконечной делимости материи (но вовсе не на аристотелевской идее), позволяющей проникнуть в ее глубины, а также на предположении о бесконечности мира "вширь". При этом не возникает необходимости отменять общие физические закономерности ни на одном уровне размеров (как это делает квантовая механика, объявляя законы макромира неприменимыми в микромире).

Оказывается, **признание бесконечной делимости материи** вовсе не обязательно связано с кажущимися сегодня наивными представлениями Аристотеля. Состояние материи в виде исключительно малых частиц - это состояние близкое к идеальному газу, каждая частичка которого представляет собой вихрь еще более мелких частиц, находящихся в том же пространстве. И так далее, по схеме "газ в газе". В такой системе частички каждого газа (каждого уровня малости) являются «строительным материалом» для частиц более крупных, и причиной существования частиц еще более крупных.

Такой подход не ставит ограничений минимальным размерам частиц. И, хотя в данной работе рассматриваются только два уровня "газов" - преонный и гравитонный, но предполагается существование и более мелкодисперсных сред. При этом не возникает проблемы "пустого пространства" - пространство заполнено всеми видами газов на любом микроуровне. И, если даже мы рассматриваем столь малый объем, что в нем не размещается частичка какого-то одного уровня, то в нем всегда найдется место для достаточно большого количества еще более мелких частиц (частиц относительно мелкодисперсного газа или газов). **Пространство никогда и нигде не является совершенно пустым в том смысле, что с вероятностью, равной единице, в любом наперед заданном объеме всегда найдется, по меньшей мере, одна частица какого-либо из газов. А, следовательно, эта частица (и еще более мелкие) может служить масштабом измерения.**

Автор надеется, что внимательному читателю это станет ясно уже после прочтения первых двух глав этой книги.

4. Научный метод познания (НМП)

Я не могу вспомнить ни единой первоначально составленной мною гипотезы, которая не была бы через некоторое время отвергнута или изменена мною...

Ч. Дарвин

Научный метод познания действительности имеет три ступени – **догадка (предположение), гипотеза, теория**, следующие обычно одна за другой.

На первом этапе высказывается некоторое **предположение о причинно-следственной связи** тех или иных известных явлений, фактов, относящихся к какой-то области знания. Предположение (**догадка**), не претендует на полное объяснение **всех** известных явлений в данной области и связей между ними.

На втором этапе (создание **гипотезы**) ученый выдвигает некоторый **ОБЩИЙ ПРИНЦИП**, некоторое общее объяснение **всех без исключения** известных фактов и их взаимосвязей. Это объяснение может быть не единственным; все известные факты могут объясняться по-разному, могут "укладываться" в разные гипотезы. Но общее требование к гипотезе состоит в том, чтобы она объясняла **все без исключения** известные в данной области науки факты. В противном случае она не является гипотезой, а остается лишь **правдоподобным предположением.**

И лишь на **третьем этапе** возникает собственно **научное знание - теория**. Она возникает тогда, когда на основе одной из известных гипотез делаются некоторые логические умозаключения, позволяющие предсказать еще не известные науке факты. А затем, с помощью **специально поставленного эксперимента,** эти факты обнаруживаются, чем и подтверждается правильность предсказаний. В результате данная гипотеза укрепляется в ранге теории, а остальные гипотезы вынуждены объяснять эти новые факты со своих позиций. Если это удается, гипотезы остаются "в ходу", если нет - выходят из употребления. По мере того, как предсказываются все новые и новые факты, и по мере того, как они экспериментально подтверждаются, гипотеза получает всеобщее признание как продуктивная, а остальные гипотезы (даже если они в состоянии объяснить вновь обнаруживаемые с помощью новой продуктивной гипотезы факты), постепенно сходят со сцены как непродуктивные. Таким образом, **продуктивная гипотеза превращается в рабочую теорию.**

Первые два этапа (*догадка и гипотеза*), хотя и направлены на получение научного знания, еще не являются самим этим **знанием.** Это лишь полуфабрикаты, заготовки, детали, подготовительные операции, а не научный инструмент, с помощью которого можно добывать новые факты и знания. Таким инструментом является лишь **научная теория.**

Первому этапу (догадке, "озарению") предшествует сбор и накопление сведений (данных) о явлениях, позволяющий, в конце концов, высказать некоторые предположения о взаимосвязи вещей или явлений. Но эти данные еще не есть научное знание. А наука занимается именно добыванием знаний, сбор данных для нее - обычный необходимый этап, как для золотоискателя - копание шурфов по определенному плану. Даже открытие новых связей между явлениями - еще не научное знание. Лишь **раскрытие причинно-следственных связей между явлениями и фактами есть научное знание.**

Конечно, часто бывает, что одни ученые только предсказывают логически или доказывают математически неизбежные следствия из данной гипотезы, а другие - только экспериментально подтверждают эти предсказания. Тем не менее, и те, и другие добывают научное знание.

Становление Теории обычно весьма медленный процесс, включающий в себя много ступеней типа "предсказание-эксперимент". Предсказание и последующее открытие Менделеевым "эка-силиция" было, вообще говоря, недостаточным для торжества Периодического Закона как Теории. Потребовалось последующее открытие "эка-бора" и других "эка" - элементов, в том числе и радиоактивных, чтобы эта система получила всеобщее признание и стала Теорией, орудием познания.

Создание Теории есть процесс укрепления Гипотезы. И это укрепление осуществляется множеством людей. Развитие новой теории обычно начинается на базе существующей. Это происходит в тот момент, когда эксперименты, поставленные с целью подтверждения очередного логического вывода из существующей теории, не дают этого ожидаемого подтверждения. Это происходит и тогда, когда количество необъяснимых явлений превышает некоторую «разумную» величину. Иногда достаточно даже одного такого необъяснимого явления.

Именно в этом смысле употребляют выражение "отрицательный результат - это тоже результат". Обычно такого рода отрицательные результаты, накапливаясь, ставят исследователей перед необходимостью создания новой теории, которая в своем развитии проходит те же этапы: "догадка – гипотеза - теория".

В областях, где метод научного познания лишь начинает прокладывать себе дорогу, существует тенденция к завышению "ранга" достигнутого научного уровня. Предположения именуются гипотезами, а факты, которые в эти "гипотезы" не лезут, игнорируются, объявляются сомнительными, либо подлежащими объяснению в будущем. В свою очередь гипотезы, объясняющие только часть известных явлений, именуют теориями. Эту тенденцию можно объяснить чисто человеческими недостатками (чрезмерной увлеченностью исследовательским процессом, когда кажется, что ты "взял быка за рога", или карьеризмом администраторов от науки); но она же создает у публики ни на чем не основанную уверенность в "доказанности" тех или иных представлений о мире.

5. Логика

Научный метод познания неотделим от использования в рассуждениях логики, которую иногда называют "нормативной", в отличие от разного рода других "логик", применяющихся в особых случаях.

Философы не могли оставить без внимания важнейшую сторону мышления человека – способность делать логические выводы из наблюдения за явлениями окружающего мира. И, в силу целого ряда самых различных причин (а главным образом – из-за отсутствия надежных научных данных) запутали этот вопрос основательно. (Желающие разобраться самостоятельно могут

обратиться к прекрасной книге А.Ивина «Искусство правильно мыслить» [8]).
http://www.geotar.com/geota/logika/indexivin.html

Основными логическими приемами (кроме самих правил логики) являются "индукция" и "дедукция". (См. Википедию).

Несмотря на эволюцию термина "индукция" в философии, в конечном итоге под ним понимают возможность обобщить данные, полученные в результате опытов в определенных условиях, то есть СДЕЛАТЬ ВЫВОД, умозаключение о том, что и во всех других случаях (при прочих равных условиях) результат эксперимента будет тем же самым. Так как никогда нельзя быть в этом уверенным на все сто процентов (ибо нельзя заранее провести все мыслимые эксперименты подобного рода), то в любом случае оценка будет вероятностной. Но, чем больше таких экспериментов делается в реальной жизни с одним и тем же результатом, тем более вероятно, что и в дальнейшем (если условия не изменятся), результат будет повторяться.

Такой вид умозаключений называется неполной индукцией или просто индукцией, так как на основании определенного количества частных случаев делается вывод о том, что и во всех других подобных (по условиям эксперимента) случаях мы получим тот же результат.

Нетрудно заметить, что индукция и так называемый "условный рефлекс" по своей сути совпадают. Бездомная кошка, несколько раз наткнувшаяся на мусорный бак на углу улицы, проголодавшись, вначале пойдет именно туда, и, только не найдя его на привычном месте, начнет искать другой бак. Можно сказать, что ее мозг сделал индуктивное умозаключение о том, что при очередном эксперименте (поиске бака) искомый бак окажется на углу.

Индуктивный метод умозаключений называют еще иначе - "от частного к общему" (это следует из самого названия – «ИН-ДУКЦИЯ»).

Здесь следует обратить внимание читателя на важный момент (см. статью о Галилее в ВИКИ). История с бросанием Галилеем легких и тяжелых предметов с Пизанской башни, оказывается, является легендой! Да и в самом деле, если бы Галилей сделал это хоть раз, он убедился бы в том, что более тяжелый предмет долетает до земли быстрее более легкого. Причина проста – сопротивление воздуха при достаточной скорости движения. Факт одинакового ускорения при падении установил не Галилей, а его последователь

Торричелли в своих опытах в относительном вакууме, чем и подтвердил мнение Галилея о падении тел с разными массами с одинаковым ускорением. А Галилей сделал свой вывод именно **методом индукции**, наблюдая движение легких и тяжелых шаров совсем в другом эксперименте - при их движении по наклонной плоскости! То есть при скоростях, при которых сопротивление воздуха еще не было слишком заметным для измерительной аппаратуры того времени (водяные часы).

Существует и другой вид умозаключений, иногда неправильно противопоставляемый "индуктивному". Этот метод называют "от общего к частному" или "дедуктивным" методом. Лучше всего этот метод демонстрируется на простом примере, ставшем уже классическим:

Все люди смертны.

Сократ – человек

Следовательно, Сократ смертен.

Из двух первых положений, называемых предпосылками (или просто "посылками"), делается вывод, называемый "логическим". На основании этого и ряда других способов была построена так называемая математическая логика, дававшая возможность "**доказывать**" какие-то положения. **Новое положение считается доказанным, если оно не оказывается в противоречии с принятыми ранее постулатами или выводами, полученными в ходе подобных же рассуждений-доказательств.**

Очень важным моментом в этих рассуждениях является понятие "истинности". В логике <u>для любого доказательства «истинности» какого-то утверждения совершенно необходимо использовать "истинные" предпосылки.</u> Однако очень часто предпосылки или положения, принимаемые за истинные, не являются таковыми на все сто процентов. Так, в приведенном силлогизме о Сократе, первая посылка в действительности является обобщением наблюдений за смертностью людей, полученным с помощью индукции. И, хотя достоверность этого обобщения близка к 100%, но нельзя с ПОЛНОЙ уверенностью утверждать, что ВСЕ люди смертны по простой формальной причине, что ВСЕХ случаев мы не знаем. Рассказывают же о случаях относительного бессмертия; имеются легенды; в Священном писании написано, что Адам жил почти 1000 лет…

Другими словами, на практике (в физике) мы имеем дело не с истинными посылками, а с посылками "достоверными", то есть "достаточно верными", чтобы их можно было принять за истинные.

И методика выведения более конкретных частных случаев из этих относительно общих положений была названа "дедукцией", "дедуктивным методом", методом "от общего к частному". Из истинных посылок с помощью нормативной (математической) логики <u>можно</u> вывести истинные заключения. Но должно быть понятно, что степень истинности дедуктивных заключений напрямую **зависит от степени истинности исходных**, более общих посылок, полученных чаще всего методом обобщения практического опыта, то есть как раз методом индукции. Круг замыкается.

Поэтому для получения **достоверного знания** о мире был разработан **метод научного познания действительности (НМП)**.

Этот метод **сочетает в себе как индукцию, так и дедукцию**. Вначале на основании опыта делается более общее (индуктивное) заключение (догадка, предположение), а затем это предположение проверяется дедуктивным методом (из нового общего принципа вытекают новые частные случаи, которые доступны проверке). Иначе говоря, дедуктивные рассуждения являются **проверочными** по отношению к индуктивным.

Только **СОЧЕТАНИЕ** индукции и дедукции с экспериментом (и именно описанное выше сочетание) способно привести к **новому знанию** о мире в виде новой **Теории**. Сами по себе индукция и дедукция, взятые отдельно, не могут дать достоверного нового знания о мире, их нельзя разделять и, тем более, противопоставлять друг другу.

Таким образом, можно принять, что термин **«знание»** соответствует понятию **«научная теория»**.

6. Гуманитарный ("философский") метод познания

По сравнению с научным методом познания (НМП), принципы которого были сформулированы в течение последних 200 лет, гуманитарный метод познания (ГМП) гораздо "старше". Его история восходит к древним мыслителям, получила развитие в средние века, и осталась в форме так называемых **философских учений** (или просто «философий») даже в наше время. ГМП принципиально отличается от НМП. Чем?

Прежде всего, философский метод (ГМП) **работает** не с фактами (достоверными экспериментальными данными), а **с неполностью определенными понятиями**, так называемыми "категориями". Именно из-за неполноты определения понятий и возникает возможность произвольных и ошибочных выводов. Если в случае НМП теоретический цикл добывания знания повторяется вследствие получения новых фактов, ранее не объяснимых с помощью ведущей гипотезы, то в ГМП все не так.

Использование «философских» определений с помощью неопределенных терминов (либо определяемых через другие неопределенные термины), доказательств с помощью специально подобранных примеров - вот главные причины антагонизма между НМП и ГМП. Поэтому с момента своего возникновения НМП вступил в непримиримую борьбу с «философией».

К счастью, для развития НМП в большинстве случаев не требовалось применения ГМП. Скорее - наоборот, там, где философия настырно вмешивалась в методы науки, наука резко замедляла, а то и просто останавливала свое развитие. За примерами далеко ходить не надо - у всех на-слуху трагедии, произошедшие в СССР с генетикой, кибернетикой, и менее известные (но многочисленные) истории со многими отдельными направлениями в разных науках.

Философия, со своей стороны, всегда использовала только те данные, полученные с помощью НМП, которые ей были необходимы, и игнорировала другие данные. Это относится не только к марксистской, но и к любой другой современной философии. Наиболее характерным примером является полное игнорирование марксистской философией высокого интеллектуального уровня дельфинов, что совершенно не вписывалось в энгельсовскую формулу "труд создал человека".

Философские системы (часто неправильно называемые «теориями») требуют лишь логической замкнутости, то есть должны быть внутренне непротиворечивы. Это и есть так называемый «мир идей». Иногда это еще называют «духовным миром», «духовностью». Эти идеи обычно не требуют проверки экспериментом, а укрепляются в сознании людей обычно те из них, которые используют наиболее общие «категории», выраженные наименее определенными понятиями. Чем более обобщенные категории использует та или иная философская система, тем больше у нее шансов объяснить какие угодно явления, тем больше у нее шансов стать общеупотребительной системой взглядов на мир. Но это вовсе не означает, что эта система является научной теорией. Это всего лишь так называемая «парадигма».

7. Учение

Существует также некая особая псевдонаучная форма теории - *Учение*. **Учение есть способ объяснения явлений природы, базирующийся на теоретически или практически недоказуемых постулатах.** В своей аксиоматической (и, тем более, логической) части оно почти неотличимо от Теории. Вся разница состоит в том, что если Теория возникает и развивается по вышеописанной "цепочке" научного познания, то Учение никогда не занимается постановкой экспериментов с целью проверки гипотез. Ведь эксперимент может дать отрицательный результат, что абсолютно неприемлемо для Учения, ибо ведет к его пересмотру, а его апологетов лишает куска хлеба на преподавательской работе. Учение занимается лишь изысканием все новых и новых фактов с целью объяснения их со своих позиций, и отказывается признавать факты до тех пор, пока им не найдется подходящего объяснения в рамках этого Учения.

Практически все Учения были непродуктивными именно потому, что не могли и/или не хотели заниматься разработкой и проверкой гипотез, а на заключительных стадиях своего существования превращались в объективный тормоз научного, технического или общественного прогресса. Те, кто толкуют о "развитии" того или иного Учения, обманывают себя и публику, понимая под **развитием** не создание новых теорий (связывающих известные факты новыми причинно-следственными связями), а включение в Учение идей и фактов, ранее в него не входивших из-за своей необъяснимости (или невостребованности) в заданных Учением рамках.

В отличие от Теории Учение не сходит со сцены, если по тем или иным причинам оно не справляется с объяснением новых явлений. Пересмотр постулатов Учения принципиально недопустим, для Учения это равносильно смерти. При возникновении подобных ситуаций чаще всего выдвигается утверждение, что какое-то необъяснимое явление может быть объяснено в будущем.

Именно поэтому Учение не может сколько-нибудь длительно теоретически развиваться. Оно возникает уже в готовом виде, и либо устраивает общество в этом виде, либо нет, и тогда Учение заменяется новым, иногда диаметрально противоположным. Хороший пример этому дала Россия в конце XX века. Строя в течение 70 лет коммунизм, она внезапно за несколько лет заменила коммунистическую идеологию на диаметрально противоположную – капиталистическую. И ничего, все в порядке.....

8. Общие положения и определения

"Если ситуация такова, какой мы ее наблюдаем, значит - существуют причины, по которым она и должна быть такой".

Неизвестный мудрец современности

8.1. Что такое «парадигма»

Кажущиеся простыми формулировки и постулаты могут завести размышляющего в тупик, из которого просто нет выхода. Когда же наступает "просветление" в мозгах, и ты понимаешь, на чем все время спотыкался, то просто диву даешься, как же это до сих пор всем не очевидно!?

Пример (пас в сторону)

Одним из таких примеров в прошлом был для меня вопрос о теневыносливости растений. С самого начала постановки этого вопроса немецкими учеными в середине 19 века было произведено разделение ("классификация") растений на "светолюбивые" и "теневыносливые". Такое разделение казалось самым естественным: ведь это - первое, что бросается в глаза исследователю в хорошем лесу.

С того времени все внимание ученых было направлено на **поиск причин теневыносливости**. Ибо после Тимирязева как-то само собой разумелось, что любое растение "тянется к свету", да и одного взгляда на проросшую картошку в подвале было бы достаточно, чтобы прийти к такому заключению. И в течение более чем ста последующих лет ученые писали диссертации на тему о теневыносливости растений, пытаясь найти причину этой выносливости к недостатку света. Сначала искали на общебиологическом уровне, затем на клеточном, затем на молекулярном и даже глубже. Результат - ноль. При этом (в полном соответствии с "принципом Эдисона"*) было найдено множество интересных вещей... кроме решения основной проблемы.

*) *Однажды Эдисон взял на работу нового сотрудника. Через некоторое время помощник Эдисона доложил ему, что новый сотрудник трудится над явно неразрешимой проблемой. Эдисон ответил: "Не беда! Пока он поймет, что проблема неразрешима, он откроет массу интересных вещей!"*

И только после того, как я для себя "открыл" всем известную вещь, что растения во всей истории эволюции находились в условиях постоянно возраставшей солнечной радиации, в условиях все возраставшего периода подавления фотосинтеза из-за перегрева (полуденная депрессия фотосинтеза), а выживали только те, которые смогли получить (выработать) необходимые системы охлаждения (транспирации) – только после этого все стало на свои места. Оказалось, что главным классификационным признаком должна быть сопротивляемость растений перегреву, их **СВЕТО-УСТОЙЧИВОСТЬ**. А так называемые "теневыносливые" растения - это растения "тенелюбивые" *), которые просто **не могут** выжить на сильном свету (http://www.geotar.com/position/kapitan/0003.html).

*) *И ведь что интересно - в русском языке есть такое слово - "тенелюбивые"! А вот поди ж ты - считается "жаргоном".*

Вот в какой тупик может завести "простая и очевидная" классификация.

8.2. Наследие феноменологического подхода

Пример метафизического (вне-физического) наследия - это сильно укоренившаяся в сознании ученых с самых древних времен идея о том, что телам «**присущи**» определенные «**свойства**»; в том числе и в первую очередь - "свойство" иметь массу, и "свойство" иметь **заряд**. Особенно интересно последнее – **что такое заряд** никто не знает. Но, тем не менее, утверждается, что это **свойство** самого тела, то есть какое-то **присущее** ему **качество**. Аналогичным образом утверждается понятие "гравитационной массы", основанное на представлении о массе как **источнике** тяготения.

А если вы при этом еще предположили, что никакой СРЕДЫ между этими телами нет, и будете на этом настаивать, то гарантированно обеспечите торможение науки лет на сто. Хотя не исключено, что это торможение для XX века (учитывая сильнейшее падение нравственности) было благом.

Так, можно встретить утверждения, что формы "законов" гравитационного и электрического взаимодействия весьма похожи. Некоторым внушили в институте, что если математическая форма зависимостей практически одинакова, то и физическая природа явлений должна быть схожей. Это – парадигма, то есть общее представление о том, что должно быть, а чего не должно быть (какая методика «правильная», а какая – нет).

Но ведь между этими двумя "законами" (которые на самом деле являются просто постоянно наблюдаемыми "зависимостями", а не «законами») существует довольно большая разница. При

Глава 1. Причина кризиса современной физики и путь его преодоления

исследовании гравитации было установлено (наконец), что взаимодействие пропорционально **массам** этих тел; и эти **массы** кажутся нам (!) чем-то привычным и понятным (хотя это на самом деле не так, и ведутся споры об инерционной и гравитационной массах). В электричестве же сама Сущность явления **заряда** от наблюдателей ускользает. Одни тела считаются **обладающими зарядом**, а другие – **нет**. За ответом на вопрос "Почему" и "Что такое заряд?" вопрошающему предлагается идти как можно дальше и как можно «глыбже» - в глубины материи...

Но заряд ведь не просто **есть** или его **нет**. Он еще может быть разного вида -"положительный" или "отрицательный". Чем они отличаются? «Видом взаимодействия» - говорят нам. Электрон отклоняется при движении в магнитном поле? Значит, он "обладает зарядом". Позитрон отклоняется в другую сторону – значит, он обладает "другим видом заряда", другими "свойствами"....

Но ЧЕМ **по сути**, **по происхождению**, отличается один вид заряда от другого, и чем таким особенным отличается "заряженное" тело от "не заряженного" - на этот вопрос и по сей день нет ответа.

В теории электричества силы притяжения и отталкивания **не зависят** от каких-либо физических параметров частиц кроме одного - величины **заряда**, о сути которого мы не знаем практически ничего. Если вы спросите, ПОЧЕМУ электрон и протон, несмотря на различие в размерах и массах, будучи помещены на одно и то же расстояние друг от друга, притягиваются с той же силой, с которой отталкиваются два электрона или два протона, Вы получите ответ: "Потому что у них одинаковая величина заряда!"

То есть ответ звучит именно так: "Потому!" Они **вот так** отталкиваются или притягиваются независимо ни от размера частицы, ни от ее массы, ни от какого-либо иного физического параметра!

Одного этого уже достаточно для того, чтобы основательно задуматься о причине такого положения вещей.

Но и этого мало. А позитрон? Частица, якобы идентичная электрону, но ведущая себя совершенно иначе, инверсно!

Слишком велик был соблазн в этой полной темноте изобрести "новый вид материи" - "электрическое **поле**", и "**наделить**" заряженные частицы **свойством** создавать это "поле". И более не задумываться о том, что такое «заряд».

Но, даже выдуманная для облегчения ситуации категория **поля** как "формы материи", положения не спасает. Ладно, заряды могут создавать поле, положим... Но что такое заряд? То, что создает поле?

Если вы видите где-то у кого-то фразу подобной конструкции, можете спокойно отложить это произведение ума в сторону. Автор **НЕ ЗНАЕТ**, что такое тот предмет, о котором он пытается рассуждать. Одним из образцов является определение (!?) понятия «информация» - «То, что обеспечивает управление в системах».

Какой-то порочный круг, честное слово...

Вышеописанный подход даже получил название - "феноменологический". Тот, кто предложил такое название, очевидно, ясно понимал, что задавать вопросы "Почему?" сторонникам этого подхода - бессмысленно. Это не физики, это – математики. Они стремятся **описать** мир с помощью математических моделей явлений, моделей более или менее удачных, **не вдаваясь в суть** происходящих и наблюдаемых явлений.

8.3. Гипотеза

"Физическая физика" это вовсе не "масляное масло". Она получила свое название в противовес "Математической физике", в которой явления "объясняются" с помощью математических формул и моделей, но в которой собственно "физическая суть" этих явлений остается скрытой от исследователя. "Математический" подход возобладал в физике примерно с начала XX века

Как альтернатива "феноменологическому" подходу существует «гипотезный» подход. Следуя ему, ученый, на основании сформировавшегося у него представления о мире, на основе имеющихся у него сведений, пытается представить себе так называемый "механизм" происходящего, создать **гипотезу**. И только после этого он начнет строить "математическую" модель, использовать количественные соотношения.

Борьба между этими двумя подходами существует, похоже, со времен Ньютона.

Автор настоящей работы - сторонник "гипотезного" метода.

Я не берусь на данном этапе дать название гипотезе, которую буду пытаться превратить в рабочую теорию. (Полагаю, что на мой век этого занятия хватит). Назовем ее для простоты «Физическая физика». При этом мы будем пока рассматривать явления на уровне, ранее названном нами «физическим подходом» или «физической картиной» (**«качественной картиной» или «качественной гипотезой»**) в отличие от «количественной», в создании которой должен «на полную мощность» использоваться математический аппарат. Но не наоборот.

Мы попытаемся исследовать саму основу материального мира, те его «уровни», которые по своей величине лежат **ниже** уровней элементарных частиц. Но, как скоро станет понятно, все «вышележащие» уровни, вплоть до космических явлений, оказываются от них решающим образом зависимыми. Однако для простоты и краткости во многих моих статьях на эту тему используется название «гравитоника».

На самом первом этапе полагается сформулировать основные принципы (базис), на которых строится гипотеза. Ретроспективный взгляд (взгляд в прошлое) показывает, что и в современной физике эти базисные принципы были сформулированы спустя длительное время после начала размышлений на эту тему. Конечно, теперь историки науки могут их указать, и сделать вид, что из этого ученые исходили еще в далеком прошлом. И это было бы неправдой. К этим идеям пришли очень длинным и извилистым путем, но для читателя, возможно, сам этот путь большого значения не имеет. Ему важно **сразу знать**, на чем базируется автор, пытаясь «повесить ему лапшу на-уши».

С самых первых шагов мы обратим внимание читателя на ставшие привычными термины (и даже просто слова и выражения), получившие широчайшее распространение в научной литературе. Тем не менее, их использование нельзя считать приемлемым, а значение - вполне определенным.

"Образцом" можно считать описание В. Турчиным "докибернетического" периода развития жизни на Земле в книге «Феномен науки» [3] (ниже жирным шрифтом выделено мною – *авт.*):

«Историю и логику эволюции в докибернетическом периоде мы рассмотрим лишь бегло, **ссылаясь на воззрения современных биологов.** В этом периоде можно выделить три этапа. На первом этапе **закладываются** химические основы жизни, **образуются** макромолекулы нуклеиновых кислот и белков, **обладающие свойством** редупликации — снятия копий, «отпечатков», когда одна макромолекула служит матрицей для синтеза из элементарных радикалов подобной ей макромолекулы. Основной закон эволюции, который вступает в действие на этом этапе, приводит к тому, что матрицы, **обладающие** большей интенсивностью воспроизведения, получают преимущество перед матрицами с меньшей интенсивностью воспроизведения, в результате чего **образуются** все более сложные и активные макромолекулы и системы макромолекул. Биосинтез **требует** свободной энергии. Первичным ее источником является солнечное излучение. Продукты частичного распада живых образований, непосредственно использующих солнечную энергию (фотосинтез), также **содержат некоторый запас свободной энергии**, который **может быть реализован с помощью** уже имеющейся химии макромолекулы. Он и реализуется специальными образованиями, для которых продукты распада служат вторичным источником свободной энергии. Так **возникает** расслоение жизни на растительный и животный миры..» (В.Турчин).

При этом предполагается, что у читателя не возникает вопросов типа "Как закладываются?" "Кем закладываются", как "образуются", что такое «**свойства**» и так далее. Общий прием науки XIX-XX в.в. - объявить наблюдаемые явления «**свойствами**» наблюдаемых объектов. В каких-то условиях некоторые объекты начинают притягиваться или отталкиваться. Это называется явлением электризации. Хорошо, но ПОЧЕМУ они так себя ведут? Ответ – потому что у них есть такое **свойство**. Оно им **присуще**. Эти тела **обладают зарядом**.

Что есть **заряд**? Неизвестно. Но определенно утверждается, что тела им **обладают**. У них есть такое **свойство** – «заряжаться».

Интересно, если бы меня спросили, почему одни люди ходят на работу пешком, а другие ездят в автомобиле; одни люди имеют много денег, а другие перебиваются с хлеба на квас; одни люди болеют часто, а другие почти никогда; а я бы в ответ на это стал бы утверждать, что у одних людей есть свойство ходить на работу, а у других такого свойства нет; или, что у одних есть свойство ездить на своих машинах, а у других есть свойство ходить пешком или ездить на метро, и так далее. Что бы обо мне подумали?

Что-нибудь "объясняют" эти "объяснения"? Ничего. Они лишь способны завести человека в тупик, в тот же тупик, в котором находится тот, кто придумал вот такие "объяснения". И этот человек не виноват. Ибо никакого иного выхода он не видел, и Фейнман в своей "Квантовой электродинамике" в этом честно сознается.

Ниже нам, может быть, станет несколько яснее, каким образом, отрешившись от стандартных формулировок, можно хоть немного продвинуться в исследовании природы. Но для этого нужно сначала выйти из тупика (как именно выходят из тупика – известно: задним ходом в обратном направлении), и попытаться пойти по другому пути... на котором мы обнаружим многочисленные завалы, а то и шлагбаумы, специально поставленные там ранее теми, кто не смог пройти дальше. В том смысле, что «Прямо пойдешь – мозги потеряешь...»

Может показаться, что автор берет на себя слишком много – как будто он ЗНАЕТ, какой путь правильный, и ЗНАЕТ ТО, чего не знает современная наука. Нет. Напротив, автор знает намного меньше, чем знает любой узкий специалист в своей области. Но автору **кажется**, что настоящая наука должна и может способствовать объяснению сути и строения окружающего мира любому человеку. Она должна уметь отвечать на вопрос «ПОЧЕМУ». Когда же меня начинают уверять, что без глубочайших знаний в областях математики (названий которых я даже не слыхал) невозможно понимание самой структуры Мира, и при этом, спустя триста лет после открытия электрических явлений природа электрического заряда остается до сих пор неизвестной (на фоне потрясающих успехов в технике), то я начинаю подозревать неладное.

8.4. Базис (составная часть парадигмы)

Собственно говоря, ввести основные понятия — это и значит уже определить данную науку, ибо остается только добавить, что описание мира с помощью этой вот системы понятий и есть данная конкретная наука.

В. Турчин

8.4.1. Требования к парадигме. Терминология. Попытка дать определения.

С самого начала примем во внимание следующее.

Практически все научные термины (начиная с понятия "бытие" и "материя") обсуждались физиками и философами с незапамятных времен. С этих же времен по каждому вопросу накопились горы литературы. Ранее считалось хорошим тоном ссылаться на предшественников. Но сегодня это сделать практически невозможно. Огромное количество материала постепенно превращается в свою противоположность - в невозможность этот материал ни критически проанализировать, ни даже просто прочитать, ни, тем более, доказать что-либо с его помощью.

Это показывает и ежедневная практика общения и консультаций со специалистами.

Поэтому мы пришли к тому, что:

Во-первых, существовавшая практика ссылок на "источники" изжила себя. Сегодня на любой возникающий у Вас вопрос можно получить через поисковики "Интернета" десятки тысяч ссылок. Зачем же давать ссылки в каждом исследовании? Чтобы показать коллегам, на плечах каких гигантов вы стояли? И что случится, если вы не укажете в списке литературы самой первой статьи Эйнштейна? Или не сошлетесь на Парменида или Зенона, древнегреческих философов, сами имена которых вовсе не для всех звучат как авторитеты, а скорее - как голоса с того света?

(Кстати сказать, пример этому дал сам А.Эйнштейн, ни на кого не сославшись в своей самой первой статье.)

Раз уже читатель добрался до этого места, значит, и у него есть некоторый опыт поиска необходимого материала в Интернете. Сегодня практически все мало-мальски серьезные работы "авторитетов" в Сети имеются. Тем не менее, все ссылки нами оформлены в сборник указанных по тексту книг и статей на специально выделенном в Интернете сайте (ссылки в разделах «Литература»).

Во-вторых, для решения задачи о строении мироздания эффективным методом является не опора на авторитеты, а возможность проникновения с помощью той или иной парадигмы в глубины материи. Так, например, незачем на протяжении тысяч страниц (а меньше не получится!) детально обосновывать, почему мы отказались от принципа атомизма и придерживаемся взгляда на бесконечную делимость материи. Мы не "постулируем" бесконечную делимость материи, мы не доказываем бесконечную ее делимость, а **на основе представлений о бесконечной ее делимости, которые кажутся нам разумными** (!), **конструируем** наше мировоззрение. И главное требование к этому мировоззрению – не только его внутренняя непротиворечивость, но и принципиальная возможность его экспериментального подтверждения сейчас или в будущем, что гарантирует его научность в соответствии с известным критерием К.Поппера.

Кстати сказать, так называемые «Аксиомы Эвклида» были именно самоочевидными (для него) положениями. Потому и называются – «аксиомы»

Википедия пишет:

«**Аксиома** (др.-греч. $\alpha\xi\iota\omega\mu\alpha$ — утверждение, положение), **постулат** — исходное положение какой-либо теории, принимаемое в рамках данной теории истинным без необходимости доказательства и лежащее в основе доказательства других её положений.

В современной науке аксиомы — это те положения теории, которые принимаются за исходные, причём вопрос об истинности решается либо в рамках других научных теорий, либо посредством интерпретации данной теории.

Впервые термин «аксиома» встречается у Аристотеля...и перешёл в математику от философов Древней Греции. Евклид различает понятия «постулат» и «аксиома», не объясняя их различия. Со времён Боэция постулаты переводят как требования (petitio), аксиомы — как общие понятия. **Первоначально слово «аксиома» имело значение «истина, очевидная сама по себе».** В разных манускриптах Начал Евклида разбиение утверждений на аксиомы и постулаты различно, не совпадает их порядок. Вероятно, переписчики придерживались разных воззрений на различие этих понятий.

Отношение к аксиомам как к неким неизменным самоочевидным истинам сохранялось долгое время. Например, в словаре Даля аксиома — это «очевидность, ясная по себе и бесспорная истина, не требующая доказательств».

«Сейчас аксиомы обосновываются не сами по себе, а в качестве необходимых базовых элементов теории. Критерии формирования набора аксиом в рамках конкретной теории часто являются прагматическими: краткость формулировки, удобство манипулирования, минимизация числа исходных понятий и т. п. **Такой подход не гарантирует истинность принятых аксиом. Лишь подтверждение теории является одновременно и подтверждением набора её аксиом.**» (ВИКИпедия)

Постулат. Происходит от лат. postulatus «жалоба, иск», далее из postulare «требовать, испрашивать, просить»

Слова, действительно, из разных языков, и потому, вообще говоря, могут означать одно и то же. Но, поскольку в русском языке они существуют одновременно, то имеет смысл рассматривать их не как синонимы, а как термины, имеющие различные значения.

Тезис о бесконечной делимости материи выглядит как постулат, но он в значительно большей степени похож на аксиому, которая отличается от любого произвольного постулата только одним – своей самоочевидностью. Новые теории обычно базируются на новых постулатах, которые придумываются, изобретаются специально для того, чтобы «объяснить» экспериментальные данные, необъяснимые с помощью прежних воззрений (как говорят – чтобы сошлись концы с концами). Так было постулировано постоянство скорости света в теории относительности Эйнштейна. Так был постулирован принцип квантованности энергии в квантовой механике.

В отличие от них, постулат о бесконечной делимости материи выглядит как базисная аксиома (одна-единственная!). Она используется нами не для вышеуказанных целей, не для объяснения тех или иных эффектов, а для построения непротиворечивой системы взглядов, которую мы называем «физической физикой». И лучше всего это видно в тех случаях, когда вы объясняете суть этой аксиомы кому-нибудь, и слышите в ответ: «Ну и что? Что это объясняет?» Сам по себе подобный вопрос уже свидетельствует о прочно укоренившейся в сознании вашего собеседника мысли о том, что новая аксиома должна что-то конкретное «объяснять». Да, что касается постулата – это так. Но АКСИОМА ничего «объяснять» не должна. Она самоочевидна. Что «объясняют» аксиомы математики, геометрии? Ничего. Это исходный материал для строительства (картины мироздания). Мы будем строить наш мир из сколь угодно малых и сколь угодно делимых частей, а поиски частиц «неделимых» оставим так называемой «греческой науке», ведущей свою историю от Демокрита.

Атомистическая теория вначале приводит ученых к представлению о существовании "полей" как физических сущностей, а в своем развитии (через "теорию" Большого Взрыва и представления о "темной материи") - к теории струн, создатели которой с самого начала сообщают нам о принципиальной непроверяемости ее выводов. Мы такой подход не считаем научным, и пользоваться таким мировоззрением не можем.

Итак, попытка дать определения...

В этом разделе мы в некоторых местах повторим ранее сказанное.

Материя - это исторически сложившееся название неизвестной "субстанции", неизвестного "материала", **составных частей, из которых состоят все природные объекты.** Поэтому эти объекты называются "материальными". Материальные объекты - это все природные объекты, которые может изучать человек опытным путем (даже если в данное время отсутствуют необходимые для этого средства).

Понятие это – **не физическое**; это философская "категория", и наша гипотеза (как и вся физика) это понятие просто не использует, оно никак более не определено. "ТО, ИЗ ЧЕГО ВСЕ

СОСТОИТ" - нельзя назвать физическим определением. **Для понимания картины мира достаточно предполагать бесконечную делимость любого физического объекта.**

В настоящей работе мы, в конце концов, полностью отказываемся от использования понятия "материя", вводящего в заблуждение неискушенного читателя. **Оно становится просто ненужным,** если мы признаем, что любой объект состоит из еще более мелких частиц [9].

Вслед за не слишком известными философами прошлого мы полагаем, что «материя» (**ТО**, из чего состоят все наблюдаемые объекты - неизвестная нам "субстанция"), бесконечна вширь и вглубь. "Вширь" означает, что Вселенная, которую мы сегодня имеем возможность наблюдать, это лишь малая часть Большой Вселенной, которая распространяется на неизвестное нам сейчас расстояние. "Вглубь" - предполагает делимость материи; более крупные ее единицы (части, куски, элементы) состоят из всё более мелких частей, и так далее до неизвестного нам пока предела. Предположение о возможности существования какого-либо предела принципиально не меняет нашего мировоззрения, если только декларируемый предел всегда находится за пределами нашего наблюдения, то есть по мере исследования отступает от нас, как горизонт от путешественника. Предположение сторонников квантово-механической математической модели об изменении характера физических законов, начиная с определенных размеров объектов, также должно быть обосновано лучше, чем простое постулирование этого весьма неочевидного утверждения. Мы это предположение использовать не будем.

Если же признать существование в Природе неких неделимых частиц, то, кроме принципиальной невозможности ответить на вопрос, что у этих частиц внутри (из чего они состоят), мы не только устанавливаем очередной барьер на пути научного исследования, но и немедленно сталкиваемся с необходимостью придумывать умозрительные (и математизированные, конечно) "объяснения", **что такое пространство, и что такое время**. Ибо, отрицая существование все более мелких частиц, мы тем самым теряем ориентиры в пространстве, оно становится неизмеряемым. То же касается и времени. Наша парадигма не отходит от общепринятых на сегодня в классической физике способов объяснения, что такое **пространство и время**, и методов их измерения. В этой парадигме пространство и время являются не зависящими друг от друга **понятиями,** они не **существуют** в природе как физические сущности (объекты), и **используются только разумными наблюдателями** для описания происходящих вокруг них явлений. В природе **су**ществуют только более или менее организованные конгломераты **Частиц**, и **Процессы**, в которые вовлечены эти частицы.

Наши **представления о пространстве** тоже не выходят за рамки обычных интуитивных представлений об этих понятиях. Мы говорим о наличии «пространства» между двумя (или более) объектами, если ни одна из частей любого из них не находится в непосредственном контакте с другой частью другого объекта. При этом любая геометрическая линия на поверхности одного объекта не имеет ни одной общей точки с любой другой такой же линией на поверхности другого объекта.

Таким образом, представление о пространстве вытекает из чисто геометрических понятий точки, линии и поверхности, и определимо настолько же, насколько можно определить эти три понятия. То есть пространство **существует как понятие**, применяемое разумным наблюдателем для описания окружающей его картины мира, и не более того. В природе не существует точек и линий - это только наши обобщенные **понятия**. И, поскольку **пространство не является физическим объектом**, оно, понятно, не может "искривляться", разве что в сознании индивидуума, моделирующего те или иные процессы в Природе. Но, как сказал один известный физик, для того, чтобы считать, что пространство может искривляться, нужно иметь искривленные мозги.

<u>Пространство</u> – (длина-ширина-высота) - другими словами - ПРОТЯЖЕННОСТЬ, РАС-СТОЯНИЕ – это **понятие интуитивное, аксиоматическое**, основанное на очевидности для человека собственного элементарного опыта. (При наличии опорной системы координат можно определить положение, местонахождение любого объекта - это называется трехмерным пространством.) Расстояние измеряется (определяется) с помощью какого-либо калибра (меры, эталона). Если нет калибра, если нет опорной **точки**, то невозможно определить пространство как таковое. **Расстояние есть количество каких угодно объектов (частиц), размер которых принят в качестве калибра, установленных вплотную на прямой линии, соединяющей две точки (понятия прямой и точки используются из классической геометрии).**

Но если вы спросите "**ЧТО ТАКОЕ ПРОСТРАНСТВО?**", то на этот вопрос просто нет рационального ответа. Пространство не существует само по себе. Это - **понятие**, это просто **расстояние** МЕЖДУ чем-то и чем-то, между двумя объектами, не имеющими общих точек. Это количество калиброванных по размеру частиц, которые можно разместить между двумя телами. "Пространство" же как физическая Сущность - это **понятие**, расширенное за пределы своей применимости, это - нонсенс. (**Рас-стояние** – расставленное стояние, про-странство – промежуток между сторонами чего-то).

Можно избежать использования слабо определенного понятия «материи» с помощью представления о бесконечной делимости любого объекта, введя понятие «реал» (название не имеет принципиального значения и вводится только для удобства). Тогда наша парадигма утверждает, что так называемый "Мир" состоит из отдельных частей.

8.4.2. Реалы

РЕАЛ - это любая часть этого мира.

Реалы бывают самые разные. Каждый реал состоит из большого количества гораздо более мелких реалов, чем он сам, реалов другого вида. Более мелкие реалы, входящие в состав более крупного реала, могут быть расположены друг относительно друга сложным образом, образуя "структуры" (не обязательно жесткие). Такое представление о мире можно назвать иерархическим.

Среда – любая совокупность реалов в количестве большем двух. Любой реал состоит из совокупности составляющих его меньших реалов.

Реалы могут находиться в разных состояниях и могут воздействовать друг на друга.

"**Состояние (реала)**" – совокупность всех (мгновенных) параметров реала (включая мгновенную скорость), в том числе и расположение **в пространстве** всех реалов, входящих в его состав.

Границей реала является любой из составляющих его более мелких реалов, который с одной своей стороны находится в непосредственном (хотя, возможно, и в непостоянном, периодическом) контакте с реалами окружающей СРЕДЫ, а с другой своей стороны имеет настолько сильную связь с крупным (материнским) реалом, чтобы при данных условиях движущиеся реалы среды не были бы в состоянии эту связь разрушить.

Делимость реалов. В основу гравитонно-преонной (сокращенно "гравитонной") гипотезы положено почти очевидное предположение о делимости реалов, по крайней мере – до пределов, доступных нашему измерению и пониманию. Но здесь мы рассматриваем пока только небольшое число "этажей" мироздания за пределами сегодняшних представлений физики (три "этажа" ниже уровня размеров протона, и, по меньшей мере, два "этажа" выше размеров видимой Вселенной). Элементы каждого этажа отличаются по размерам от элементов соседнего "этажа" приблизительно на 5 порядков (Сухонос, "Масштабная гармония Вселенной" [5]). Но эти пять порядков - величина сугубо условная, надежного физического обоснования у нее нет. Поэтому мы не будем слишком уж доверять спекулятивным обобщениям.

Основные работы и дискуссии по этим проблемам можно найти в GOOGLe по запросу "Бесконечная делимость материи".

Изменение состояния какого-либо реала в зависимости от состояния (или изменения состояния) другого реала называется взаимодействием, взаимовлиянием реалов или просто **ВОЗДЕЙСТВИЕМ, ВЛИЯНИЕМ.**

Воздействие одних реалов на другие без непосредственного контакта невозможно ("близкодействие"). Однако возможна «цепочка взаимодействий".

Событие – любое изменение параметров реала (среды).

Движение – изменение состояний реала. В настоящее время вместо этого (философского) термина, нами, во избежание путаницы, используется технический термин «процесс».

Частицы - реалы, неразличимые между собой ни по одному из параметров, существенно влияющих на поведение объекта (индивидуальное или в группе). Частица это реал, состоящий из элементов среды, в которой он находится, то есть из частиц следующих *(низших)* уровней малости.

Элементарные частицы. Само название некоторых частиц как «элементарных» есть дань представлениям физики XIX века. В рамках нашей парадигмы мы полагаем, что сами «элементарные» состоят, видимо, из более мелких частиц, а те, в свою очередь, из еще более мелких, и так далее. Так, в силу той же "аксиомы о делимости", должны существовать частички, линейный размер которых меньше размера протона примерно на 4-5 порядков, которые мы будем называть по предложению В.Гинзбурга «преоны» - **ПРЕ**дшественники «элементарных» частиц. (Говорят, что кто-то предложил это название еще раньше).

Основываясь на представлении о делимости реалов можно считать, что преоны, в свою очередь, также состоят из еще более мелких частиц, которые мы будем называть **гравитонами** (в предположении, что именно они являются "ответственными" за явление гравитации, вызывая явление гравитации своим наличием и движением в пространстве). Линейный размер гравитонов в нашей модели меньше размера преонов примерно на 5 (или более) порядков, но это различие впоследствии будет уточнено.

Название «гравитоны» используется в настоящее время в физике микромира для обозначения так называемых «виртуальных» частиц. Это название, во-первых, нельзя считать укоренившимся, и, во-вторых, оно ничего общего по сути своей не имеет с гравитонами в нашей концепции. Мы не слишком верим в существование виртуальных частиц как реалов (да это прямо следует из самого их названия), в то время как наша концепция предусматривает возможность существования гравитонов в действительности. Во время предварительного обсуждения предлагалось использовать в нашей концепции термин «пуштоны» (от английского push, выражающего суть гравитационного воздействия со стороны этих частиц – приталкивание вместо притяжения). Впоследствии мы отказались от использования этого слова, тем более, что совершенно ясно, ЧТО ИМЕННО мы имеем в виду под термином «гравитоны». А то, что они до сих пор не открыты, так ведь и атомы были "открыты" спустя более чем 2000 лет после Демокрита, предсказавшего их существование, исходя из простейшей логики. Кроме того, роль гравитонов в природе не ограничивается только причиной возникновения гравитации. Гравитация, похоже, лишь одно из явлений, возникающих в гравитонной среде. Гравитоны являются в первую очередь источником энергии для всей нашей Вселенной, передавая ее часть преонам при взаимодействии с ними, а также являются основным «строительным материалом» для вещества. Поэтому название "пуштоны" не вполне соответствовало бы их действительной роли в Природе. Термин "гравитоны" для обозначения частиц, "ответственных" за явление гравитации, применяет также и С.Федосин "Физика и философия подобия от преонов до галактик" [6].

Преоны и гравитоны (каждый на своем уровне размерности) образуют "газы" (преонный и гравитонный). Параметры этих газов уточняются в данной работе в последующих разделах. Предполагается, что преоны "ответственны" за электромагнитные явления. Поэтому скорости преонов в преонном газе принимаются равными скорости света (ибо колебания в "преонном газе" распространяются с этой скоростью); а длина свободного пробега преонов в воздухе не превышает приблизительно пары километров (возможно, даже меньше), ибо, как мы знаем из опыта, так называемые "электрические" силы на бо́льших расстояниях не действуют. Длина же свободного пробега гравитонов, как будет показано в последующих главах, может быть очень ориентировочно принята равной размеру солнечной системы, то есть от 40 до 100-200 астрономических единиц (а.е. - расстояние от Земли до Солнца).

Характерным отличием нашей гипотезы от прочих гипотез является признание того факта, что «ответственными» за так называемые «электромагнитные» явления и явления гравитационные признаются частицы **разного уровня размерности**. Авторы же большинства известных теорий эфира пытаются объяснить и те и другие явления с общих позиций, в основе которых лежат некоторые постулируемые «свойства» эфира. На наш взгляд это является одной из главных причин трудностей в развитии этих гипотез, и следствием все тех же представлений о существовании «первокирпичиков материи».

Очень важно еще и другое. По-видимому, нельзя быть уверенным, что каждый следующий высший, более крупномасштабный «этаж» размерности есть простое комбинирование частиц нижележащего уровня. На «конструкцию» (строение) частиц высшего уровня, по-видимому, влияют не только частицы предыдущего нижнего уровня (они из них состоят), но и частицы еще на один уровень ниже (то есть через уровень), частицы более мелкие. К примеру, по нашей гипотезе, так называемое «электронное облако» в атомах состоит из преонов (более мелких частиц), но структуру и само существование этого «облака преонов» обеспечивают гравитоны, удерживающие преонное облако вблизи ядра.

Поэтому весьма вероятно, что гравитоны также состоят из еще более мелких частиц, которые можно называть для определенности "U-частицы" (или, как бы по-русски, – **"юоны"**). Однако на первых этапах эти частицы нам не очень понадобятся.

Частицы одной размерности должны представлять собой среду, аналогичную газовой среде. Таким образом "пространство" представляется заполненным газами все более тонких "фракций". Частички каждого из этих газов движутся с разными скоростями, и, как и частицы любого газа, характеризуются длиной свободного пробега между столкновениями.

8.4.3. Пространство

Из самой сути нашей гипотезы следует, что понятие о "**пустом пространстве**" является либо нонсенсом, либо может применяться только по отношению к частицам одной (или большей) размерности. Пространство, даже чисто формально, не является пустым, так как **в любой момент времени и в любом месте в данной сколь угодно малой области пространства с вероятностью, равной единице, всегда найдется хотя бы одна сколь угодно малая частица, находящаяся на некотором расстоянии от других таких же частиц**. При этом среднее расстояние между частицами любого уровня определяется концентрацией частиц данного "газа", и это расстояние измеряется количеством этих же самых частиц, которые могут быть размещены в ПРО-СТРАНСТВЕ (в ПРО-МЕЖУТКЕ) МЕЖДУ (МЕЖ) ближайшими частицами.

Поскольку это так, то **понятие "пространство"** в нашей парадигме является полностью соответствующим классической физике.

Примечание. Термин "ЕСТЬ" является сокращенным выражением понятия "при определенных условиях там можно обнаружить". Термин "НЕТ" мы применяем вместо более длинного выражения "нельзя обнаружить ни при каких обстоятельствах". В этом смысле Бога - "нет". Его нельзя обнаружить ни по какому из религиозных определений. Вот почему для манипулирования понятиями теории относительности, признающей возможность взаимодействия тел на расстоянии без промежуточной среды (или в "виртуальной среде" - физическом вакууме) необходимо было признать наличие у пространства «**материальной природы**». Только в этом случае можно было говорить об "искривлении" пространства. Но объект «материальной природы» передает через себя воздействия также по принципу близкодействия (иначе его незачем вводить в рассмотрение). Поэтому признание за пространством «материальной природы» есть просто способ обмануть самих себя. Аналогично этому, когда говорят, например, что "В зале было пусто", то имеется в виду, что в зале не было объектов вполне определенных, в данном случае людей. Когда говорят, что комната была совершенно пуста, имеют в виду, что в ней не было никаких иных предметов кроме стен и воздуха, а, возможно, и тараканов... И так далее. Этот пример, хотя и базируется на бытовой лексике, тем не менее, на наш взгляд, очень иллюстративен.

Глава 1. Причина кризиса современной физики и путь его преодоления

В дальнейшем для всех частиц существенно меньшей линейной размерности, чем протоны, мы будем использовать название "наночастицы" (если речь не идет о какой-то конкретной группе частиц - преоны, гравитоны, "юоны").

Столкновения частиц одной размерности являются абсолютно упругими (то есть происходят без потери энергии). На данном этапе исследования это положение принимается нами исключительно для простоты (для упрощения), хотя и не является очевидным.

К наночастицам **разной** размерности это не относится. Так, при определенных условиях, преоны могут поглощать быстро движущиеся гравитоны, и в этом случае имеет место неупругое взаимодействие – гравитон не только передает частице энергию, но и может сам войти в состав преона. То же самое имеет место и при поглощении фотона атомом. Но на данном этапе мы не будем рассматривать возможности возбуждения волн в более мелкодисперсной среде более крупными частицами. К этой проблеме мы вернемся при рассмотрении электрических явлений.

Каждая частица имеет те или иные **параметры**, которые так или иначе можно (и нужно) определить. В зависимости от соотношений одноименных параметров происходит и **взаимодействие** между частицами (телами). Поэтому в дальнейшем мы постараемся избегать таких понятий как **свойство, качество**, избегать выражений типа «частица **обладает свойством**» и вообще чем-либо "обладает" (в том числе и энергией). Так, выражение "частица обладает энергией или моментом" может вводить в заблуждение, и поэтому правильно говорить "энергия частицы равна...". Внимательному читателю предоставляется полное право "хватать автора за руку" в случаях, когда он сам отступает от своих принципов, ибо стереотипы мышления и сознания труднопреодолимы.

Энергия – это **математическая величина**, равная произведению массы движущегося тела на квадрат его скорости. Любое другое использование этого термина-определения следует считать спекулятивным, применяемым с целью создать у читателя превратное мнение о предмете обсуждения. Слово «движущийся» выделено мною специально, чтобы подчеркнуть, что это понятие относится только и всегда к ДВИЖЕНИЮ тела, а значит - энергия может быть только кинетической. Понятие «потенциальная» энергия, может быть, правомерно применять в случае сжатия пружины (хотя и в этом случае можно докопаться до изменения кинетических энергий молекул и атомов). Но, применяемое, так сказать, «в общем смысле», оно вводит читателя в порочный круг заблуждений, из которого, как показала практика, крайне трудно выбраться.

В одной из следующих глав мы будем специально разбирать понятия простейшей механики, и дадим наше понимание термина **энергия**, смысл которого затруднялся объяснить своим студентам сам Фейнман. Ибо без представлений о делимости материи это сделать крайне затруднительно. На данном этапе вводить это определение преждевременно. Точное определение и объяснение этого понятия нами может быть дано только в главе 3 («Гравимеханика»).

Вещество – условное название структур, образуемых протонами в виде ядер атомов. Так, говорят о веществах - водороде, гелии, литии и так далее... На более мелком уровне существуют лишь элементарные частицы, из которых состоят атомы "вещества". Таким образом "вещество" - чисто условный термин.

8.4.4. Иерархия реалов. Организмы.

Достаточно сложная совокупность реалов (структура) может использовать другие (не входящие в эту совокупность) реалы для создания из них реалов с более сложной структурой.

Еще более сложная система реалов может использовать другие реалы не только для усложнения собственной конструкции, но и для поддержания своих структур в стабильном состоянии в течение существенно большего времени, чем любая из составляющих его частей, а также для саморазмножения (дуплицирования).

Такую совокупность реалов называют "организм" (организованные структуры).

Очень сложные организмы могут произвольно изменять состояния своих собственных частей (в зависимости от состояния реалов окружающей среды) с целью эффективного поиска в окружающей среде тех или иных реалов.

Объект – субъект. Эти два понятия существуют только в совокупности и не существуют одно без другого. Понятия эти – философские, используются для описания взаимодействия реалов. Некоторый реал, именуемый «субъектом» тем или иным способом «узнает» о состояниях другого реала, именуемого «объектом», и, в зависимости от этого, субъект может изменять свое собственное состояние.

В нашем изложении понятия «объект» и «реал» взаимозаменяемы. Однако понятие «реал» не аутентично понятию «объект», ибо понятие «объект» - философское. Объект не может существовать без субъекта. «Реал» - может существовать без субъекта и существует.

Объект – совокупность любых выделенных (субъектом) точек в пространстве. Объект может и не быть реалом.

Эталонный объект - минимально различимая (субъектом) неоднородность Среды.

Объективный – относящийся к объекту (к его состоянию), независимый от состояния субъекта.

Субъективный – относящийся к субъекту (к его собственному состоянию), и поэтому зависимый от состояния субъекта.

Память – следы прошлых взаимодействий (изменения параметров), сохранившиеся во внутреннем состоянии реала после того, как внешнее воздействие исчезло.

Закрепление следов прошлых воздействий во внутреннем состоянии реала (организма) может быть самым разнообразным.

(Памятью обладают не только организмы, но и гораздо более простые структуры, например, медные сплавы специального состава).

Субъект с весьма сложной структурой и памятью может строить модели окружающей его действительности (модели разной степени сложности) и изменять свое состояние (поведение) в зависимости от состояния другого объекта

Наблюдатель – субъект, взаимодействующий с некоторым объектом.

Действительность (она же «реальная действительность»), действительность реалов – состояние реалов, не зависящее от наличия наблюдателя (субъекта).

8.4.5. Время

Эталонное событие – минимально различимое наблюдателем (субъектом) изменение параметров объекта.

В изолированном объеме пространства, где субъект не различает никаких параметров и событий (и даже на необитаемом острове), представление субъекта о времени просто исчезает. Тем не менее, процессы, не зависящие от субъекта, продолжаются, то есть происходит **последовательное изменение состояний объектов**.

Вот это самое <u>последовательное изменение состояний объектов</u>, этот **процесс** и называют ВРЕМЕНЕМ. При этом говорят, что «Время **идет**».

Но «идет» ли время, если в данной области пространства не происходит никаких событий (что теоретически можно себе представить)? Очевидно, идет, так как существуют и другие области пространства, где события все же происходят. **ВРЕМЯ** «останавливается» только в случае, если события вообще не могут происходить. Фантасты от физики считают, что такие условия могут возникать в специальных образованиях в космосе в виде черных дыр.

Поэтому более адекватным определением я пока считаю следующее:

Время есть ВОЗМОЖНОСТЬ наступления того или иного события.

Если такой возможности (по тем или иным причинам) нет, то и времени в этом случае не существует.

Время – это процесс. Процесс остановиться не может, это нонсенс. Процесс (как и время) – либо он есть, либо его нет.

Поэтому для человека, находящегося в состоянии сна, время не «останавливается», его просто не существует.

На данном этапе нашего исследования нет большой необходимости в слишком точном и скрупулезном определении времени; может быть, нам это потребуется в дальнейшем, но не теперь.

События (изменения) могут следовать друг за другом столь быстро, что у Субъекта, с ними взаимодействующего, нет средств, чтобы различить эти события, отделить их одно от другого, считать их разными событиями. В этом случае Субъект воспринимает эти события как "одновременные".

Интервал времени (время) – количество эталонных событий (изменений состояния опорного объекта), имевшее место (наблюдаемое, которое можно наблюдать, насчитать) между изменениями состояния наблюдаемого объекта.

> *) *Поскольку в этих определениях очевидно присутствует Наблюдатель (да еще разумный, то есть пытающийся установить связь между явлениями природы), то может показаться, что это определение субъективно. На самом деле Наблюдатель тут - гипотетический. Функции наблюдателя могут быть* **приписаны** *нами любому материальному объекту, на который оказывает воздействие другой объект. (То есть "представим себе")....*

Время есть ПОНЯТИЕ относительное, и в каждом конкретном случае измеряется числом различимых состояний (позиций) какого-либо произвольно взятого процесса, являющегося для остальных процессов «калибром». Время не является совокупностью реалов, совокупностью объектов; это понятие,

Глава 1. Причина кризиса современной физики и путь его преодоления

вводимое сознательным субъектом в качестве способа познавания мира, и поэтому само по себе не оказывает влияния на реалы.

(Самой лучшей иллюстрацией к этому является классическое: «Каково расстояние отсюда до Парижа? Два суворовских перехода, Ваше превосходительство!»)

«Стрела времени» - бесконечно малая вероятность одного и того же состояния объектов в выделенной области пространства. Вытекает непосредственно из представления о бесконечной делимости реалов, так как состояние более крупных реалов определяется более мелкими реалами, из которых состоят более крупные и т.д.; а эти мелкие реалы находятся в непрерывном **движении**, то есть меняют свое состояние.

8.4.6. Информация

Вариабельность. Назовем число возможных состояний объекта, различаемое субъектом, «вариабельностью». Тогда количество бит (двоичных состояний), которым можно **закодировать** все состояния объекта, будет называться «количеством информации» и определяться по формуле

$$I = \log_2 N,$$

где

I – количество информации;

N – количество исходов.

«Количество информации» - (термин, введенный Шенноном при отсутствии определения самого термина «информация») – вводит философа в заблуждение; он начинает думать, что с помощью формулы подсчитывается нечто, относящееся к «свойствам» самого объекта. А это всего лишь формула для вычисления количества двоичных символов (бит) в сообщении, с помощью которого субъект может определить вариабельность объекта.

Так, если количество возможных состояний объекта равно примерно 1000, то необходимое количество бит в сообщении о состоянии объекта должно быть не менее $I = \log_2 1000 = 10$.

Содержится ли «вариабельность» в самом объекте? Нет, конечно. Тем более, в объекте не содержится и информация. Точно так же, к примеру, «энергия» это всего лишь математическая формула, и в самом реале не «содержится». Однако избежать жаргонизации книг и учебников крайне сложно. Когда говорят, что с помощью сообщения мы получаем информацию о состоянии объекта – это жаргон. С помощью сообщения мы УЗНАЕМ о состоянии объекта, мы получаем ДАННЫЕ (биты сообщения, двоичные символы). А количество информации, необходимое для передачи сообщения, содержащего ДАННЫЕ о том или ином состоянии объекта, можно определить по формуле

$$I = \log_2 N.$$

Это понятие приложимо только к сообщениям в теории связи, ибо только эти сообщения могут иметь ограниченное количество состояний, и потому только это количество можно измерить (определить).

Информация не содержится в объекте, это нонсенс. Информация не содержится и в сообщении, и не передается по каналам связи. Информация вообще ни в чем и нигде не «содержится». По каналам связи передаются сообщения или сигналы (или сообщения с помощью сигналов, так будет вернее). А «информация» – это никак не определенный термин. И поэтому под ним каждый понимает то, что хочет, и в энциклопедии вы найдете десятки толкований (не определений!) этого термина. Путаница возникает из-за изначального определения результата вычисления по указанной формуле как «количества информации», якобы подразумевающего количество чего-то, что вычисляется по формуле. Это прекрасный пример крайне неудачной терминологии. С помощью расчета по формуле $I = \log_2 N$ мы определяем некоторое количество двоичных символов, которое мы должны использовать для передачи сообщения, если желаем, чтобы наблюдатель (субъект) получил возможность различать все необходимые состояния объекта. Вот это «некоторое количество двоичных символов» и называется «количеством информации».

Другим (общеизвестным) примером неудачной терминологии является утверждение, что научная теория должна обладать свойством «фальсифицируемости» (перевод работ Поппера). Может быть, в английском языке этот термин имеет однозначное понимание, но в русском языке это вносит путаницу, или, по меньшей мере, приводит к непониманию. И это вместо того, чтобы использовать русское слово «опровержимость». Научная теория, по Попперу, должна иметь возможность быть опровергнутой.

Субъект может не иметь прямого непосредственного контакта с объектом (и чаще всего так и бывает). В этом случае он может узнавать (получать сведения) о состоянии объекта посредством «канала связи» - то есть других объектов, так или иначе имеющих или имевших в прошлом прямой контакт с наблюдаемым объектом (реалом).

Передача сведений о состоянии реала от одного реала к другому осуществляется с помощью сообщений или сигналов.

Сигнал – различимое наблюдателем состояние канала связи, так или иначе связанное с тем или иным состоянием наблюдаемого объекта (или <u>канала связи как объекта</u>).

Форма сигнала – та или иная комбинация состояний канала связи, составляющих сигнал.

Субъект – реал, получающий информацию о других реалах.

Объект – любой наблюдаемый субъектом реал. Реал становится <u>объектом</u> (наблюдения) для субъекта только в случае, если он вообще доступен для наблюдения, если субъект может выделить объект на фоне окружающей среды **с помощью имеющейся у него системы распознавания сигналов.**

Объект представляет собой реал (и тогда эти термины взаимозаменяемы) только в том случае, если хотя бы одна составляющая сигнала от него приходит ИЗВНЕ по отношению к мозгу субъекта, и это можно выяснить экспериментально.

8.4.7. Мышление. Реальность и действительность.

Сложные организмы имеют в своем составе структуру управления их состоянием и поведением (состоящую из специфических реалов), которая называется «мозгом».

Эта структура, кроме функции прямого управления, может запоминать и преобразовывать поступающую извне информацию (сигналы) для решения задач, связанных с собственной деятельностью. Процесс работы такого мозга именуется «мышлением».

Такие организмы могут быть названы «мыслящими реалами».

Мышление – процессы в мозгу, связанные с воспроизведением запомненных ранее мозгом сведений (данных) о состоянии объектов, ее видоизменением (обработкой), и использованием этих данных для решения тех или иных задач, связанных с существованием (жизнедеятельностью) организма.

Наиболее сложные организмы (называемые человеками или людьми) по их собственному утверждению (!) способны иметь «представление» об окружающем мире (то есть хранить в своей структуре более-менее точные сведения (данные) о расположении и свойствах реалов окружающего мира («Модель»), полученные с помощью своих так называемых «органов чувств» (и устройств, дополняющих эти органы чувств). Эти организмы также осуществляют прогноз поведения внешних по отношению к ним реалов и, как правило, действуют с учетом этого прогноза. На определенном уровне сложности Модель Мира в их мозгу позволяет им «отделять себя» от окружающей их среды – явление, называемое субъектами СОЗНАНИЕМ.

Очевидным для каждого организма является только то, в чем он может убедиться (проверить опытным путем соответствие последствий своих действий с предположением, ожидаемым результатом) с помощью своих органов чувств. Если при подобной проверке используются приборы (устройства, сконструированные субъектом), то результаты такого исследования считаются не очевидными, а установленными опытным путем.

Восприятие – это процесс получения мыслящим реалом сведений (знаний) о состоянии наблюдаемых реалов.

Все **внешнее** определяется мозгом по отношению к **ЭЛЕКТРОННОЙ (СИГНАЛЬНОЙ) МОДЕЛИ,** которая создается мозгом в процессе своей работы. Однако Модель не всегда может однозначно определить, является ли данный сигнал внешним или внутренним (сгенерированным «базой данных» Модели, которая в обиходе именуется «подсознанием»).

Поэтому дефекты работы отдельных групп нейронов мозга не всегда могут быть распознаны Моделью как внутренний дефект системы, создающей саму эту модель. Это явление называется шизофренией и проявляется в самых разных формах и видах. В частности, человек может «слышать голоса и видеть картины», и это принимается им за Откровение Свыше, ИЗВНЕ. (Самой легкой формой шизофрении являются сны).

Реальность (она же "субъективная реальность") – модель действительности, создаваемая в мозгу отдельного субъекта (наблюдателя).

На определенном этапе усложнения своей структуры мыслящие реалы создают для передачи данных друг другу знаковую систему (язык), а впоследствии, с помощью средств языка, формируют в своей среде ту или иную Модель окружающей их РЕАЛЬНОСТИ. Эта модель называется «Знанием о мире» или просто «Знанием». Это не просто совокупность сведений о мире, но и все известные связи между отдельными элементами этой совокупности.

Знания – сумма всех известных данных об объектах окружающего мира.

Познание – процесс получения знания мыслящим реалом.

Объективная реальность есть Модель объективной реальности, создаваемая в мозгу субъекта не только на основе его индивидуального опыта, но и <u>на основе коллективного опыта общества</u>, в составе которого он воспитывается и затем функционирует. Это представления человека о мире реалов. Эта модель непрерывно изменяется. То есть, когда говорят об «объективной реальности», то имеют в виду комплекс знаний, относящихся (естественно) только к объектам, а не ко всем реалам и, значит, – не ко всей РЕАЛЬНОСТИ. (Это иногда упускают из виду, в результате чего возникает терминологическая путаница).

И этот комплекс знаний, хотя и относится только к наблюдаемым реалам, ограничен известными знаниями о наблюдаемых реалах.

Именно в этом смысле только и можно понять смысл выражения «вещь в себе»; то есть мы, по-видимому, не можем исследовать наблюдаемый нами реал как «объект полностью». В реале, даже когда он является объектом, имеется гораздо больше «состояний», чем доступно нашему непосредственному наблюдению.

Таким образом "объективная реальность" не есть ДЕЙСТВИТЕЛЬНОСТЬ, это лишь наша МОДЕЛЬ действительности, представление о действительности, более или менее к ней приближенное. Иногда эту модель называют «действительностью», неявно подразумевая под этим возможность использовать эту Модель, это знание о мире для практических действий. Но слишком часто **действительность** путают с **реальностью** без уточнения, что же собой эта действительность представляет. И в дальнейшем происходит переопределение одних терминов через другие по кольцу.

Объективная реальность – это «реальность объектов», то есть известных нам сведений о реалах, ставших нашими объектами наблюдения. То есть это **вся доступная нам информация о реалах**, а значит, строго говоря, это как раз и есть МОДЕЛЬ РЕАЛЬНОСТИ.

Одним из базовых терминов языка этой по сути интеллектуальной Модели является «Сущность».

Сущность – (философск.), это то, о чем можно говорить. Точным аналогом этого термина является слово «понятие». Поэтому в современном научном языке этот термин практически не употребляется.

Существование – (в узком смысле) это принадлежность к совокупности реалов.

Реал может считаться существующим, если его можно обнаружить с помощью имеющихся у нас (сейчас или в будущем) средств наблюдения. Человек использует множество ПОНЯТИЙ, так или иначе относящихся к окружающему его миру. Но, если о некоем понятии, некой «сущности» утверждается, что она не обнаружима принципиально, то научный метод познания мира не в состоянии использовать ни это понятие, ни саму эту сущность в качестве инструмента познания мира. То есть само понятие может существовать, но не входить в совокупность реалов вследствие того, что сущность, которую определяют с помощью этого понятия, принципиально нельзя обнаружить. (Для примера - таковым является понятие о Творце Мира.)

Объективная реальность «объективна» только потому, что субъект имеет об определенном объекте или группе объектов некоторые знания. Об объективной реальности можно говорить (она является «Сущностью») **только** в связи с субъектом (филос. категория). Вне связи с субъектом нельзя говорить об «объектах», и, следовательно, о какой-либо «объективной» реальности. **"Объективная реальность" как сущность присутствует в представлениях субъекта о реальности, но не существует сама по себе, как объект**. Утверждение, что объективная реальность может существовать без субъекта, противоречит определению связки «объект-субъект». **Вне субъекта существует только действительность как совокупность реалов.**

Иногда термин «Существование» предлагается производить от термина «Сущность»; существовать якобы означает быть сущностью. В этом смысле «существует» все, о чем можно говорить. Но ясно, что поскольку говорить можно о чем угодно в рамках объективной реальности, то в этом смысле должно и существовать все, что угодно?

Однако в бытовом смысле это не так. О домовых и чертях можно говорить, но никто не считает, что они существуют. Поэтому от применения термина «существование» в дальнейшем следует по возможности воздерживаться.

В то же время это слово широко применяется в отношении не только реалов, но и понятий языка («существует мнение», например). Чтобы исключить терминологическую путаницу и связанные с этим демарши, можно использовать в подобных случаях слово «есть» или другое слово, учитывающее все вышесказанное.

Возможность обнаружить что-либо зависит исключительно от того, может ли это НЕЧТО стать для субъекта объектом (см. выше), т.е. может ли субъект воспринять это НЕЧТО непосредственно (или с помощью специально сконструированных устройств), или по каким либо причинам это невозможно.

Более того, важно, считает ли субъект эти сигналы исходящими именно от данного объекта, а не от совокупности иных (это называется обычно «артефактом»).

В любом случае возможность обнаружения чего-либо никак не связана с принадлежностью этого Нечто к совокупности реалов, а связана исключительно с тем или иным каналом связи, способом передачи сигналов и их обнаружения познающим мыслящим реалом («гностом»).

8.4.8. Знание

На определенном этапе своего развития достигнутый уровень знания о мире позволяет группе мыслящих реалов прийти к выводу (заключению), что реалы взаимодействуют между собой сами по себе, без участия наблюдающих за ними субъектов; и это взаимодействие чаще всего никак не зависит от самих мыслящих организмов, и даже не связано с их наличием в области взаимодействия реалов.

Вот этот момент и является ЗАМЫКАЮЩИМ в нашей цепи определений и рассуждений. Теперь независимость реалов окружающей среды от самого мыслящего реала, от его собственного их восприятия, переходит на более высокий уровень. Теперь уже коллективный разум (коллективная Модель) «знает», что реалы являются независимыми образованиями, и определяет всю совокупность реалов как МИР (реалов - см. исходную фразу в начале текста.). Это ЗНАНИЕ становится «общечеловеческим», а отдельный субъект получает его уже в готовом виде в процессе узаконенного обучения.

9. Нетривиальные следствия принятой гипотезы

Материя – философское понятие, в собственно физике не используется. В действительности (в мире) присутствуют РЕАЛЫ. Каждый реал есть часть более крупного реала.

Материя делима (в пределах наших представлений) вглубь и вширь, по меньшей мере еще на три «этажа» размерности.

В природе **должны существовать преоны, гравитоны и юоны** – наночастицы, размер которых примерно на 5 (а то и 10) порядков меньше размеров частиц предыдущего «этажа малости».

За **световые и электромагнитные явления** «ответственны» преоны.

За **гравитационные явления** и поддержание энергетического равновесия в природе «ответственны» гравитоны.

Пространство и время являются философскими категориями, используемыми разумными наблюдателями для построения картины мира. Эти понятия не являются материальными сущностями. Пустого пространства не существует – в любой момент в сколь угодно малой наперед заданной области пространства можно найти реалы – частицы с размерами меньшими, чем размер выделенной сколь угодно малой области пространства.

Столкновения наночастиц одного типа можно считать абсолютно упругими. Столкновения наночастиц разных уровней могут быть абсолютно неупругими.

Так называемые «поля» не имеют материальной природы, поля – нематериальны. Поле есть распределение сил, ГРАФИК сил, действующих на тело в некоторой области пространства. Но сами воздействия осуществляются на основе «близкодействия», то есть при непосредственном контакте частиц.

Коренной философской причиной нынешнего кризиса физики является, прежде всего, атомистическое представление о строении материи (поиск единой неделимой частицы вместо представления о бесконечной делимости материи).

Коренной методологической причиной нынешнего кризиса физики является ее отказ от исследования причинно-следственных связей и самих причин наблюдаемых явлений, и применение «феноменологического» подхода, при котором исследуется только поведение объектов и, как следствие, создаются математические модели этого поведения, именуемые «законами» физики.

Литература

1. Арнольд. «Нужна ли в школе математика» www.geotar.com/hran/gravitonica/1/arnold.rar, http://scepsis.ru/library/id_649.html , http://files.school-collection.edu.ru/dlrstore/d62a2628-a780-11dc-945c-d34917fee0be/08_arnold-schoolmath.pdf

2. А. Вильшанский. «Современное рабовладельческое общество» http://www.geotar.com/israpart/sro/index.html
3. В. Турчин. «Феномен науки» www.geotar.com/hran/gravitonica/1/fenomen.rar
4. Теория ЛеСажа. Пуанкаре против Ле-Сажа www.geotar.com/hran/gravitonica/1/fatio_lesage.rar
5. С. Сухонос. «Масштабная гармония Вселенной» www.geotar.com/hran/gravitonica/1/suhonos.rar
6. С. Федосин. «Физика и философия подобия» www.geotar.com/hran/gravitonica/1/fedosin.rar
7. Ли Смолин. «Неприятности с физикой» www.geotar.com/hran/gravitonica/1/smolin.rar
8. А. Ивин «Искусство правильно мыслить» http://www.geotar.com/geota/logika/indexivin.html
9. О бесконечной делимости материи. www.geotar.com/hran/gravitonica/1/besdelimost.rar

Глава 2. Причина гравитации

В этом разделе рассматривается гравитационное взаимодействие пробного тела и массивного тела конечных размеров. В модели гравитации используется представление о гравитонах как о мельчайших частицах со слабым взаимодействием с веществом ("гравитонная гипотеза"). Суммарное воздействие гравитонов на пробное тело приводит к "приталкиванию" одного тела к другому.

Такой подход позволяет объяснить механизм наблюдаемого "притяжения" одних тел к другим без привлечения теории относительности и понятия об искривлении пространства. Расчет по полученным здесь формулам полностью соответствует результатам расчета по эмпирической формуле закона всемирного тяготения Ньютона (ЗВТ). Модель объясняет как эффекты в макромире, так и эффекты в микромире.

1. Модель

Поместим пробное тело **А** в центр сферы, через которую в самых разных случайных направлениях пролетают очень маленькие и легкие частицы (рис.1). Назовем эти частицы "гравитонами".

Мы предполагаем, что гравитоны обладают исключительно высокой проникающей способностью и слабо взаимодействуют с веществом, то есть отдают частицам вещества очень небольшую часть своего импульса (см. ниже).

О понятии «импульс» мы будем говорить в главе третьей (Гравимеханика»). Здесь лишь скажем, что импульсом в физике называется произведение массы на скорость (mV=Ft). При упругих столкновениях частицы (тела) обмениваются импульсами; в изолированной механической системе сохраняется суммарный импульс, поэтому для двух тел ($m_1V_1=m_2V_2$).

Гравитоны равномерно распределены в пространстве и представляют собой «гравитонный газ». Большинство их пролетает мимо пробного тела **А**, и они нас не интересуют. Их траектории обозначены на рис.1 пунктирными стрелками.

Те гравитоны, которые попадают в пробное тело, передают ему часть своего импульса. Плотность потока гравитонов через сферу постоянна.

Глава 2. Причина гравитации

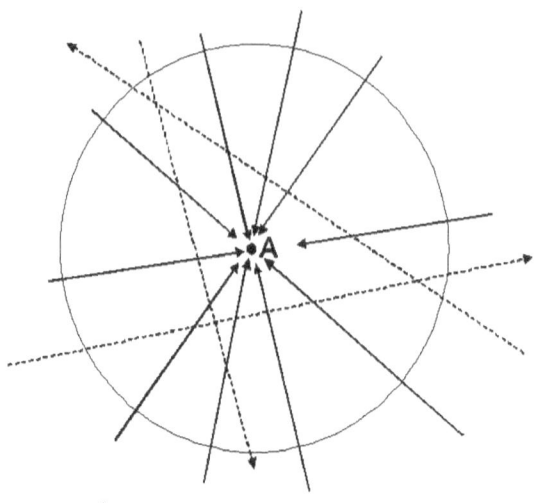

Рис.1

Так как все гравитоны одинаковы, то вектор суммарного импульса, переданного ими пробному телу, будет равен нулю, и оно будет находиться в покое.

Поместим на некотором расстоянии от пробного тела **A** массивное тело (шар) (рис.2). Очевидно, что если гравитоны частично задерживаются шаром, то он экранирует пробное тело от воздействия частиц, приходящих к нему из пространственного угла с образующими **AU** и **AV**. В то же время гравитоны, прилетающие из пространственного угла с образующими **AU'** и **AV'**, воздействуют на пробное тело с прежней интенсивностью. Результирующее воздействие всех частиц на пробное тело уже не будет равным нулю, и возникнет сила, направленная точно к центру массивного шара.

Величина воздействия на пробное тело (сила), будет зависеть от степени поглощения гравитонов массивным телом. Эта сила прямо пропорциональна величине пространственного угла **UAV**, который в свою очередь **обратно пропорционален квадрату расстояния.**

Глава 2. Причина гравитации

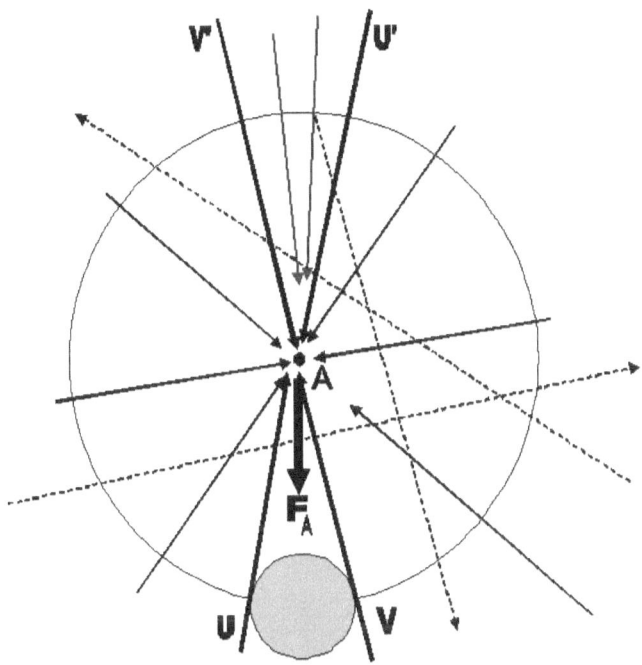

Рис. 2. Ослабление потока гравитонов массивным телом

В этой модели имеет место не «притягивание» двух тел друг к другу, а «приталкивание». Но, если наблюдатель ничего не знает о летящих частичках, а видит лишь взаимодействие тел, то это выглядит для него как «притяжение» одних тел к другим.

Воздействие гравитонов на пробное тело после их прохождения сквозь тело с большой массой рассчитывается как разность двух потоков гравитонов. Один из потоков приходит к пробному телу **A** из пространственного угла **UAV**, определяемого телом, поглощающим гравитоны. Гравитоны поглощаются на любом участке **BD** этого тела (рис.3). Второй поток приходит к пробному телу **A** из такого же пространственного угла **U'AV'**, обращенного в противоположную сторону.

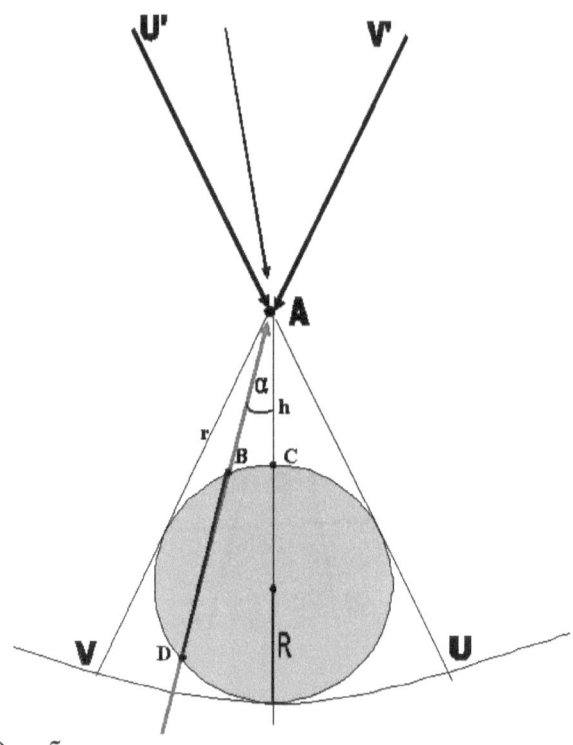

Рис.3. Ослабление потока гравитонов отдельным участком массивного тела

В Appendix [1] приведен вывод формулы отношения силы приталкивания на определенном расстоянии к силе, действующей на расстоянии двух радиусов от центра массивного шара:

$$\overline{F_A}(k) = \frac{\int\limits_0^{\alpha_{max}(k)}\left(\int\limits_0^{b(k,\mu)}\delta \cdot db\right)\sin 2\alpha \cdot d\alpha}{\int\limits_0^{\alpha_{max}(2)}\left(\int\limits_0^{b(2,\mu)}\delta \cdot db\right)\sin 2\alpha \cdot d\alpha}$$

где

k=1+h/R,

α - угол BAC (рис. 3)

α_{max} - максимально возможное значение угла α,

h – расстояние пробного тела от поверхности поглощающего (экранирующего) тела (шара),

R – радиус поглощающего (экранирующего) тела,

k=2 для случая нахождения пробного тела на расстоянии R от поверхности шара,

b – длина отрезка BD на рис. 3,

δ - плотность поглощающего тела в произвольной точке.

Численное интегрирование вышеуказанной формулы приводит к результатам, полностью совпадающим с результатами расчета по классической формуле закона всемирного тяготения Ньютона. Формула получена сотрудником Института космических исследований Техниона (Израильский технологический институт), пожелавшим остаться инкогнито.

В общем случае тело (шар), поглощающее гравитоны, может иметь переменную вдоль радиуса плотность (рис. 4). Как известно, Земля имеет более плотное ядро с диаметром, примерно равным половине диаметра самой Земли.

Расчет показал, что сила воздействия на пробное тело некоторой массы будет одной и той же для любого распределения плотности по радиусу.

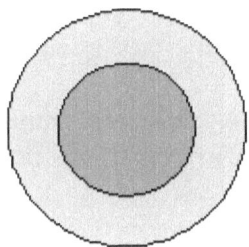

Рис. 4.

Проверка адекватности предложенной модели

Адекватна ли реальности предложенная здесь модель? Это можно проверить во время полного солнечного затмения.

Согласно теории Ньютона сила притяжения любого тела Землей на ее поверхности должна уменьшаться во время солнечного затмения. В этот момент Луна и Солнце находятся на одной прямой по отношению к наблюдателю в зоне затмения. При этом их сила притяжения должна увеличиться, уменьшая результирующую силу притяжения на поверхности Земли.

Но в предложенной здесь модели все должно обстоять наоборот. Согласно этой модели гравитоны должны поглощаться полностью в достаточно большой массе вещества, через которую они проходят. Именно такая ситуация возникает в звездах.

Глава 2. Причина гравитации

Поглощение гравитонов, естественно, зависит от плотности вещества.

А) Тень от планеты с неполным поглощением

Б) Тень от звезды (Солнца) с полным поглощением
Рис. 5. «Гравитонная тень» от объектов с неполным и полным поглощением гравитонов

Для наглядности и простоты предположим, что Солнце поглощает гравитоны полностью почти по всему диаметру (рис.5-Б)

До тех пор, пока Солнце и Луна находятся в разных частях небосвода, каждое из этих небесных тел поглощает свою часть гравитонов. Величина гравитационной постоянной у поверхности Земли зависит от воздействия Земли, Луны и Солнца (рис.6).

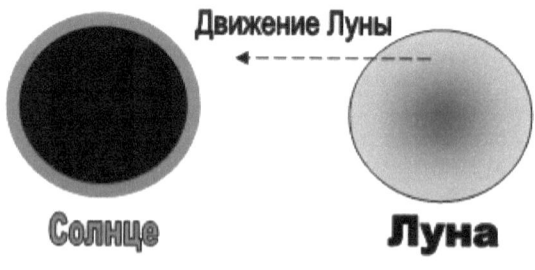

Рис. 6

Однако, когда происходит солнечное затмение, то ситуация меняется (рис. 7).

Рис.7

Луна входит в полную «гравитонную тень» Солнца. До затмения Луна несколько ослабляла поток гравитонов. Теперь она уже не может его ослабить дополнительно, так как поток уже полностью был поглощен Солнцем. Для земного наблюдателя гравитонного потока Луна в этот момент как бы «исчезает» с небосклона. В результате суммарная сила притяжения тела к земле (вес) в момент солнечного затмения должна увеличиваться.

Здесь очень важно и интересно отметить, что, поскольку свет от Солнца идет примерно 8 минут, то вследствие вращения Земли мы видим Солнце на небе в том месте, в котором оно находилось 8 минут назад. Поэтому «гравитационное» затмение Солнца Луной в действительности начинается на 8 минут раньше, чем мы наблюдаем начало «оптического» солнечного затмения. Это явление было замечено еще инж.Ярковским в конце 19-го века (!) [2].

Вывод

Отсутствие представления о природе силы, заставляющей объекты притягиваться друг к другу, привело Ньютона лишь к эмпирической формуле закона всемирного тяготения. Эта формула, **по Ньютону**, справедлива для любых расстояний (ибо не было причин думать иначе).

Изложенное здесь представление о "приталкивании" тел друг к другу частицами со слабым взаимодействием с веществом (гравитонами) позволяет дать непротиворечивое **физическое** описание этого явления. Полученные при этом формулы дают результаты, в точности совпадающие с результатом расчета по эмпирической формуле Ньютона.

Но, как ясно из предыдущего, предложенная модель может быть адекватна только на длине свободного пробега частиц (гравитонов). На большем расстоянии от гравитирующей массы (Солнца, например) гравитонная тень начинает «размываться», и поэтому условия движения тел в пространстве несколько изменяются. Это было подтверждено наблюдавшимся изменением параметров траекторий американских космических зондов «Пионер» и «Вояджер», приблизившихся к границе Солнечной системы [3]. Из этого прямо следует, что так называемый **закон «всемирного» тяготения не является на самом деле всемирным**, а справедлив лишь в пределах расстояний, соизмеримых с размерами Солнечной системы. За ее пределами действуют, по-видимому, законы вихревой газовой динамики применительно к «гравитонному газу».

Пользуясь описанным подходом, представляется возможным наметить путь к объяснению причины **вращения планет вокруг Солнца и вокруг своей оси**, разогрева планет, понять процессы, происходящие внутри звезд, уточнить причины звездной эволюции и, возможно, понять причину образования и развития нашей Вселенной, выявив источник энергии, позволяющей ей вообще существовать.

В работах [4,5,6] приведены результаты экспериментов по измерению гравитации во время солнечных затмений.

Александр Вильшанский делает доклад о причине гравитации на семинаре «Интеллектуальные системы» (г.Ашдод, 2004 г.)

2. Параметры преонов и гравитонов

2.1. Длина свободного пробега частицы в газе. Ориентировочные параметры частиц преонного газа (преонов)

Длина свободного пробега частицы газа λ - это среднее расстояние, которое проходит частица за время между соударениями с другими частицами.

Длина свободного пробега частиц в газе не зависит от их скорости. Действительно, если отснять на кинопленку процесс столкновения молекул в газе, а потом «прокрутить» ее с меньшей или большей скоростью, то длина свободного пробега частиц газа не изменится. Она также не зависит и от абсолютных размеров самих частиц. Основной фактор, влияющий на длину свободного пробега - это степень разреженности среды, то есть относительное расстояние между частицами

$$r = d/L,$$

где

d - диаметр частицы,

L - среднее расстояние между ними.

Предположим, что относительно некоторой произвольно взятой частицы в газе (кружок в центре на рис.8а) остальные частицы расположены вплотную по поверхности сферы, имеющей радиус, равный длине свободного пробега.

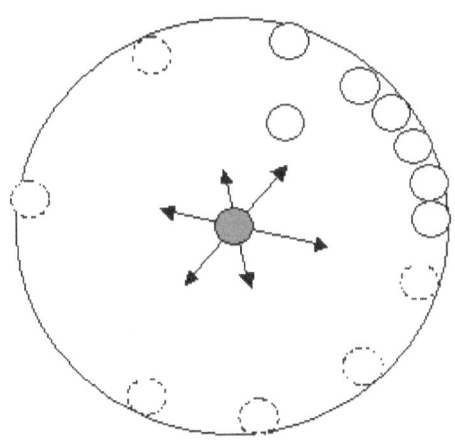

Рис. 8а.

Понятие "длины свободного пробега" (λ) можно определить из рассуждения, что в каком бы направлении центральная частица ни полетела, она, пройдя определенное расстояние, со стопроцентной вероятностью наткнется на другую такую же. Это то же самое, как если бы наша частица находилась бы внутри замкнутой сферы с радиусом R, равным λ, была бы в этом объеме одной-единственной, и при своем движении в любую сторону наткнулась бы на границу, находящуюся на расстоянии свободного пробега (рис.8б), составленную из таких же частиц, без промежутков между ними.

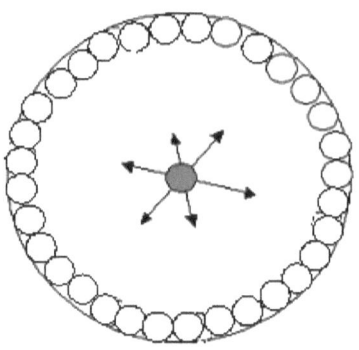

Рис. 8б.

Теперь, если на этой «фотографии» в какой-то момент «спустить курок» («включить время»), то частички, расположенные в среднем на радиусе свободного пробега (но в любой момент времени имеющие скорости в самых разных направлениях), через некоторое время окажутся более или менее равномерно распределенными по всему объему (указаны на рис. 9 зеленым цветом). В дальнейшем средняя плотность частиц в этом объеме будет сохраняться примерно постоянной.

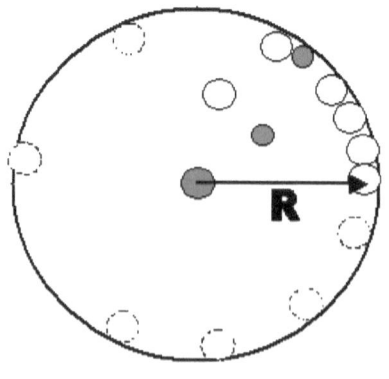

Рис.9

Какое-то количество частиц окажется ближе к наблюдаемой нами гипотетической частице. Но **средняя длина свободного пробега** останется той же, так как если наша частица начнет двигаться в каком-либо направлении, то до столкновения с частицей на средней длине свободного пробега других частиц на ее пути не окажется («уйдут с дороги»).

Тогда можно определить «плотность» такого «газа» (количество частиц на объем), взяв отношение количества частичек, помещающихся на площади сферы свободного пробега, к объему этой сферы, то есть

$$P = \frac{N}{V}, \quad N = S/s = \frac{4\pi R^2}{s},$$

где

V – объем сферы.

N – число частиц, которые могут разместиться вплотную на сфере с радиусом, равным длине свободного пробега R;

S - площадь сферы,

s - площадь поперечного сечения частицы

2.2. Концентрация преонного газа

Исходя из этих представлений, мы можем попробовать рассчитать плотность преонного газа, если считать его средой, в которой (и благодаря которой) происходят электрические явления. (Правильнее называть количество частиц в объеме концентрацией, а не плотностью газа.) Примем

R – радиус сферы = λ~ = 1 000 м = 10^5 см.

Длина свободного пробега λ преона в данном случае определяется, прежде всего, из соображений ограниченности действия электрических сил указанным расстоянием, но на эту же мысль наводит и факт развала первичного лазерного фронта в световоде (начиная с нескольких сотен метров когерентность лазерного луча теряется даже в хорошем световоде).

Для начала (в соответствии с методикой С. Сухоноса [7]) можно принять, что радиус преона примерно на 5 порядков величин меньше диаметра протона, который равен примерно 10^{-13} см. Таким образом,

r – радиус преона ~ 10^{-18} см

При радиусе преона r =~ 10^{-18} см площадь его поперечного сечения с точностью до половины порядка равна $s_{pr}=10^{-36}$ см², и число частиц (N), которые могут разместиться вплотную на сфере с радиусом, равным длине свободного пробега $R=10^5$ см, равно

$$N = S/s_{pr} = \frac{4\pi R^2}{s_{pr}} = \frac{4\pi R^2}{\pi r^2} = \frac{4 \cdot 10^{10}}{10^{-36}} = 4 \cdot 10^{46}.$$

Объем сферы радиусом $R=1.10^5$ см равен

$$V = \frac{4}{3}\pi R^3 = \sim 4.10^{15} \, см^3$$

Отсюда плотность преонного газа приблизительно равна

$$P = \frac{N}{V} = \frac{4R^2 \cdot 3}{r^2 \cdot 4\pi R^3} = \frac{3}{\pi r^2 \cdot R} \approx \frac{1}{r^2 \cdot R} = \frac{1}{10^{-36} \cdot 10^5} = 10^{31}$$

частиц в 1 см³ или просто

$$P = \frac{10^{46}}{10^{15}} = 10^{31} \text{ частиц в 1 см}^3$$

Таким образом, концентрация преонного газа в самой близкой к нам области пространства составляет примерно $P=N/V=10^{31}$ преонов в одном кубическом сантиметре.

Факт наличия связи с космическими кораблями, уходящими до границ Солнечной системы, дает основания думать, что преонный газ существует и на достаточно большом расстоянии от Земли. Однако неясно, меняется ли (и насколько) концентрация преонного газа вблизи планет. Это можно будет определить на основании величины звездной аберрации. Кроме того, не вполне ясна на сегодняшний день природа так называемых «электромагнитных волн». Нельзя исключить, что они представляют собой потоки преонов (и тогда для их распространения в пространстве не требуется наличия преонного газа). Этот вопрос будет подробнее рассмотрен в разделах о природе света и природе электричества. В этих разделах будет выяснено, что одно другому не противоречит (то есть может существовать как преонный газ, так и далеко распространяющиеся потоки преонов).

При радиусе преона $r =1.10^{-18}$ см его объем составит $\sim V_p=10^{-54}$ см³, то есть в 1 см³ при максимально плотной упаковке может поместиться 10^{54} преонов.

Отсюда следует, что при наличии в одном куб. см. $P=1.10^{31}$ преонов, в этом объеме еще остается свободного места для $к=10^{54}/1.10^{31} =10^{23}$ преонов. Отсюда же следует, что среднее расстояние между преонами (выраженное в преонах) будет равно примерно 10^7-10^8 преонов (корень кубический из 10^{23}). Поскольку размер преона принят равным $r = 10^{-18}$ см, то среднее расстояние между преонами в преонном газе не более 10^{-11} см. То есть примерно в тысячу раз меньше размера атома водорода (но все же в сто раз больше размера протона). И это при длине свободного пробега около километра!

Отсюда, в частности, следует, что вероятность того, что пролетающий через атом преон столкнется внутри атома с другим таким же преоном, равна отношению диаметра атома $d_a=\sim 10^{-8}$ см к длине свободного пробега λ =100 000 см, или примерно $p=10^{-8}/10^5= 10^{-13}$. То есть **столкновения между преонами в объеме одного атома практически отсутствуют**.

Однако, внутри атома обычно имеется так называемая «электронная оболочка», преоны которой имеют более упорядоченную структуру (об этом ниже в разделе о структуре электрона).

Если протон представляет собой однослойный (преонный) пузырь, не вполне проницаемый для гравитонов, это значит, что площадь его поверхности равна kS_p. Если поверхность пузыря равна $4\pi r^2 =\sim 10 \cdot 10^{-26}$ см^2, а поверхность преона около $4\pi r^2 =\sim 10 \cdot 10^{-36}$ см^2, то количество преонов, образующих поверхность протона, равно приблизительно 10^{10}. В этом случае масса преона должна составлять примерно 10^{-34} г.

Если условно предположить, что преоны размещаются под поверхностью протона слоями, то количество таких слоев может быть до 100 и более. Тогда общее количество преонов в протоне может доходить до 10^{12}. И тогда **масса преона будет в 10^{12} раз меньше массы протона, то есть равна примерно 10^{-36} г**.

Примем пока очень приблизительно среднюю величину равной $1 \cdot 10^{-35}$ г.

Тогда, поскольку объем преона меньше объема протона примерно на 15 порядков, а масса протона равна $1 \cdot 10^{-24}$ г (то есть на 10 порядков больше предполагаемой массы преона), то плотность преона должна быть на 5 порядков больше плотности протона.

2.3. Концентрация гравитонного газа

Исходя из сказанного в предыдущем разделе, мы можем принять за длину свободного пробега γ гравитона радиус Солнечной системы $R= 1 \cdot 10^{15}$ см. Этот выбор обоснован тем простым обстоятельством, что объекты, находящиеся в поясах Койпера и Оорта, подвержены притяжению Солнца в минимальной степени и находятся почти в безразличном равновесии.

Радиус Солнечной системы принимаем равным примерно 50 а.е. (расстояние до «Пояса Койпера» 50 а.е. = $50.150.10^6$ км = 75.10^8 км = $\sim 100.10^{13}$ см = 1.10^{15} см.) Ниже будет показано, что более «удобным» для приблизительных расчетов может быть расстояние примерно 200 а.е.

Как мы выяснили в начале этой главы, длина свободного пробега не зависит от скорости частиц. Спрашивается – **каков должен быть радиус гравитона, чтобы длина его свободного пробега (γ) равнялась примерно 10^{15} см?**

Будем отталкиваться от уже проведенной выше оценки параметров преонного газа. При этом в дальнейшем будем постоянно иметь в виду, что наша оценка параметров гравитона будет "привязана" к параметрам преона. Расчет проведем оценочный, крайне приблизительный, с точностью до порядка величин.

Длина свободного пробега частички газа обратно пропорциональна размерам самой частички. Отношение длины свободного пробега γ гравитона к длине свободного пробега λ преона составляет, по-видимому,

$$\gamma/\lambda = 10^{15}/10^5 = 10^{10}.$$

Поэтому, если считать диаметр преона равным 10^{-18} см, и сравнивать с величиной λ в преонном газе, то для обеспечения $\gamma = R = 10^{15}$ см нужно иметь **диаметр гравитона не более чем 10^{-28} см.**

Таким образом, величина γ для гравитона определяется одной реальной ситуацией вместо расчетов. По крайней мере, с точностью до порядка.

Тогда площадь поперечного сечения гравитона $s_{гр} = 10^{-56}$ см

Площадь сферы свободного пробега $S = \pi \cdot 10^{30}$ см^2

Объем сферы свободного пробега $V = 4/3 * \pi R^3 = 4 \cdot 10^{45}$ см^3

Количество гравитонов, которые могут разместиться в один слой на сфере свободного пробега $N = S/s = \pi \cdot 10^{86}$

Отсюда концентрация гравитонного газа

$$P = \frac{N}{V}, \; P = 3{,}14 \cdot 10^{86} / 4 \cdot 10^{45} \sim 10^{41} \text{ грав/см}^3.$$

Это на 10 порядков больше плотности преонного газа (здесь и далее под «плотностью» гравитонного и преонного газов понимается не средняя масса в некотором объеме, а количество частиц в объеме, независимо от их массы, т.е. концентрация частиц).

2.4. Скорость и масса гравитонов

Наиболее надежным источником для наших рассуждений является Лаплас [8], рассчитавший возможную скорость распространения гравитации через наблюдения вековых движений Луны, и получивший величину около $58.10^6 C$ (здесь «С» - скорость света). Эту величину ($5.10^7 C = 15.10^{15}$ м/сек $= 15.10^{17}$ см/сек) мы и примем как исходную в наших сугубо ориентировочных расчетах.

Из соображений аналогии, предложенной С. Сухоносом [7], можно было бы принять размер гравитона равным 1.10^{-28} см. Однако всестороннее рассмотрение разных ситуаций, которые мы здесь опускаем, приведет нас к необходимости принять размер гравитона равным 1.10^{-29} см (см. ниже). При, казалось бы, не слишком большой разнице это позволяет привести во взаимное соответствие разномасштабные явления.

Расчет массы гравитона, исходя из боровской модели.

Радиус протона $R_{пр} = 0,2.10^{-13}$ см.

Радиус орбиты электрона $R_{орб} = 5,3.10^{-9}$ см.

Скорость электрона на орбите $V_э = (1/137) C$.

Время облета (оборота) $T_{об} = 1,5.10^{-16}$ сек.

Условный радиус электрона $R_э = 2,8.10^{-15}$ м $= 2,8.10^{-13}$ см.

Так называемый «классический радиус электрона» равен радиусу полой сферы, на которой равномерно распределён заряд. Поэтому это вовсе не радиус частицы, вращающейся вокруг протона.

Согласно модели Бора:

-радиус первой орбиты в атоме водорода
$R_0 = 5,2917720859(36) \cdot 10^{-11}$ м $= 10^{-10}$ м $= 10^{-8}$ см;

-размер электрона меньше, чем 10^{-17} см,
http://nuclphys.sinp.msu.ru/spargalka/a35.htm

-размер протона 10^{-15} м $= 10^{-13}$ см, http://www.calc.ru/112.html

-площадь поперечного сечения электрона
$S_э = \pi(R_э)^2 = \sim 9.10^{-34}$ см$^2 = 10^{-33}$ см^2

При $R_0 = 10^{-8}$ см общая поверхность сферы с радиусом орбиты $R_0 = 10^{-8}$ см равна $S = 12.10^{-16}$. Всего на такой сфере укладывается $\sim 10^{-15} : 10^{-33}$ см$^2 = 10^{18}$ электронов

Объем протона

$\sim 4R^3 = 4 \cdot (0{,}2 \cdot 10^{-13})^3$ см^3 $= 4{,}8 \cdot 10^{-3} \cdot 10^{-39}$ см^3 $= 5 \cdot 10^{-42}$ см^3 $\sim = 10^{-41}$ см^3

При скорости гравитона $15 \cdot 10^{17}$ см/сек время пролета гравитона через протон

T= $(0{,}2 \cdot 10^{-13}$ см$) / 15 \cdot 10^{17}$ см/сек $= 0{,}01 \cdot 10^{-30}$ сек $= 1 \cdot 10^{-32}$ сек

Это время смены всех гравитонов в объеме протона. И это именно те гравитоны, которые могут вызвать отклонение электрона к протону, поскольку они проходят через протон, и, следовательно, создают «гравитонную тень» для электрона.

Единовременно в объеме протона присутствует только один гравитон. Следовательно, за время оборота электрона $1 \cdot 10^{-16}$ сек через протон пролетят со всех сторон 10^{16} гравитонов. А всех элементов сферы - $\sim 1 \cdot 10^{18}$.

То есть, в среднем, получается один удар при прохождении 100 элементов орбиты.

На длине окружности орбиты $2\pi R = 6 \cdot 10^{-8}$ см уложится $6 \cdot 10^9$ электронов (диаметр которых около $1 \cdot 10^{-17}$ см), а на четверти орбиты – примерно $1 \cdot 10^9$ электронов; и на этой четверти орбиты электрон получит 10^7 ударов от гравитонов!

В результате весь кинетический момент гравитонов, воздействовавших на электрон, будет передан последнему, и электрон изменит направление своего движения на перпендикулярное.

Из равенства моментов следует, что

$m_e V_e = N m_g V_g$

$m_e V_{ebor} / V_g = N m_g = 9 \cdot 10^{-28} \cdot 2{,}2 \cdot 10^8 / 15 \cdot 10^{17} = \sim 0{,}5 \cdot 10^{-37}$ г.

Это общая масса гравитонов, подействовавших на движущийся боровский электрон. Таким образом, общая масса повлиявших на электрон гравитонов должна быть примерно равна 10^{-37} г. И эта общая масса соответствует числу полученных ударов $N=10^7$. Т.е. масса каждого гравитона должна быть $m_g = 1 \cdot 10^{-44}$ г. А из других соображений мы ранее предположили, что $m_g = 2 \cdot 10^{-43}$ г. Для столь высоких порядков величин совпадение удивительное!

2.5. Взаимодействие гравитонов с большими космическими телами

2.5.1. Накопление массы

Накопление массы происходит путем поглощения гравитонов, прилетающих к планете со всех сторон. Накопленная масса за 1 сек по Блинову [9]

$M_g = \sim 2 \cdot 10^9$ кг $= \sim 2 \cdot 10^{12}$ г

Однако, следует принять во внимание, что (из некоторых общих соображений) поглощение гравитонов происходит только (или преимущественно) в объеме ядра планеты (а возможно даже и только во внутреннем ядре), а вовсе не во всем объеме планеты.

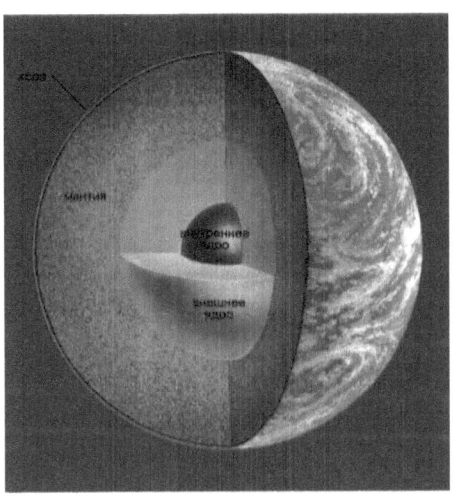

Внутреннее ядро — самая глубокая геосфера Земли, имеющая радиус около 1220 км. Его объем

$U_я$=7 263 392 000 км³= 7.10^9 км³ = 7.10^{18} м³ =~ 1.10^{24} см³

Поскольку плотность гравитонного газа 1.10^{41} грав/см³, то в объеме внутреннего ядра содержится единовременно $10^{41}.10^{24}=10^{65}$ гравитонов.

Смена всего объема гравитонов при V_g=5.10^7С=15.10^{17} см/сек происходит за время пролета гравитона сквозь внутреннее ядро $D_я$:

$T_{прол}$ = $D_я$ / V_g = 2400.10^6 м / 15.10^{15} м/сек = 24.10^8 м / 15.10^{15} м/сек ~ $1,5.10^{-7}$ сек

Таким образом за 1 сек через внутреннее ядро пролетит ~$0,2.10^{65}.1,5.10^7$=$0,3.10^{72}$ = 3.10^{73} гравитонов, и если бы все они были поглощены, то при массе гравитона 10^{-43} г общая поглощенная масса составила бы $3.10^{73}.10^{-43}$ г = ~3.10^{30} г.

Однако, накопленная масса за 1 сек по Блинову M_g=~2.10^9 кг =~2.10^{12} г. Разница в 19 порядков! То есть поглощаются далеко не все! Получается, что за счет накопления массы коэффициент поглощения Землей составляет всего около $К_{масс}$=~10^{-18}

2.5.2. Гравитация

Сколько нужно гравитонов, чтобы заставить Землю двигаться по круговой орбите?

Так как при этом

$$M_{сумм\_грав} \cdot V_{грав} = M_{земли} \cdot V_{земли},$$

то при $M_{земли}=6.10^{24}$ кг и радиальной скорости Земли на орбите $V_{земли} = 3$ мм/сек $= 0{,}003$ м/с $= 0{,}3$ см/сек суммарная масса всех (в течение 1 сек) гравитонов, приталкивающих Землю к Солнцу (в предположении, что $Vg=5.10^7 C$) определится как (ориентировочно)

$$M_{сумм\_грав} = \frac{6.10^{24} \cdot 3.10^{-3}}{3.10^{8} \cdot 5.10^{7}} = 10^{6} кг = 10^{9} г$$

Так как суммарная гравитонная масса $M_{сумм\_грав}=1.10^9$ г проходит через Землю со скоростью $Vg=15.10^{15}$ м/сек в течение 1 секунды, то общее количество подействовавших гравитонов равно 10^9 г / 10^{-43} г = 10^{52}

В то же время через всю Землю пролетает во всех направлениях 10^{77} гравитонов.

Расчет проведен в предположении, что в 1 см³ пространства содержится 10^{41} гравитонов (см. выше). Объем Земли $\sim 4R^3 = 10^{27}$ см³

Таким образом, в объеме Земли содержится единовременно $10^{41} \cdot 10^{27}$ гравитонов $= 10^{68}$ гравитонов; Время пролета ~ 1 нсек

То есть пролетает за секунду во всех направлениях 10^{77} гравитонов

Отсюда $K_{грав} = 10^{52} / 10^{77} = 10^{-25}$

В разделе 2.5.1 «Накопление массы» мы определили, что $K_{масс}=1.10^{-18}$.

Это означает, что количество гравитонов, кинетическая энергия которых превращается в массу в глубинах Земли, существенно больше, чем энергия гравитонов, вызывающих ее движение по орбите («притяжение» к Солнцу).

В соответствии с изложенным ниже в разделе 5.2, гравитон входит в преон, отдает всю кинетическую энергию, за исключением энергии, определяемой световой скоростью, с которой он продолжает вращаться внутри преона. Иначе бы преон просто не мог существовать!

То есть из 10^{77} гравитонов, пролетевших сквозь Землю (во всех направлениях!), на смещение Земли по перпендикуляру к орбите затрачивается только ничтожная часть всех пролетевших через Землю гравитонов. Если бы Земля поглощала все пролетающие через нее гравитоны, то сила тяжести была бы больше в **10^{25}** раз!

2.5.3. Энергия

Тепловой поток, излучаемый Землёй, известен: $Q_{изл} = 143$ млн.ГВт. Будем считать поглощаемые Землёй гравитоны единственным источником тепла на Земле; тогда излучаемая энергия $E=150 \cdot 10^{12}$ Вт должна быть равна общей энергии поглощённых гравитонов $E=mV^2$.

$E=mV^2 = 150 \cdot 10^{12}$

$V_{грав}=15 \cdot 10^{15}$ м/сек;

$V^2=225 \cdot 10^{30}$ м^2/сек^2

Отсюда эквивалентная масса поглощённых гравитонов

$m=E/V^2=150 \cdot 10^{12}/225 \cdot 10^{30}=0{,}6 \cdot 10^{-18}$ кг $=0{,}6 \cdot 10^{-15}$ г

А их общее количество $m=0{,}6 \cdot 10^{-15}$ г : $10^{-43} = \sim 10^{28}$

Общее количество гравитонов, пролетающих через Землю за 1 секунду составляет $= 10^{77}$

Это означает, что коэффициент «поглощения» энергии при переводе её в тепло ДЛЯ ПЛАНЕТЫ ЗЕМЛЯ составляет

$K_{тепл}=10^{28}/10^{77} = 1 \cdot 10^{-49}$

Таким образом, на излучение в пространство расходуется существенно меньшая часть энергии гравитонов, проходящих сквозь Землю, чем на обеспечение гравитации и накопление массы.

Понятно, что при бо́льших плотностях материи в больших планетах и звёздах (особенно) поглощение может быть существенно бо́льшим.

2.5.4. Излучение Солнца

Мощность общего излучения Солнца $P=3{,}83 \cdot 10^{26}$ Вт $=383 \cdot 10^{24}$ Вт, то есть на 12 порядков больше, чем мощность, излучаемая Землёй.

Общая масса гравитонов, энергия которых была затрачена на излучение Земли (см. выше, раздел «Энергия»)

$m=E/V^2=150 \cdot 10^{12}/225 \cdot 10^{30}=0{,}6 \cdot 10^{-18}$ кг $=0{,}6 \cdot 10^{-15}$ г

А их общее количество для Земли $m=0{,}6 \cdot 10^{-15}$ г $/10^{-43}=\sim 10^{28}$

Для Солнца эти величины соответственно больше в $(3{,}8 \cdot 10^{26}/1{,}50 \cdot 10^{14})=2 \cdot 10^{12}$ раз, то есть масса поглощённых Солнцем гравитонов, энергия которых впоследствии пошла на излучение, составляет

$Mc = 2 \cdot 10^{12} \cdot 0{,}6 \cdot 10^{-15}$ г $= 1{,}2 \cdot 10^{-3}$ г.

Это соответствует количеству поглощённых гравитонов

$1{,}2 \cdot 10^{-3}$ г $/ 1 \cdot 10^{-43}$ г $= 10^{40}$

Если принять эффективный (для гравитонов) радиус Солнца 600 000 км, то это означает, что он больше земного в 100 раз, а объем больше земного – в миллион раз. Однако, в соответствии с тепловым расчетом, выделяемая энергия (а, значит, и поглощаемая гравитонная) больше в 2.10^{12} раз. То есть в объеме Солнца гравитоны поглощаются гораздо эффективнее, чем можно было ожидать на основе плотности звезды, рассчитанной по теории Ньютона. Почему это так, объяснено в разделе «Критическая гравитирующая масса» в главе 4.

Выводы по разделу 2.5

а) Предварительные рассуждения приводят к величине массы гравитона около 1.10^{-43}г при скорости 15.10^{15} см/сек.

б) При прохождении гравитонов через тела с достаточно большой массой часть гравитонов рассеивается, вызывая эффект «притяжения» (приталкивания) тел друг к другу; часть гравитонов передает атомам часть кинетической энергии, вызывая нагрев тела; часть гравитонного потока может входить в состав преонов и далее – протонов, увеличивая массу тела.

в) Предварительный расчет для Земли показывает, что на излучение в пространство расходуется существенно меньшая часть энергии гравитонов, проходящих сквозь Землю, чем на обеспечение гравитации и накопление массы. Из двух же последних «статей расхода» бо́льшая часть гравитонов расходуется на увеличение массы космических тел.

г) На тепловую составляющую «гравитонного баланса» приходится существенно меньшая часть энергии; возможно потому, что гравитоны не вызывают механических колебаний ядер атомов.

2.6. Вихри. Качественные представления о структуре атома

Поскольку преоны и гравитоны образуют газовые среды, то, как известно из аэрогидродинамики, единственным относительно устойчивым образованием в таких средах являются вихри. Теория вихрей в аэродинамике сопровождается весьма сложной математикой, препятствующей построению качественной картины вихря. Авторы эфирных теорий строения вещества часто используют выводы аэродинамики, но без учета некоторых специфических особенностей субатомных частиц. И, хотя такого рода работы страдают противоречивостью и нелогичностью, но мы, вслед за ними, вынуждены признать, что при таком подходе все элементарные частицы представляют собой более или менее устойчивые неоднородности в ГАЗЕ. Протон представляет собой, по-видимому, вихрь преонов, примерно на 5 порядков меньших по размеру, чем сами протоны. Преоны, по предположению, представляют собой вихри гравитонов, размер которых примерно на 10 порядков меньше размера преонов.

2.7. Виды вихрей
2.7.1. Цилиндрический вихрь

Основной вихревой структурой в газе считается цилиндрический вихрь, возникающий при движении двух газовых потоков друг относительно друга (рис. 10).

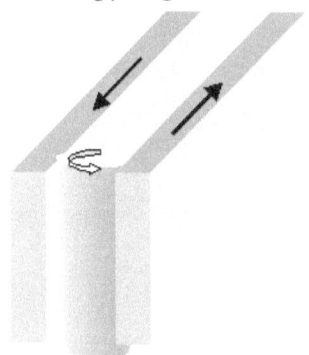

Рис. 10.

2.7.2. Тороидальный вихрь

Тороидальный вихрь есть цилиндрический вихрь, "свернутый в кольцо". Он может возникнуть при похожих условиях, как и вихрь на предыдущем рисунке, если один из движущихся потоков представляет собой цилиндр, или даже кратковременный импульс-след от пролетевшей крупной частицы (рис.11).

Эти вихри легко наблюдать в опытах в воздушной среде (кольца курильщика). Такие же вихри возникают за движущимися в воздухе или воде телами.

Глава 2. Причина гравитации

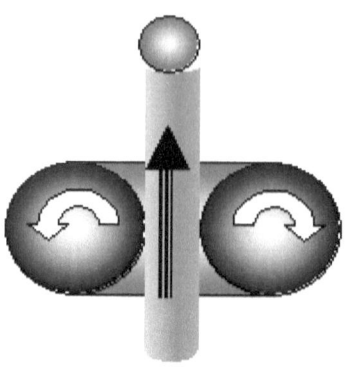

Рис. 11.

В обычном газовом вихре частицы, вращающиеся в плоскости поперечного сечения тора или цилиндра по кругу, отжимаются центробежной силой к периферии. В результате образуются зоны разного давления, как показано на рис.12 – более плотная (темная) зона вблизи внешней окружности и менее плотная (светлая) в ее центре.

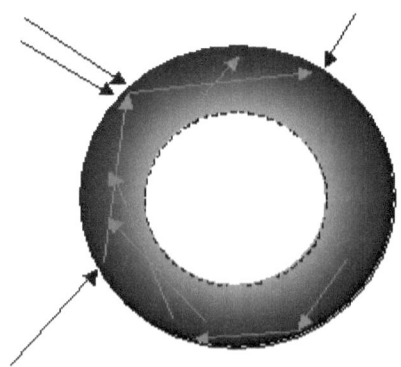

Рис.12. Поперечное сечение тороидального вихря.

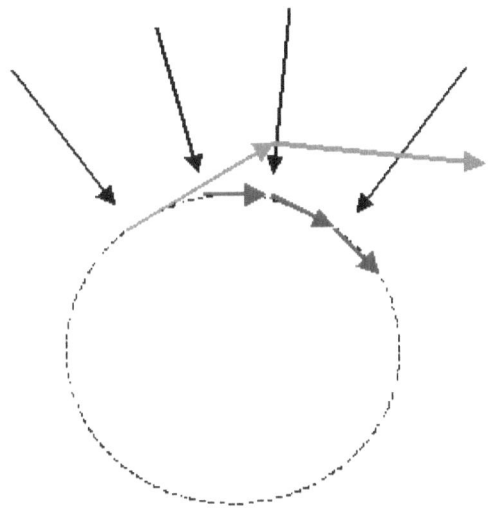

Рис. 13. Существование вихревого кольца при нормальных условиях обеспечивается ударами частиц извне

2.7.3. Вихревые кольца

В обычном газе (воздухе) при нормальных давлениях **частота ударов частиц извне** должна быть такой, чтобы удерживать любую частицу внутри тора. Не реже. В каждой точке окружности кольца.

На рис.13 черными стрелками показаны ударяющие по поверхности вихря частички внешней по отношению к вихрю среды. Длина стрелок, касательных к окружности примерно соответствует длине свободного пробега в газе. Малыми синими стрелками показаны расстояния, проходимые частичками вихря между моментами времени от удара к удару при относительно небольшой скорости вращения вихря. Эти расстояния существенно меньше длины свободного пробега. В этом случае каждый удар со стороны внешней частички несколько изменяет направление частички вихря в сторону центра вихря, и поэтому частичка на внешней образующей вихря движется по окружности. Это должно иметь место для любой частички вихря.

При этом (очень важно!) никакого более плотного образования (ядра) в середине вихря нет и быть не должно – все его содержимое обязательно "распределится" по его образующей. Самым известным примером этого являются воздушные вихри в атмосфере - циклоны и торнадо.

В принципе, наличие ударов по **всей** длине окружности кольца не так уж обязательно. Зона границы может быть слегка размыта. Проблема в другом - **для существования вихря необходимо, чтобы длина пути частицы вихря вдоль окружности кольца между ударами была существенно меньшей, чем в свободном пространстве!** Если это не так, то за время прохождения частицы по значительной части кольца с ней не успеет столкнуться ни одна частица, приходящая извне. А, значит, нет и условий для изменения траектории частицы от ударов извне, и нет условий для существования такого кольца вообще.

В преонном газе скорость частиц (преонов) примерно равна скорости света – «С».

Для объяснения электростатических явлений необходимо принять длину свободного пробега преонов примерно равной 1-2 км (как мы это и сделали ранее). Если считать протон или электрон вихревым образованием, диаметр которого составляет не более 0,01 мк, то, в соответствии со сказанным выше, вихри преонов подобных размеров в преонной же среде просто не могут существовать. Да и плотность частиц в кольце существенно выше, чем в свободном пространстве. Как уже было сказано ранее, концентрация (плотность) преонов в преонном газе составляет 10^{31} частиц в 1 см^3, а в протоне, диаметром 10^{-13} см (объем 10^{-39} см^3) содержится по предварительной оценке не менее 10^{10} преонов (по другим оценкам 10^{12} преонов); так что в пересчете на объем в 1 см^3 плотность преонов в протоне составит около 10^{46} частиц в куб.см. К тому же, в кольце все они двигаются в одну сторону, а не хаотически. Можно, конечно, ввести какие-то дополнительные предположения о самоформировании частиц в кольцо, но как-то не хочется…

В этом и состоит проблема любой вихревой теории, известной нам на сегодняшний день. Если протон представляет собой вихрь преонов, то преоны, образующие этот вихрь, должны двигаться по окружности (вращаться) со скоростью, близкой к скорости света. Потому что при различных явлениях, связанных с аннигиляцией или даже просто распадом атомных ядер, процессы происходят именно с этой скоростью. Но ЧТО ИМЕННО их удерживает на круговой орбите, ни одна эфирная гипотеза удовлетворительно не объясняет.

Современные авторы так называемых «эфиродинамических» гипотез признают, что частички эфира (именуемые ими по-разному), образуя газ, очевидно, движутся со скоростью света. Но, например, по мнению Ацюковского, вихри, образуемые этими частичками, существуют потому, что на границе вихря «возникает» так называемый «пограничный слой», давление и плотность в котором весьма велики, и только поэтому он и может существовать.

Да, пограничный слой — это существующий в действительности слой на границе между движущейся средой и неподвижным телом или разделом между средами.

Но... при этом «забывается», что явление пограничного слоя может иметь место (и имеет место) совсем при других условиях. В жидкостях или газах при нормальных температурах и давлении окружная (линейная) скорость любой частички на границе вихря существенно меньше скорости звука в среде. И даже в тех случаях, когда эти скорости сравнимы, плотность среды столь велика, что ДЛИНА СВОБОДНОГО ПРОБЕГА любой частички в ней измеряется долями миллиметра, а то и меньше. Это принципиально важно.

Вот почему разработчики различных эфирных теорий вынуждены считать, что плотность эфира неправдоподобно велика - иначе «их» вихри существовать не могут.

Вернемся к предыдущему рисунку (рис. 13а). Если линейная скорость вращения вихря на его границе соизмерима со скоростями частичек среды, то нет никакой разницы между частичками вихря и частичками среды. И те и другие между соударениями должны проходить расстояние, равное длине свободного пробега. Это состояние показано на рис.13а красными стрелками. **Размеры вихря (радиус вращения) просто не могут быть в этих условиях меньшими, чем длина свободного пробега.** А для преонов это — многие сотни метров.

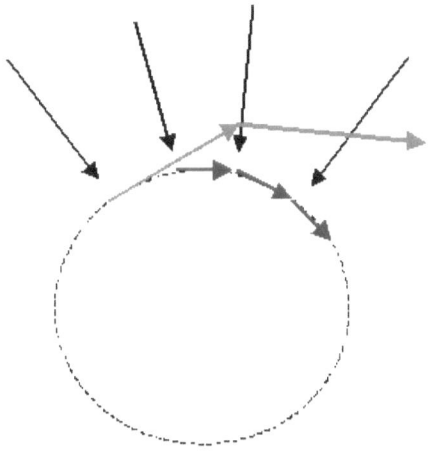

Рис. 13а

Таким образом, **при необходимых для существования нашей модели скоростях вращения обычный вихрь не может быть устойчивым, не может самоподдерживаться средой, состоящей из таких же частиц, двигающихся с той же скоростью.**

Для существования такого вихря нужны какие-то иные условия.

3. Модель атома

Ниже мы вкратце коснемся нашей модели атома лишь с целью уточнить и обосновать некоторые предполагаемые характеристики наночастиц (преонов и гравитонов). Более подробно наша модель атома рассмотрена в главе 6 второй части этой книги.

Ситуация принципиально меняется, если мы имеем дело с двумя газами, находящимися в одном объеме, но сильно отличающимися друг от друга по своим характеристикам.

В этой (нашей) модели преоны вращаются вокруг ядра протона со скоростью, близкой к скорости света, образуя облако, которое удерживается силами гравитационными, а не в результате воздействия на облако внешних частичек преонного же газа. Именно так и должно быть в случае одновременного существования преонов и гравитонов. Гравитонный газ состоит из частичек, гораздо меньших по размерам, чем преоны, и имеющих гораздо более высокие скорости. Вследствие этого соударение (контакты) преонов с гравитонами во внутриатомном пространстве происходят значительно чаще, чем между преонами.

Из-за существенно бо́льших скоростей гравитонов и из-за существенно меньших размеров гравитонов по сравнению с преонами, количество гравитонов в одном и том же объеме в любой момент времени (!) на много порядков больше, чем, количество преонов (по сделанной выше оценке – приблизительно на 10 порядков!).

Именно поэтому гравитоны способны поддерживать преонные вихри очень малых размеров. Более того, при достаточном количестве преонов, образующих протон (и даже свободный электрон), для его существования теоретически не нужно «ядра» – гравитоны, приходящие к протонному вихрю извне, «натыкаются» на вращающийся преон, принадлежащий протону. К тому же преоны протона на одной его стороне находятся в гравитационной тени преонов, находящихся на другой стороне протона.

Здесь сразу же следует сделать пояснение, ибо специалистам «хорошо известно», что гравитационные силы не могут обнаруживать себя на таких малых расстояниях, и потому не в состоянии (за счет простого «притяжения») удерживать преонную оболочку вокруг ядра атома (протона в простейшем случае) или, тем более, преонную оболочку электрона. Однако это «известно» исключительно на основании существующих представлений о гравитации. А эти представления представляют собой всего лишь модель, имеющую мало общего с реальностью.

Принципиальная разница в моделях состоит в том, что в ньютоновой модели сила гравитации зависит от массы тела, поскольку по этой теории **масса является причиной возникновения гравитации (ее источником)**. И по этой теории в силу крайне малой массы протона, гравитационные силы должны быть исключительно малы. А в нашей модели сила гравитации зависит **от степени экранировки объектом потока гравитонов**, которая в макромодели почти соответствует величине массы тела. Поэтому в стандартных представлениях и расчетах учитывается только величина массы покоя протона, которая действительно очень мала. В гравитонной же гипотезе существенное и принципиальное значение имеет ПРОНИЦАЕМОСТЬ любой структуры для гравитонов, ЭКРАНИРОВКА ею потока гравитонов. Ибо сила гравитационного приталкивания зависит не просто от массы как таковой, не просто от количества так называемого «вещества». Сила эта в нашей гипотезе **зависит главным образом от размеров и плотности гравитонной тени**, которая, в свою очередь, определяет, какая часть «небосвода» (видимой части сферы для частицы) является в той или иной степени прозрачной для гравитонов. И если оказывается, что для данной наночастицы половина сферы, из которой прилетают гравитоны, практически полностью закрыта (другой наночастицей), то на нее будет действовать сила приталкивания гораздо большая, чем вблизи поверхности Солнца, например. Потому что вблизи поверхности Солнца именно такая ситуация и имеет место в силу его непрозрачности для гравитонов.

Наиболее простой для рассмотрения представляется такая модель атома водорода:

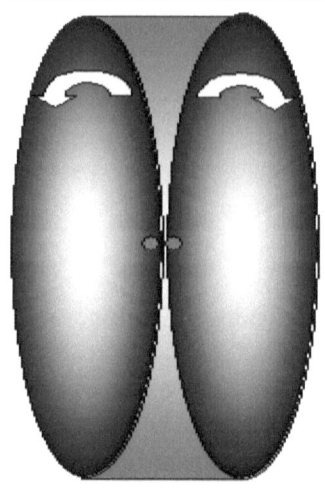

Две точки в центре изображают тороидальный протон.
Рис. 14. Преонное (электронное) облако.

4. Обобщенная структура атома водорода
(внутри атома электрон модифицируется)

Из рис.15 видно, что преоны входят в центральную часть тороидального вихря ядра (протона) и выбрасываются в пространство с другой стороны тора.

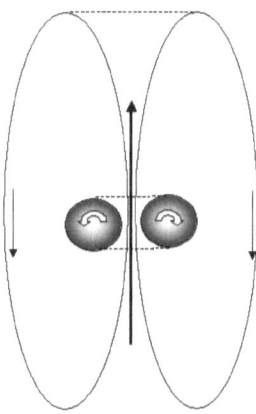

Рис.15. Тороидальное ядро (протон) внутри тороидального преонного вихря (электрона)

Преоны могут захватываться вращающимся центральным тором (протоном) потому, что он не является симметричным ГЛАДКИМ образованием, он сам (как считает современная физика) состоит из нескольких вихрей (кварков). В результате при своем вращении центральный тор (протон) действует как «мельничка», вертушка, захватывающая преоны с одной стороны и выбрасывающая их в окружающую среду с другой стороны (рис.16)

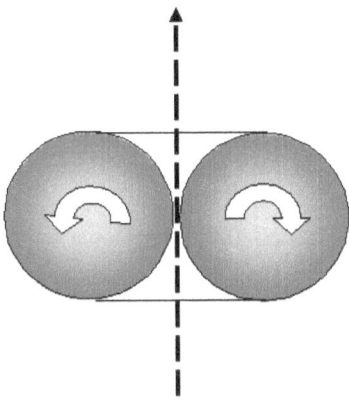

Рис.16

В отличие от обычного газового вихря, при столь большом разрежении и длине свободного пробега, внешняя среда проникает внутрь вихря. Никакого поверхностного слоя (как утверждает Ацюковский), препятствующего проникновению преонов внутрь вихря преонного («электронного») облака, в подобных условиях нет и быть не может.

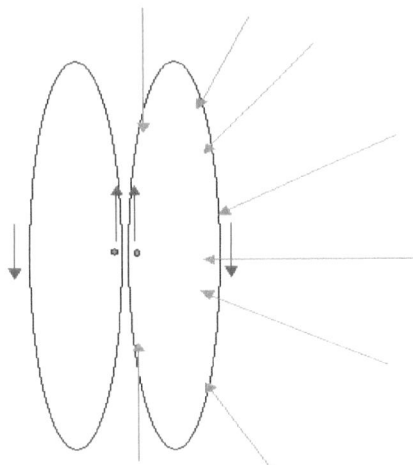

Рис. 17. Большая полуось эллиптической орбиты примерно на пять порядков больше, чем размер протона (две точки в центре). Масштаб на рисунке вынужденно не соблюден.

Преоны на своих орбитах удерживаются не ударами преонов среды, а ударами (давлением) частиц существенно более мелких, ударами гравитонов. Преонная среда не способна их удержать вследствие большой длины свободного пробега любого преона. На рис.17 гравитоны показаны «входящими» в атом стрелочками только на правой эллиптической орбите. С левой стороны от протона - то же самое.

Частички вихря (преоны) при своем вращении вокруг протона практически не испытывают торможения со стороны свободных преонов преонного газа, пересекающих область атома во всех направлениях. Это прямо следует из данной выше оценки концентрации преонного газа 10^{31} преонов в 1 см^3 - на объем атома приходится всего около 10^7 преонов, распределенных во внутриатомном пространстве на расстоянии около 10^{-11} см друг от друга.

Показанная на предыдущих рисунках модель атома водорода является, конечно, очень упрощенной. Есть веские основания предполагать, что структура так называемой «электронной» (а в нашей модели - преонной) оболочки вокруг центрального ядра несколько сложнее, и об этом мы поговорим далее.

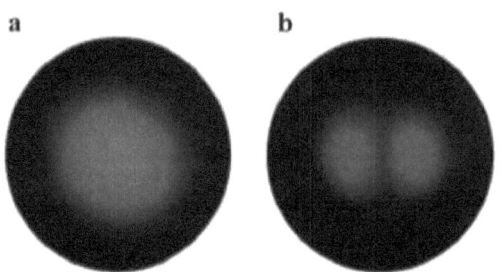

The first detailed images of atoms show various arrangements of the clouds of electrons surrounding a carbon atom. A and B depict two different arrangements of the electron clouds.
Image Credit: Kharkov Institute for Physics and Technology

Рис. 18.

На рис. 18 приведена недавно полученная харьковскими физиками фотография атома углерода. На фотографии, видимо, изображен не атом в целом, а именно ядро атома, так как суммарная плотность электронной оболочки по сравнению с плотностью ядра меньше в тысячи раз, и, скорее всего, просто не видна на картинке. Но зато на картинке ясно видна тороидальная структура ядра! (Эти фото были получены намного позже, чем был написан текст этой книги.)

Что касается «электронной оболочки», то орбита, по которой вращаются преоны электронов, хотя и эллиптическая, но очень сильно вытянутая. И потому она скорее похожа на орбиты комет в Солнечной системе (рис.19) с весьма большим эксцентриситетом (отношением большой полуоси эллипса к его малой полуоси)

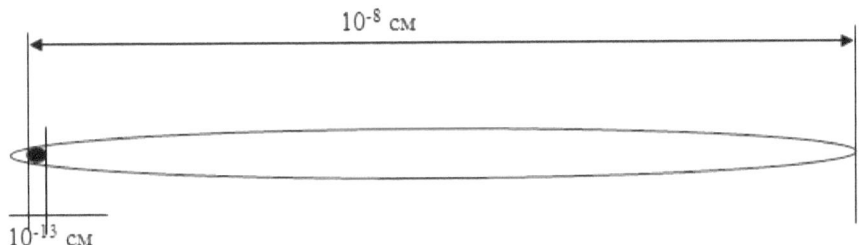

Рис. 19.

Но даже на таком рисунке оказалось невозможным соблюсти масштаб.

Если (для наглядности) представить себе протон в виде футбольного мяча диаметром в 25 см, то преоны электрона удаляются от него на расстояние до 25 километров!

5. Взаимодействие преонов и гравитонов
5.1. Движение преона около протона

Рассмотрим теперь преон, двигающийся по орбите в непосредственной близости от протона.

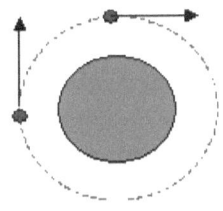

Рис. 20.

При любом радиусе орбиты преона (пунктирная окружность), движущегося вокруг протона (центральный кружок) этот преон за время, равное четверти периода обращения, должен получить со стороны гравитонов окружающего гравитонного газа в направлении к центру вращения такое же количество движения "mv", которое имеет сам. Ибо к концу четверти периода воздействие на преон должно привести к появлению у него радиальной скорости, равной его собственной скорости, то есть скорости, близкой к скорости света.

ИМПУЛЬС, ПОЛУЧЕННЫЙ ПРЕОНОМ ЗА ЧЕТВЕРТЬ ОБОРОТА ВОКРУГ ПРОТОНА, ДОЛЖЕН БЫТЬ РАВЕН ИМПУЛЬСУ САМОГО ПРЕОНА

Действительно, пусть тело определенной массы двигалось в каком-то направлении с определенной скоростью. После оказанного на него воздействия оно стало двигаться с той же скоростью, но в перпендикулярном направлении. Его количество движения не изменилось, несмотря на то, что была затрачена некоторая энергия для того, чтобы его скорость в перпендикулярном направлении увеличилась с нуля до той же величины, которая у тела была раньше в другом направлении. Одновременно, должна быть затрачена некоторая энергия на торможение преона в его первоначальном направлении движения - нужно погасить его скорость практически до нуля. Это вовсе не странно, так как мы при такого рода рассуждениях «забываем» упомянуть о том, что при торможении (и для торможения) на тело действовали другие тела (частицы), которые в свою очередь получили от нашего тела импульс в направлении его прежнего движения.

ЭТО и было использовано нами ранее для определения массы гравитона в первом приближении. Суммарный импульс всех гравитонов, воздействовавших на преон при изменении направления его движения на 90 градусов должен быть ориентировочно равен импульсу преона.

5.2. Взаимодействие гравитона с преоном

При столкновении с преоном гравитон входит в контакт с вращающимся гравитонным вихрем преона. А этот вихрь поддерживается юонами, частицами еще более «мелкими», чем гравитоны. Последствия столкновения (взаимодействия) зависят от угла, под которым гравитон подходит к касательной плоскости к преону в точке контакта.

Глава 2. Причина гравитации

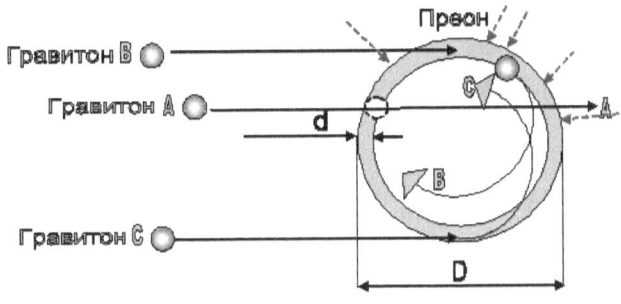

Рис. 21.

Из рис. 21 видно, что в наиболее частом случае «А» гравитон подходит к преону под сравнительно большим углом к касательной. При этом он находится в гравитонном потоке преона гораздо меньшее время, чем в случаях «В» и «С», и под гораздо меньшим воздействием «юонов» (пунктирные стрелочки). Время пролёта через стенку слоя сравнительно мало, и при этом гравитон отдаёт преону некоторую часть своего импульса, вылетая затем «на свободу»

В случаях же «В» и «С», гораздо менее вероятных, гравитон гораздо большее время находится в потоке преонов, а самое главное, входит в поток под углом, не слишком большим по отношению к касательной.

Если такой гравитон потерял часть своего кинетического момента ранее, при столкновении с другими преонами, то он может быть захвачен преоном, при этом гравитон переходит на круговую орбиту.

Из этого следует, в частности, что преонный вихрь состоит из гравитонов, каждый из которых вращается по своей круговой орбите во всех возможных направлениях. Этим он существенно отличается от обычного вихря в воздухе (дымовые кольца), в котором все частички вращаются в одном направлении (детально мы сейчас на этом останавливаться не будем.)

Таким образом, при поглощении гравитона преоном величина скорости поглощённого гравитона мало меняется, а масса преона увеличивается. Энергия на этот разворот отбирается у юонов – частиц юонного газа. Проблемы кругового движения, связанные с этим фактом, рассматриваются в следующей главе.

Прямой расчёт количества движения, которое при этом получает преон, на данном этапе рассчитать затруднительно. Мы попробуем это сделать в процессе дальнейшего рассмотрения нашей гипотезы. Однако, уже из описанного здесь «механизма» понятно, что при поглощении гравитона преоном никакого «тепла» не возникает (возражения Пуанкаре [10]), и сохраняется лишь количество механического движения. Внешние гравитоны частично входят в состав преона, и увеличивают его массу, продолжая свое движение в нем. Бо́льшая часть гравитонов проходит преоны насквозь, отдавая гравитонам преона очень небольшую часть своей собственной скорости (количества движения). Но именно благодаря их воздействию макрочастица (и тело в целом) получают порцию скорости.

6. Устойчивость атома

Как следует из изложенного выше качественного представления о **структуре атома, электрон в атоме представляет собой сильно разреженное облако преонов**, распределенных по эллиптической орбите в интервале расстояний $10^{-8} - 10^{-13}$ см от протона, а не отдельную структурную частицу, как это принято считать в «классике».

Протон можно представить себе для начала и простоты в виде сферы радиусом $r_{(прот)} = 10^{-13}$ см. Через эту поверхность протона, примерно равную $s_{(прот)} = 10^{-26}$ см², проходит поток гравитонов со всей окружающей сферы:

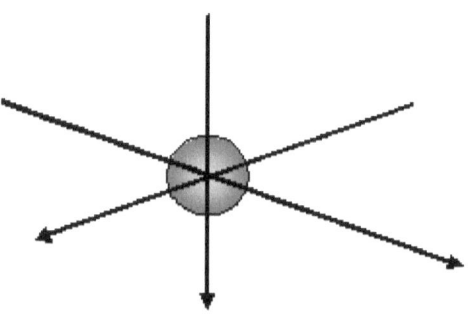

Рис. 22.

Большую часть своего времени существования преон электронного облака находится на максимальном удалении от протона, приближаясь к нему на короткое время, аналогично движению кометы вокруг Солнца. Время, в течение которого преон огибает протон, можно найти, считая его скорость в «перигелии» («периядрии») равной околосветовой (рис.20). Это время приблизительно равно t=10^{-23} сек.

Площадь поверхности протона ($s_{(прот)} = 10^{-26}$ см^2), выраженная в площадях преонов ($s_{(преон)} = 10^{-36}$ см^2), равна 10^{10} преонов. При минимальной скорости гравитона $V_g=10^6 C$ он пересекает протон примерно за 10^{-29} сек. За это время происходит смена состава всех гравитонов в объеме протона. Таким образом, за время облета произойдет **10^6** обновлений состава гравитонов.

При размере гравитона 10^{-29} см в 1 см^3 содержится 10^{43} гравитонов.

Объем протона 10^{-39} см^3

Т.о. в каждый данный момент внутри объема протона находится **10^4** гравитонов.

Поэтому общее число ударов гравитонов по поверхности протона за время облета $1 \cdot 10^{-23}$ сек составит приблизительно

$n=10^4 * 10^6 = 10^{10}$,

то есть каждый элемент поверхности протона получит как минимум один удар со стороны внешнего гравитона (что можно считать удовлетворительным первым приближением).

Будем немного более корректны. Уменьшим размер гравитона до **$1 \cdot 10^{-29}$** см, учтем, что при этом ДСП гравитона увеличилась до $1 \cdot 10^{16}$ см, а также одновременно увеличим скорость гравитона до «лапласовской» $V_g=15 \cdot 10^{15}$ м/сек. Тогда после аналогичных вычислений получим, что общее число ударов по поверхности протона за время четверти оборота «электронного» преона вокруг протона, составит уже не 10^{10}, а 10^{12} ударов, что вполне обеспечивает существование как самого протона, так и электронно-преонного облака вокруг него.

Устойчивость атома (протон плюс электрон) зависит от плотности гравитонного газа, размеров гравитона и скорости гравитонов.

7. Уточнение параметров гравитонов
7.1. Концентрация гравитонного газа

(Некоторые расхождения с предыдущими расчетами являются следствием разнобоя в данных справочников.)

При радиусе гравитона **10^{-28}** см площадь поперечного сечения (ППС) гравитона равна $\pi \cdot 10^{-56}$ см^2, длина свободного пробега (ДСП) = 10^{15} см; площадь сферы S= $\pi \cdot 10^{30}$ см^2, объем сферы V=~ $4 \cdot 10^{45}$ см^3.

Количество гравитонов на сфере $N=S/s=10^{30}см^2/10^{-56}см^2 =10^{86}$

Плотность гравитонного газа

$$P = \frac{N}{V}, P=10^{86}/4.10^{45} \sim 0,25.10^{41} \text{ грав}/см^3$$

(выше для упрощения расчетов было принято $P=1.10^{41}$ грав/см³)

При этом в объеме протона в любой момент времени находится

$X= V_{prot}*P = 4.10^{-39}$ (см³) $0,25.10^{41}$ (грав/см³) $=10^3$ гравитонов

Длина свободного пробега частички газа обратно пропорциональна размерам самой частички.

При размере гравитона 10^{-29} см длина свободного пробега увеличивается до 10^{16} см.

При размере гравитона 10^{-29} см площадь поперечного сечения (ППС) гравитона равна $\pi.10^{-58}$ см², длина свободного пробега (ДСП) = 10^{16} см; площадь сферы S= $\pi.10^{32}$ см², объем сферы V=~ 4.10^{48} см³

Количество гравитонов на сфере $N=S/s=10^{32}см^2/10^{-58}см^2 =10^{90}$

Плотность (концентрация) гравитонного газа

$$P = \frac{N}{V}, P=10^{90}/4.10^{48} \sim 0,25.10^{42} \text{ грав}/см^3$$

При этом в объеме протона в любой момент времени находится

$X= V_{prot}*P = 4.10^{-39}$ (см³) $0,25.10^{42}$ (грав/см³) $=10^4$ гравитонов

При размере протона 10^{-13} см и длине его полуокружности ~$1,5.10^{-13}$ см время облета протона преоном (движущимся со скоростью света) t = 10^{-23} сек. Как крайний случай можно представить, что преон скользит по поверхности протона. Тогда за время его движения по протону он (по какому бы маршруту он ни двигался) должен получить от приходящих извне гравитонов как минимум 3-4 импульса, чтобы изменить направление своего движения на обратное. Это означает, что сам протон должен получить за это время

$K=S_{prot}/ S_{preon} = 12.10^{-26}/10^{-36}= 10^{11}$ ударов

Количество же ударов зависит не только от концентрации гравитонов в пространстве, но и от их скорости.

Глава 2. Причина гравитации

При скорости гравитона $V_g=1.10^6 C=3.10^6.10^{10} = 3.10^{16}$ см/сек, он пересекает протон (d=1.10^{-13} см) за время t=$0,3.10^{-29}$сек.

При скорости гравитона $V_g=15.10^{17}$ см/сек (по Лапласу), он пересекает протон за $0,006.10^{-29}$сек = ~ 5.10^{-32} сек.

За это время происходит смена состава всех гравитонов в объеме протона.

А время облета всегда одно и то же – t = 10^{-23}сек.

При размере гравитона **10^{-28}** см в объеме протона всегда имеется 10^3 гравитонов.

Поэтому при скорости гравитона $V_g=1.10^6 C= 3.10^{16}$ см/сек он пересекает протон (d=1.10^{-13} см) за время **t=$0,3.10^{-29}$сек**. А время облета – t = 10^{-23}сек. И смена всего состава гравитонов в объеме протона произойдет 10^6 раз. И если в этом объеме содержится 10^3 гравитонов, то общее число прошедших через протон гравитонов (а, следовательно, и полученных протоном ударов) будет равно 10^9.

При размере гравитона **10^{-29}** см в объеме протона всегда имеется 10^4 гравитонов. При скорости гравитона $V_g=15.10^{17}$ см/сек (по Лапласу), он пересекает протон за $0,006.10^{-29}$сек = ~ 5.10^{-32} сек. Время облета t=10^{-23}сек. И смена всего состава гравитонов в объеме протона произойдет $10^4.10^9$ раз. Общее число ударов по протону составит $10^4. 10^9 = 10^{11}$

То есть именно столько, сколько по вышеприведенному приблизительному расчету необходимо для удержания атома в минимально устойчивом состоянии.

Поэтому в дальнейших рассуждениях следует принять размер гравитона равным d=10^{-29} см, а скорость гравитона равную «лапласовской» – $V_g=15.10^{17}$ см/сек.

При этом за одну секунду в объеме протона сменится $10^{11}.10^{23} = 10^{34}$ гравитонов.

Существуют и другие способы оценки параметров преонов и гравитонов, в частности - на основе эффекта аннигиляции [11]. Однако, поскольку мы еще не рассматривали физики внутриатомных процессов, правильнее сделать это на последующих этапах.

Следует отметить, однако, что такие процессы, скорее всего, происходят только в ядре Земли, поэтому мы не наблюдаем на ее поверхности протонов с разной массой.

Еще раз отметим, что все вышеприведенные расчеты являются сугубо приближенными, ориентировочными, и сделаны нами лишь для того, чтобы исключить серьезные ошибки в описании картины преонно-гравитонного мира.

Таким образом, «лапласовская» скорость гравитона $V_g=58.10^6 C$ приводит в соответствие все рассмотренные макро- и микроявления. Для дальнейшего можно даже попробовать пользоваться единицей измерения скорости «1 лаплас»:

1 лаплас=15.10^{17} см/сек =15.10^{15} м/сек=15.10^{12} км/сек= $5.10^7 C$

1 парсек = 1 пк = $3.08568025 \times 10^{16}$ м

1 пк = $\dfrac{360 \cdot 60 \cdot 60}{2\pi}$ а. е. ≈ 206 265 а. е. = $3,08568 \times 10^{16}$ м = =3,2616 световых лет

Расстояние, которое проходит гравитон в секунду, примерно равно расстоянию, которое проходит свет за 3 года.

7.2. Ориентировочные параметры преонов и гравитонов

Таблица 1

Частица	Масса	Размер	Скорость	Концентрация	Количество в протоне
Преон	~10^{-35} г	~10^{-18} см	3.10^{10} см/сек	10^{31} ед/см³	10^{10}-10^{12} подлежит уточнению
Гравитон	~2.10^{-43} г	~10^{-29} см	~5.10^7 C см/сек ~ 1 lap =0,5 пк/сек	10^{42} ед/см³	

Интересно сравнить при этом приблизительные плотности собственно протонов, преонов и гравитонов. Читатель, конечно, помнит, что плотность воды равна 1 г/см³

Таблица 2

Частица	Масса	Размер	Объем	Плотность
Протон	10^{-24} г	10^{-13} см	3.10^{-39} см³	3.10^{15} г/см³
Преон	~10^{-35} г	~10^{-18} см	3.10^{-54} см³	3.10^{20} г/см³
Гравитон	~2.10^{-43} г	~10^{-29} см	3.10^{-87} см³	7.10^{45} г/см³

8. Устойчивость космических систем

Скорость преона в преонном газе мы ранее приняли равной скорости света, считая преонный газ средой, в которой могут происходить электрические и магнитные явления.

Из предыдущего параграфа следует, что скорость гравитона оценивается величиной **$V_g=10^7 C$**

Как было указано ранее, еще Лаплас, изучая вековые движения Луны, пришел к выводу, что гравитационное воздействие должно передаваться в пространстве со скоростью, примерно в 50 миллионов раз большей, чем скорость света. Так как скорость света $C=3.10^{10}$ см/сек, то скорость гравитона $V_{g\ min}$ равна примерно 150.10^{16} см/сек(!)

Радиус Солнечной системы считается примерно равным радиусу пояса Койпера, то есть примерно 40 а.е. или 150х40 млн км = 6000 млн км = 6.10^9 км ~= 10^{15} см. Таким образом, Солнечную систему от ее границ до Солнца гравитон пересекает за доли секунды. Для устойчивости системы этого более чем достаточно. И, как должно быть понятно, Солнечная система не может быть устойчивой, если воздействия в ней распространяются со столь небольшой скоростью как скорость света.

Но в первом приближении можно принять размер Солнечной системы равным радиусу Облака Оорта, то есть около 100-200 а.е.

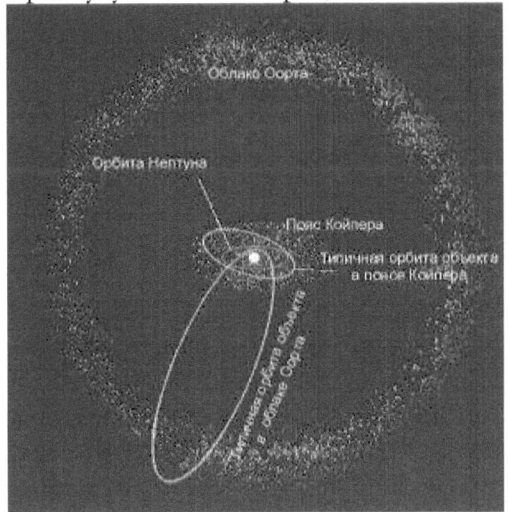

Рис. 23.

9. Нетривиальные следствия

Гравитационное воздействие вызывается сверхмалыми частицами – гравитонами.

Скорость гравитонов более чем на 7 порядков больше скорости света (Лаплас дает величину $V_g=58.10^6 C$)

Гравитация есть следствие возникновения экранировки потока гравитонов массивным телом.

Подтвердить выводы гипотезы можно путем наблюдения за изменением веса тела во время солнечного затмения.

Соответствующие опыты были проведены инж. Ярковским в конце 19-го века, Морисом Алле в 60-х годах XX века, а также сотрудниками НАСА в Австрии в монастыре Кремсмюнстер в конце XX века. Эти эксперименты подтвердили гипотезу.

Внутри атома электрон не является отдельной структурной частичкой, а представляет собой облако преонов, распределенных внутри атома на очень сильно вытянутой эллиптической орбите.

Протон представляет собой тороидальный вихрь, связанный с тороидальным вихрем преонов. Возможно, что у протона может быть очень маленькое ядро.

Гравитоны могут захватываться преонами (поглощаться), а могут и проходить насквозь, отдавая часть своего импульса гравитонам преона.

Дана приблизительная оценка параметров преонов и гравитонов, а также оценка устойчивости космических систем.

Литература

1. Расчет воздействия потока гравитонов на пробное тело,
    www.geotar.com/hran/gravitonica/2/appendix.rar
2. Опыты инж.Ярковского,
    www.geotar.com/hran/gravitonica/2/jarkovsky.rar
3. Загадка «Пионеров»,
    www.geotar.com/hran/gravitonica/2/pioneers.rar
4. Эксперименты Мориса Алле (Allais),
    www.geotar.com/hran/gravitonica/2/allois.rar
5. Эксперименты с маятником в монастыре Kremsmunster,
    www.geotar.com/hran/gravitonica/2/kremsmunster.rar
6. Эксперименты китайских и российских ученых,
    www.geotar.com/hran/gravitonica/2/zatmenija.rar
7. С. Сухонос "Масштабная гармония Вселенной",
    www.geotar.com/hran/gravitonica/1/suhonos.rar
8. Лаплас Пьер-Симон,
    www.geotar.com/hran/gravitonica/2/laplas.rar
9. В. Блинов. «Растущая Земля»,
    www.geotar.com/hran/gravitonica/4/blinov.rar
10. Пуанкаре против ЛеСажа,
    www.geotar.com/hran/gravitonica/4/puankare_lesage.rar
11. Аннигиляция,
    www.geotar.com/hran/gravitonica/2/annigil.rar

Глава 3. Основы гравитонной механики

В этом разделе будет описан не совсем обычный подход к явлениям механики, казалось бы давно изученным. Этим объясняется детальный разбор вопросов и ситуаций, которые, казалось бы, уже давно каждому известны со школьной скамьи. Однако, все оказывается не столь уж простым. Поэтому мы просим читателя простить нам вынужденные повторы - мать учения... Хотя, конечно, все это, в общем-то – просто. Трудно другое – избавляться от стереотипов, внушенных еще в детском возрасте.

Анри Ле Шателье говорил ученикам: «Ошибкой не только начинающих исследователей, но многих немолодых, весьма опытных и зачастую талантливых ученых, является то, что они устремляют свое внимание на разрешение очень сложных проблем, для чего еще недостаточно подготовлена почва. Если вы хотите сделать нечто действительно большое в науке, если вы хотите создать нечто фундаментальное, беритесь за детальное обследование самых, казалось бы, до конца обследованных вопросов. Эти-то, на первый взгляд простые и не таящие в себе ничего нового объекты, и являются тем источником, откуда вы при умении сможете почерпнуть наиболее ценные и порой неожиданные данные».

1. Гравитонная механика
1.1. Соударение двух шаров

В школьном курсе физики показывают опыт, который должен бы считаться фундаментальным. Когда стальной шарик, движущийся со скоростью V относительно наблюдателя, ударяется в другой точно такой же шарик, неподвижный по отношению к наблюдателю, то в момент удара первый шарик останавливается, а второй начинает двигаться в том же направлении и с той же скоростью, что и первый шарик до удара (рис.1).

Если пренебречь тепловыми и прочими потерями, такое взаимодействие называют «абсолютно упругим ударом». Процесс, происходящий в течение некоторого времени, пока шарики находятся в непосредственном контакте, будем называть ВЗАИМОДЕЙСТВИЕМ.

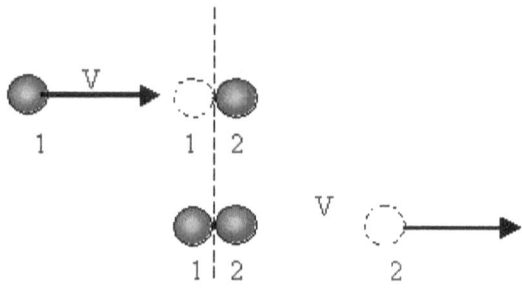

Рис. 1. Анимация здесь:
www.geotar.com/hran/gravitonica/3/udar.rar

Очевидно, что каждый из шариков каким-то образом ДЕЙСТВУЕТ (воздействует) на другой, ибо по окончании этого процесса шарики двигаются уже не так, как двигались бы в случае отсутствия взаимодействия между ними.

Легко предположить, что результат этот был бы тем же самым, если бы каждый наш шарик состоял бы из сплавленных вместе (жестко соединенных) очень мелких шариков. Назовем такие очень мелкие шарики элементарными массами. Они «элементарны» ровно настолько, насколько <u>их размеры не оказывают влияния на рассматриваемый нами (макро)процесс</u>.

2000 лет назад эти элементарные массы называли атомами, и считали, что материя далее уже неделима. Сегодня некоторые физики более последовательно стоят на материалистических позициях, и признают сколь угодно большую делимость материи (до тех пор, пока Природа не доказала нам обратное). В любом случае, когда мы будем в дальнейшем говорить о тех или иных явлениях, мы можем (будем) считать, что любая сколь угодно малая часть материи состоит из еще меньших частей. Эти части мы и будем называть «элементарными массами», из чего вовсе не следует, что эти части в свою очередь нельзя разделить на еще более мелкие.

Относительное количество элементарных масс, которое содержится в данном теле, будем называть массой тела. Оно относительно лишь по отношению к выбранной в данном эксперименте величине «элементарной массы». Первоначально под МАССОЙ понималось определенное калиброванное количество того или иного вещества (материи). Поэтому часто можно увидеть в справочниках описание значения термина **«масса»** как МЕРЫ КОЛИЧЕСТВА ВЕЩЕСТВА.

На данном этапе нам все равно, считать ли эталоном массы отдельный атом вещества, или взять за эталон некое существенно большее количество вещества, измерив его неким стандартным способом. В свое время договорились взять за такой эталон определенный образец вещества (платино-иридиевый кубик), и назвали его «килограммом», приняв его за единицу измерения «массы» в системе единиц измерения СИ; а одну тысячную этого количества массы (грамм) приняли за единицу измерения в системе единиц CGS (сантиметр-грамм-секунда). Однако и в этом случае поступили почти «по-ньютоновски» - давайте не будем вникать в суть понятия «масса», а просто сделаем «эталон массы».

Как уже сказано выше, опыт показывает, что при абсолютно упругом*) столкновении одинаковых шариков, один из которых ранее находился в покое, шарики как бы обмениваются скоростями. Если шарики двигались точно навстречу друг другу с равными скоростями, то они разлетятся в обратных направлениях с прежними скоростями. Если же их скорости не были равны, то они также «обмениваются» скоростями. Так можно считать, если принять положение Галилея об относительности всякого движения, и поочередно вставать на «точку зрения» то одного шарика, то другого, иначе говоря - связывать систему отсчета координат то с одним шариком, то с другим, считая его неподвижным. В любом случае опыт это подтверждает.

*) *Абсолютно упругое столкновение (абсолютно упругий удар) – взаимное соударение тел, при котором не выделяется вовне никакая энергия (в этом определении подразумевается, что читатель знает, что такое энергия, хотя это не так; здесь об энергии будет разговор ниже – комм. авт.)*

Абсолютно упругий удар — модель соударения, при которой полная кинетическая энергия системы сохраняется. В классической механике при этом пренебрегают деформациями тел. Соответственно, считается, что энергия на деформации не теряется, а взаимодействие распространяется по всему телу мгновенно. Хорошей моделью абсолютно упругого удара является столкновение бильярдных шаров.
http://ru.wikipedia.org/wiki/%D0%A3%D0%B4%D0%B0%D1%80#.D0.90.D0.B1.D1.81.D0.BE.D0.BB.D1.8E.D1.82.D0.BD.D0.BE_.D1.83.D0.BF.D1.80.D1.83.D0.B3.D0.B8.D0.B9_.D1.83.D0.B4.D0.B0.D1.80

1.2. Движение тела в свободном пространстве

Тела, расположенные в пространстве, доступном человеку (физику) для изучения, описываются «физическими параметрами». Основными параметрами считаются масса **m**, расстояние **S** между телами и время **t** . (Все эти параметры измерялись в разное время разными учеными в произвольных относительных единицах, что привело к возникновению разных систем физических единиц, которые едва ли удалось к настоящему времени как-то упорядочить). Эти три параметра считаются первичными (основными, опорными). Они используются для установления «вторичных» параметров, которые нами используются столь часто, что мы их также считаем «первичными», естественными («физическими»). Так, понятие «скорость», вообще говоря, возникает из представления о прохождении некоторого расстояния за некоторое время, и таким образом скорость

$$V = S/t$$

является скорее понятием производным, а не первичным.

Собственно «природной» величиной (таким образом я избегаю слова «материальный») является расстояние и время. И то и другое **ощущается нами интуитивно** с момента рождения, и легко измеряется. Расстояние измеряется количеством принятых за «стандарт размера» предметов, которые можно уложить вплотную, без зазоров, на измеряемой длине другого предмета, а время, аналогично, – количеством событий, непрерывно следующих одно за другим. (Как говорил Удав в знаменитом мультфильме «48 попугаев»: «В попугаях я получаюсь больше!»)

Скорость в ее обычном понимании есть величина не природная, а математическая, хотя предметы в природе могут двигаться с разными скоростями. Скорость – это **результат деления** пройденного объектом расстояния на время его прохождения.

Тем не менее, в конечном итоге мы постараемся показать, что при взаимодействии объектов можно считать, что передаются именно скорости, и показать, почему это так.

В школе нас учат, что, согласно первому постулату Ньютона, «Тело сохраняет состояние покоя или равномерного прямолинейного движения до тех пор, пока какая-нибудь сила не выведет его из этого состояния». (Варианты могут быть разные, но смысл примерно один и тот же). Однако...

В этой формулировке можно считать интуитивно понятным и определенным все, кроме понятия «сила». Следует иметь в виду, что до Ньютона это понятие если и применялось, то лишь в обиходе. Ньютон его «ввел в научное обращение», как теперь говорят.

До Ньютона физики использовали лишь понятие о так называемом «количестве движения». Движущиеся тела при взаимодействии могли «обмениваться» (частично) своим количеством движения. Так, в описанном выше хорошо известном школьном опыте движущийся стальной шарик ударяет по такому же неподвижному шарику, сам останавливается, а ранее неподвижный шарик начинает двигаться со скоростью первого шарика.

http://experiment.edu.ru/catalog.asp?cat_ob_no=12328
http://physics-animations.com/rusboard/themes/25877.html
http://physics-animations.com/Physics/English/mech.htm
http://physics.nad.ru/Physics/Cyrillic/mech.htm

Обратим внимание, что сама формулировка уже пытается ввести нас в заблуждение – как будто движущийся объект что-то «имел», чем-то «обладал», а при соударении «передал» это самое Нечто другому объекту, как спортсмен палочку в эстафете.

Общепринятое теоретическое обоснование изложено здесь:
http://physics.nad.ru/Physics/Cyrillic/mech.htm

Однако мы обратим внимание читателя на некоторые особенности, ускользающие от поверхностного взгляда.

Откуда у нас возникает понятие о «действующей силе»? Поясним это на примере (Ньютон, наверное, использовал другой пример, более соответствующий своей эпохе).

Представим себе астероид, движущийся в свободном космическом пространстве (вдали от масс, создающих поля тяготения) и, по расчетам ученых, направляющийся точно в точку, где через некоторое время он должен встретиться с Землей, и уничтожить на ней все живое. К астероиду с Земли посылается космический корабль с задачей отклонить его от смертоносной траектории. Корабль ложится на параллельный курс с астероидом, и начинает обстреливать его мощными ракетами в направлении, перпендикулярном его движению. Очевидно, что с каждым попаданием ракеты астероид будет «приобретать» некоторое «количество движения» в направлении, перпендикулярном его курсу, и это направление будет совпадать с направлением движения ракет. Через некоторое время астероид слегка отклонится от своего прежнего курса, и обстрел можно прекратить - теперь он пройдет мимо Земли. Понятно, что если все это происходит на достаточно большом от Земли расстоянии, то отклонить астероид от его прежнего курса нужно совсем на маленький угол. Но дело не в величине угла, а в необходимости сообщить ему некоторое количество движения в ином направлении.

Возьмем другой пример – два космических корабля летят в космосе параллельными курсами далеко от тяготеющих масс, вначале по прямой линии. Оба корабля имеют непробиваемую оболочку. С одного из кораблей начинают стрелять по соседу реактивными снарядами (чтобы не учитывать эффект отдачи в нашем опыте). Попадая в соседний корабль, снаряды будут отдавать ему часть своего количества движения, так как будут от него отражаться. (В предыдущем примере ракеты отдавали астероиду свое количество движения почти полностью, так как не отражались от него, а в дальнейшем продолжали свое движение вместе с астероидом). В любом случае, получив некоторое количество движения **mV** в направлении, **перпендикулярном** своему прежнему движению, обстреливаемый корабль (корабль-мишень) начнет отклоняться от направления прежнего движения в направлении движения снарядов, как и астероид в предыдущем примере.

Корабль получит какое-то количество ударов **n**, и вместе с ними определенное количество движения **nmV**. Поскольку он получил это количество движения не мгновенно, а за некоторое время **t**, то в единицу времени он получал количество движения **nmV/t**. Вот эту величину Ньютон и назвал «Силой», действующей на объект. Сила – это Нечто, что изменяет направление и скорость движения объекта, действуя на него, будучи к нему «приложенной» (в течение определенного времени!).

Такой подход сразу облегчил множество расчетов. Уже не надо было рассматривать конкретные ситуации (астероид, корабль, телегу и пр.). Ньютон говорит - если тело отклоняется от прямолинейного движения, значит, оно получает откуда-то (от некоторого источника!) дополнительное «количество движения» – **mV**. И, если на это отклонение ушло некоторое время, то мы можем считать, что в течение этого времени на тело действовала некоторая «сила» величиной **F**.

Естественно, что верно и обратное, а именно – если на свободное тело в свободном пространстве в отсутствие тяготеющих масс действует (какая-то) «сила», то оно начинает двигаться в направлении действия этой силы.

Отсюда следует, что если
nmV/t=F,

то с каждым ударом из общего числа ударов **n** корабль получал ... что?

Ft=mV

Произведение **Ft** Ньютон назвал «импульсом силы» или просто «импульсом». Из формулы следует (и опыт это подтверждает), что «импульс силы равен количеству движения», полученного телом.

Собственно, это и есть определение понятия «сила», и никакого иного определения этого понятия нет. И оказывается, что:

Сила – это количество движения (mV), получаемое телом в единицу времени.

F=mV/t

Сила не просто **равна** количеству движения, получаемого в единицу времени. Сила – это и есть само количество движения, «удельное» количество движения.

Любые сокращенные формулировки, в которых опущено то или иное обстоятельство (свободное пространство, отсутствие полей тяготения) или даже одно какое-то слово, неизбежно приводит к ошибкам в применении этих формул и формулировок.

Должно быть понятно, что сказанное не имеет отношения к той скорости, с которой объект-мишень двигался до начала обстрела. Ведь если мы признаем принцип относительности Галилея, то любое движение – относительно, и мы не знаем, с какой «скоростью» мы движемся в пространстве, если у нас нет точки отсчета, которую мы принимаем за неподвижную. Тело под действием бомбардировки в свободном пространстве будет двигаться в направлении этой бомбардировки (силы ударов) совершенно независимо от того, с какой скоростью оно движется (или двигалось) в любом другом направлении. И это его движение зависит только от «силы» бомбардировки, ее «интенсивности». (Мы здесь говорим только о самом эффекте бомбардировки, и нас интересует только ее результат).

И пока действует эта «сила», наш корабль-мишень будет двигаться в направлении ее действия... с ускорением. Это также легко понять. Предположим, в единицу времени (в первую единицу времени - скажем, секунду) корабль получает извне количество движения **mv**. В следующую секунду он получит еще порцию **mv**. Теперь корабль будет обладать количеством движения **2mv**. В конце третьей секунды - **3mv**... и так далее. Каждую секунду скорость

Глава 3. Основы гравитонной механики

корабля увеличивается на величину **V**. В конце **n**-й секунды корабль будет иметь скорость **V$_n$=nV**.

Если мы построим зависимость скорости от времени, то мы увидим, что это - прямая линия. И ее наклон к оси ординат зависит от величины приращения скорости в каждый момент времени. То есть **V=at**, где **a** и есть это самое **приращение скорости за одну секунду**, которое мы называем **«ускорением»**. Если, к примеру, **a=V**, то через 1 сек скорость будет равна **V**, через 2 секунды скорость будет равна **2V**, через 3 сек - **3V** и так далее, в соответствии с вышесказанным. Каждую секунду наш объект будет приобретать очередную порцию <u>**СКОРОСТИ**</u>. Такое движение называют «равноускоренным», движением с одним и тем же ускорением, с одной и той же добавкой скорости каждую секунду.

(Я намеренно «разжевываю» все это, обычно <u>кажущееся понятным</u> ученикам шестых классов).

Теперь, если мы возьмем выражение математической связи между количеством движения, полученным объектом, и его импульсом (при одноразовом воздействии)

Ft= mv,

то из этого выражения мы можем получить формулу **Второго закона Ньютона**, поделив обе части равенства на **t**:

F= mv/t=m(V/t)= ma

Таким образом Второй закон Ньютона получается в результате проведения точных математических (арифметических) операций.

Но Второй закон Ньютона - это не определение понятия «сила» (определение - выше). Это всего лишь расчетная формула, связывающая величину массы тела и полученного им ускорения **в результате** внешнего воздействия, которое (воздействие) и названо «силой». Интересно тут другое – само понятие массы определяется как понятие «инертной массы», то есть через ускорение, которое тело получает от силы определенной величины. Одно понятие определяется через другое, и наоборот, что категорически запрещено логикой. А для математики это обычное дело, так как она интересуется только связью между понятиями, но не их существом, «сутью».

Однако вернемся к нашим баранам...

1.3. Движение тела с ускорением под воздействием силы тяжести (падение)

Известно, что свободное тело (не связанное с другими телами), находящееся вблизи большой массы (например, Земли) и предоставленное самому себе (без опоры на другое тело), постоянно увеличивает свою скорость (падает). Скорость нарастает линейно. Поэтому говорят о некоем постоянном **ускорении** (обозначим его буквой **a**), имеющем место в любой момент времени. То есть:

$$a = V/t$$

и скорость в любой момент времени можно узнать, помножив ускорение на время, прошедшее с момента начала движения (падения)

$$V = at$$

Было установлено опытным путем, что вблизи поверхности Земли это ускорение не зависит от массы, равно $a = V/t = 9{,}8$ м/сек^2 и обозначается как **g** - ускорение свободного падения.

Расстояние S, пройденное телом, пропорционально средней скорости на этом пути (если движение начинается с нулевой скорости)

$$S = V_{ср} t$$

а так как $V_{ср} = at/2$, то при ускоренном движении

$$S = at^2/2$$

Опыты Галилея и Торичелли, при которых тела разной массы падали с одним и тем же ускорением, навели исследователей (и Ньютона) на мысль, что шарик с массой **m** приобрел свою скорость V за какое-то время t в результате некоего **воздействующего фактора, воздействия** извне. Мы уже говорили об этом выше. Измеренное на практике действие этого фактора оказалось **пропорциональным** массе. **НЕЧТО**, по-видимому, воздействовало на шарик, на его массу (а не на что-либо иное), и он за какое-то время приобрел определенную скорость. Если бы это Нечто действовало бОльшее время, то и скорость была бы большей. Это кажется понятным. Понятно также, что для разгона тела с бо́льшей массой до той же самой скорости, воздействующий фактор должен иметь пропорционально бо́льшую величину.

Этот **воздействующий фактор** физики вслед за Ньютоном называют «силой», обозначают обычно как **F**, и вовсе не всегда интересуются ее происхождением. Ньютон предложил считать, что этот фактор создает (определяет) именно ускорение, и

$$F = ma$$

Тут стоит обратить внимание, что понятие «масса» тоже никогда не было точно определено.

Понятно, что при воздействии на физическое тело "силы" в течение некоторого времени будет получен результат

Ft = (ma)t

и/или

Ft = mV (1)

Как уже было сказано, величина **Ft** называется «импульсом» (силы), а величина **mV** – «количеством движения» (или «моментом»), которое «приобрело» тело за время **t** в результате действия силы **F**. Однако не следует термин «количество движения» применять так уж прямолинейно – это всего лишь дань метафизическому, внефизическому представлению о том, что характеристики и параметры тел определяются «присущими им свойствами». Это выражение, на самом деле ничего не объясняющее и призванное замаскировать незнание причин происходящих явлений. На деле это просто произведение массы тела на скорость в заданной системе неподвижных (относительно наблюдателя) координат.

Обратно, можно утверждать, что если тело некоторой массы **m** имеет в данный момент скорость **V**, то на него ранее в течение времени **t** действовала сила **F**. В применении к процессу падения тела формула **F=ma=mg** (g =9,8 м/сек^2 – ускорение свободного падения тела) утверждает, что воздействующая на тело **СИЛА** пропорциональна МАССЕ тела. Чем больше МАССА, тем больше и СИЛА, а ускорение при этом остается постоянным.

Теперь внимание!!!

Поскольку было очевидно, что «сила», действующая на тело, пропорциональна массе этого тела, то был большой соблазн объявить, что эта сила своим возникновением обязана самой «массе». В те времена было обычным делом «наделять» тела теми или иными «свойствами». Да и нынче этот «метод» в ходу у философов. Возникновение силы ПРИТЯЖЕНИЯ было <u>очевидно</u> «свойственно» массе тела. Так и порешили... И до сих пор именно так и пишут в энциклопедиях.

Понятно, что если этот воздействующий фактор (сила) имеет некоторую определенную величину, то и его возможности строго определены – он разгоняет определенную массу до вполне определенной скорости за определенное время, и почему-то не может иначе. Почему? Почему тело все-таки падает именно с таким ускорением, а не с другим? Физика Ньютона дает нам расчетную формулу, но не объясняет происхождения самого воздействующего фактора и коэффициента пропорциональности **a**. (Сегодня некоторые, склонные к вне-физическому мышлению ученые, берут на себя смелость утверждать, что физика и не обязана этого делать).

Этот подход, предложенный еще И. Ньютоном, обнаружил свою эффективность сразу же при математическом описании движения небесных тел, а также при расчете разного рода механических конструкций и явлений. Он позволял не принимать во внимание конкретную ПРИЧИНУ любого движения, одновременно давая возможность предсказать (рассчитать) результат воздействия. Это оказалось также продуктивным и по отношению к гравитации, причина которой не выяснена до сих пор (спустя более чем 300 лет после Ньютона). Лишь через много десятилетий после сэра Исаака было обнаружено, что не только величина **mV**, но и произведение массы на квадрат скорости тела, названное «энергией» (эн-эргия – внутреннее <u>«свойство»</u> движущегося тела производить «эргию» – работу) также остается постоянным при всех преобразованиях «вида»» движения (механического, теплового, электрического). И потребовалось еще около ста лет, чтобы утвердилось представление о том, что постоянными при всех преобразованиях остаются обе эти величины – и количество движения и энергия.

Этот вывод физики сформулировали в виде двух «законов» – «Закона сохранения момента (количества движения)» и «Закона сохранения энергии». Первый был интуитивно ясен и доказывался простым соударением шаров. А вот доказать второй из чисто теоретических соображений оказалось затруднительным, и поэтому ограничились лишь тем, что он подтверждается на практике в любом эксперименте.

1.4. Обмен количеством движения (скоростями)

Ещё в первой половине XVII века понятие импульса было введено Рене Декартом. Так как физическое понятие массы в то время отсутствовало (да и теперь тоже не все ясно), он определил импульс как произведение «величины (!) тела на скорость его движения». Позже такое определение было уточнено И.Ньютоном. Согласно Ньютону, «количество движения есть мера такового, устанавливаемая пропорционально скорости и массе». (Википедия) (sic!) (Снова определение через математическую формулу, а не через описание физической сущности процесса).

Опыт показывает, что при столкновении <u>неодинаковых по массе</u> шариков (рис.2) сумма величин $m_1V_1 + m_2V_2$ до столкновения всегда равна сумме величин

$m_1V_3 + m_2V_4$ после столкновения или

$$m_1V_1 + m_2V_2 = m_1V_3 + m_2V_4 \qquad (2)$$

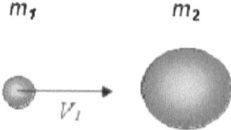

Рис. 2.

Часто в просторечии говорят, что при подобном взаимодействии одно тело «передает» другому часть своего кинетического момента. Но из вышеприведенной формулы видно лишь, что **скорости тел перераспределяются** в определенном соотношении с их массами, и не более того. А что именно и как именно при этом «передается» от одного тела к другому - это остается, строго говоря, скрытым от нас.

В случае, если (для простоты) большой шар первоначально был неподвижен, уравнение (2) выглядит так:

$$m_1V_1 = m_1V_3 + m_2V_4 \qquad (2а)$$

В этом уравнении нам известны только скорость V_1, массы шаров m_1 и m_2, и имеются два неизвестных V_3 и V_4 - скорости после соударения малого и большого шаров соответственно. Решить это уравнение (то есть определить скорости шаров после удара) не представлялось возможным до тех пор, пока в физике не укрепилось представление об ЭНЕРГИИ.

В результате более чем столетних исследований философам в тесном содружестве с физиками «удалось» сформулировать понятие об ЭНЕРГИИ как о **неотъемлемом «свойстве»** (!) движущейся материи (причина такого «свойства» по-прежнему остается неизвестной). И, как уже было сказано выше, удалось установить В КАЧЕСТВЕ ЭКСПЕРИМЕНТАЛЬНОГО ЗАКОНА (!) так называемый **закон сохранения энергии.** Однако ФИЗИЧЕСКАЯ суть этого закона все еще остается непонятной, и он фигурирует в сознании ученых как некий «Основной Закон существования материи». Еще Фейнман в своих лекциях указывал, что никто не понимает (и он сам не в состоянии объяснить студентам), какая физическая Сущность стоит за математической формулой $E=mV^2$,

Глава 3. Основы гравитонной механики

и почему эта Сущность сохраняется во всех без исключения процессах в Природе.

Несмотря на это «энергия» – одно из наиболее часто встречающихся слов и понятий в физической (и не только) литературе.

В ходе нашего анализа и подхода мы попробуем пролить свет на эту страшную тайну…

Хотя физическая сущность понятия «энергии» оставалась неясной, тем не менее, нашлись смельчаки, которые утверждали, что эта самая «энергия» никуда не исчезает, и ниоткуда не появляется, а лишь «видоизменяется». И поэтому, для случая абсолютно упругого столкновения двух шаров сумма кинетических энергий до удара должна быть равна сумме кинетических энергий после удара:

$$\frac{m_1 V_1^2}{2} + \frac{m_2 V_2^2}{2} = \frac{m_1 V_3^2}{2} + \frac{m_2 V_4^2}{2}$$

или

$$m_1 V_1^2 + m_2 V_2^2 = m_1 V_3^2 + m_2 V_4^2 \qquad (3)$$

И вот теперь, совместно с уравнением импульсов

$$m_1 V_1 + m_2 V_2 = m_1 V_3 + m_2 V_4 \qquad (4)$$

мы получаем систему двух уравнений (3) и (4), которая позволяет нам, зная массы шаров m_1 и m_2 и их скорости V_1 и V_2 до удара, найти их скорости V_3 и V_4 после соударения.

Правильность этого подхода гарантируется экспериментом.

В простейшем случае, если один из шаров (m_2) перед соударением был неподвижен ($V_2 = 0$), то

$$m_1 V_1^2 = m_1 V_3^2 + m_2 V_4^2 \qquad (5)$$

$$m_1 V_1 = m_1 V_3 + m_2 V_4 \qquad (6)$$

Произведя замену $k = m_2 / m_1$, получим

$$V_1^2 = V_3^2 + k V_4^2$$

$$V_1 = V_3 + k V_4$$

Решая эту систему уравнений (5,6) получим соотношение между скоростями шаров после удара

$$\frac{-V_3}{V_4} = \frac{(k-1)(-V_3)}{2 \cdot V_4} = \frac{k-1}{2} \qquad (7)$$

При большом соотношении масс ($k \gg 1$)

$$\frac{-V_3}{V_4} = \frac{k-1}{2} \approx \frac{m_2}{2 m_1} \qquad (7a)$$

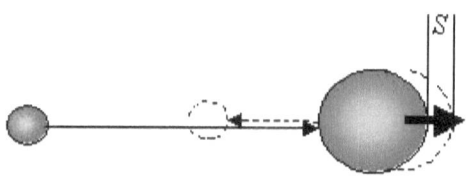

Рис. 3.

Можно считать в первом приближении, что **при очень большой разнице** в массах шаров соотношение их скоростей после соударения приблизительно обратно пропорционально половине соотношения их масс. Знак минус перед V_3 в уравнении (7) показывает, что маленький шарик с массой m_1 отскочит в обратном направлении от большого шара почти с той же скоростью, что имел до удара, но, тем не менее, придаст большому шару некоторую скорость $\Delta V = V_4$ в направлении своего прежнего движения.

В процессе соударения в течение времени $\Delta \tau$ малый шарик будет находиться в контакте (процессе довольно сложном, но это сейчас не столь важно) с большим шаром. В соответствии с уравнением (1) можно считать, что в течение этого времени $\Delta \tau$ на большой шар с массой m_2 действовала СИЛА **F**, в результате чего большой шар стал двигаться со скоростью $\Delta V = V_4$

$$F \cdot \Delta \tau = m_2 (\Delta V) \tag{8}$$

В течение времени $\Delta \tau$ происходило взаимодействие шаров. За это время большой шар прошел расстояние **S** (рис.3). По окончании времени $\Delta \tau$ взаимодействие шаров прекратилось, скорость большого шара перестала увеличиваться, и поэтому можно считать, что также прекратилось и действие силы **F**. Иными словами, сила **F** действовала на всем пути **S** (можно считать ее постоянной, а можно и усреднить) в течение времени $\Delta \tau$.

Поэтому мы имеем право умножить обе части уравнения (8) на одно и то же число, на один и тот же путь **S**

$$F \cdot \Delta \tau \cdot S = m_2 (\Delta V) \cdot S = m_2 (\Delta V) \cdot \Delta V \cdot \Delta \tau$$

а затем и сократить на одно и то же $\Delta \tau$

$$FS = m_2 (\Delta V)^2 \tag{9}$$

Теперь нужно только учесть, что мы считали $S = \Delta V \Delta \tau$ как для равномерного движения. На самом деле это движение равноускоренное – ведь большое тело находилось в состоянии покоя, и стало двигаться со скоростью **ΔV** только после окончания действия силы **F**. Поэтому на самом деле

$$S = \frac{at^2}{2} = \frac{Vt}{2}$$

и выражение (9) будет иметь вид

$$F \cdot S = \frac{m_2 (\Delta V)^2}{2} \tag{10}$$

Выражение слева от знака равенства (9, 10) называется работой, выражение справа – **энергией**.

В левой части уравнения (10) мы имеем произведение некоего действующего на тело фактора **F** (называемого «силой») на величину расстояния, которое прошло это тело под действием этого фактора, в течение времени, пока действовал этот фактор. Физически это кажется понятным.

В правой части (10) мы имеем некую формулу, которую, как мы знаем, даже Р. Фейнман отказывался объяснить с физической точки зрения.

Это, так сказать, чисто формальный вывод закона сохранения энергии. Формальный он потому, что мы умножили обе части равенства на величину **S**, но не объяснили толком, почему именно на **S**, а не, скажем на **V** (или даже на температуру, которая наверняка в течение этого времени тоже оставалась постоянной). Но интуитивно мы понимаем, что делали правильно, поскольку расстояние, пройденное телом, зависит исключительно от действия нашего «фактора **F**», а не от постоянства температуры.

Можно рассуждать и иначе (с тем же результатом), а именно:

В течение времени $\Delta \tau$ происходило взаимодействие шаров.

$$F \cdot \Delta \tau = m_2 (\Delta V)$$

За это время тело с массой **m₂** приобрело скорость **ΔV**. Умножая обе части равенства на **ΔV**, и представляя путь как $S = \Delta V \Delta \tau$ получим те же формулы (9) и (10).

1.5. Источник силы

Таким образом, мы приходим к понятию **СИЛЫ** как **воздействующего фактора** не из наблюдения ускорения свободного падения, а из соображений «энергетических». Казалось бы, какая разница?

Вроде бы - никакой. В любом случае действие силы приводит к равноускоренному движению независимо от характера и происхождения самой силы - важна лишь ее величина и направление. Главное, что **мы определяем сам факт воздействия одного тела на другое по изменению скоростей тел.**

Разница скорее «психологическая», если не применять умного слова «когнитивная» (теоретико-познавательная).

Формула **F=ma** - формула РАСЧЕТНАЯ. По ней можно рассчитать (определить) величину силы **F**, которая действует на тело данной массы **m**, приводя эту массу в движение с ускорением **a**. Но сила может быть приложена и к неподвижно закрепленному телу. От этого ее величина не меняется. Так, сила веса действует на все неподвижно закрепленные тела на поверхности Земли. При вращении тела центробежная сила приложена в направлении радиуса вращения, но расстояние от центра не меняется и т.д. Более того, сила может быть приложена к телу, а тело может при этом двигаться вовсе не равноускоренно, как это бывает при движении по поверхности с трением, или при подъеме груза на высоту над землей. Поэтому не слишком осторожное использование понятия «Сила» может привести к ошибке.

Одно, тем не менее, должно быть ясно, и на это обратим особое внимание. **Существование «силы» всегда ПРЕДПОЛАГАЕТ и существование источника этой силы.** И, если сила все же вызывает движение (с ускорением, разумеется), то **источник этой силы обязательно затрачивает ту или иную энергию**, в той или иной «форме». В дальнейшем нам станет ясно, что понятие «форма энергии» в определенной степени излишне, так как любая энергия, в конечном счете, может быть представлена как кинетическая энергия движения тех или иных частиц или тел.

И, хотя это кажется ясным, тем не менее, даже при попытке решения казалось бы простой задачи о равномерном поднятии кирпича на высоту стола (см. ниже Раздел 6.3) часто возникает недоумение, почему кинетическая энергия вроде бы и не затрачивается, а работа, тем не менее, производится. При этом характерно, что на вопрос «Откуда берется необходимая для этого энергия?» ответа по существу нет.

Ясно должно быть и другое. Хотя в школьном курсе это специально не акцентируется, но первые два закона Ньютона сформулированы им на самом деле для условий свободного пространства (так называемая «небесная механика», движение без опоры). А в свободном пространстве незакрепленное тело может получить ускорение под действием одной-единственной силы, и в нем не проявляются условия третьего закона («Действие равно противодействию»). В свободном пространстве нет никакого противодействия любому воздействию (называемое иначе «реакцией опоры»), потому что нет самой опоры.

Здесь мы еще раз обращаем внимание читателя на небрежность формулировок, заучиваемых в школе. Ученик помнит, что «Действие всегда равно противодействию» (и на этом останавливается). А Закон гласит: «...равно противодействию **со стороны опоры**». Из определения вырван значащий кусок. Ведь если нет опоры, то нет и противодействия!

Тот, кто думает, что в свободном пространстве воздействующей силе противодействует равная ей так называемая «сила инерции», должен будет объяснить, откуда вообще возникает движение, если любой силе противодействует ей равная и противоположно направленная сила инерции, уравновешивающая приложенную силу. Не существует никакой «силы инерции», **существует явление инерции**, которое проявляется в том, что тело определенной массы начинает двигаться с вполне определенным ускорением под действием определенного воздействия. То есть Второй закон Ньютона **F=ma** можно было бы называть «законом инерции». Составители учебников низшего уровня часто не слишком озабочены точностью терминологии, и «силу инерции» можно часто встретить в таких книжках.

В свободном пространстве воздействие силы всегда приводит к движению в направлении этой силы, а, значит, и к затратам энергии. Думать иначе - означает входить в противоречие с основными определениями. Этот фундаментальный момент часто остается вне поля зрения преподавателей физики, а, следовательно, и учеников.

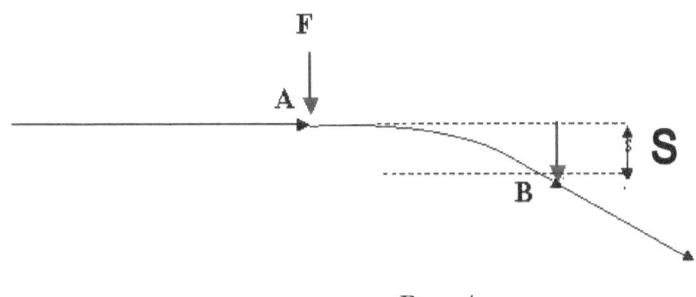

Рис. 4.

На рис. 4 изображена траектория движущегося тела. На участке А-В действует сила **F** (начало и конец ее действия обозначены вертикальными стрелками). И, вне всякого сомнения, на этом участке **источник этой силы затрачивает определенную энергию**, величина которой равна произведению величины этой силы F на расстояние **S**, на котором она действовала в течение всего времени ее приложения. От формы траектории движения тела это совершенно не зависит, напротив, сама траектория зависит от величины и направления действия силы.

Теперь от механики макротел попробуем перейти к субэлементарным частицам.

2. Взаимодействие микро- и макрочастиц

Выше мы говорили о том, что более крупные частицы состоят из более мелких. Протоны состоят из преонов, а преоны, в свою очередь – из гравитонов. Протоны – это вихри преонов, преоны – вихри, состоящие из гравитонов. Поэтому взаимодействие гравитона гравитонного газа с частицей есть, по сути, соударение внешнего гравитона с внутренним, принадлежащим крупной частице. А это столкновение мы, в первом приближении, можем рассматривать как абсолютно упругое соударение.

Если $\Delta\tau$ - время взаимодействия гравитона с макрочастицей, то при каждом таком взаимодействии макрочастица (а вместе с ней и еще более крупное тело, в состав которого макрочастица входит), получает импульс (количество движения)

F$\Delta\tau$ =mΔV

Если массы микро- и макрочастиц существенно разные (а это именно так), то можно считать, в соответствии с (7а), что и приращение скорости макрочастицы будет обратно пропорционально отношению их масс (или половине этого соотношения, что на данном этапе не столь важно). И поэтому, полагая все остальные параметры участников этого процесса постоянными, можно без особого опасения считать, что при каждом таком столкновении крупное тело (макрочастица) получает **вполне определенное постоянное приращение скорости**.

Этот вывод может показаться неожиданным и даже «режущим глаз». Ведь всегда считалось и считается, что при соударении тела «обмениваются» количеством движения при сохранении общей энергии. Но, если нас интересует только изменение состояния крупного тела, то из формулы (7а) следует, что при соотношениях масс более чем $1 \cdot 10^5$ (а соотношение масс протона и гравитона может доходить даже до $1 \cdot 10^{18} - 1 \cdot 10^{19}$), можно считать с достаточной степенью точности, что макротело получает приращение скорости, пропорциональное соотношению масс двух тел.

Ведь сами массы не меняются, меняются только скорости тел!

Это тем более так, что **в дальнейшем нас не будет интересовать изменение скорости микрочастицы**, участвующей в процессе соударения и вызывающей эффект гравитации. Дело обстоит таким образом, что внешний (относительно макрочастицы) гравитон взаимодействует (сталкивается) с конкретным гравитоном, входящим в состав микрочастицы, обмениваясь с ним моментом количества движения (поскольку частицы одинаковы, можно говорить об обмене скоростями). И только впоследствии гравитон, входящий в состав макрочастицы постепенно (частями) отдает полученный им импульс всем остальным гравитонам макрочастицы. Полученный импульс как бы «расплывается» по телу макрочастицы.

Это нужно специально иметь в виду в дальнейшем. Никакого противоречия здесь нет.

3. Ускорение и торможение макротела при наличии гравитации

В гравитонной гипотезе принимается, что гравитоны проходят через вещество (протон, который сам представляет собой вихрь) аналогично тому, как проходят пули через вязкое тело (подобно обстрелу торнадо из пулемета).

Сейчас нас не интересует потеря внешним гравитоном своей скорости (он ее потом снова восстановит, если вернется в гравитонный газ после пролета протона). Нас будет интересовать поведение протона. На данном этапе мы полагаем, что при взаимодействии с гравитоном масса протона m_p заметно не изменяется. Мы считаем, что изменяется только скорость протона. Поэтому **все, что можно сказать о процессе этого взаимодействия**, это то, что в **результате этого процесса протон стал двигаться несколько быстрее, «приобрел» дополнительную скорость.**

Поэтому процесс и результат взаимодействия гравитона с протоном в общих чертах такие же, как и для описанного выше случая взаимодействия шаров (рис.3), значительно отличающихся друг от друга по массе.

За время $\Delta\tau$, в течение которого гравитон пролетает через протон (сквозь единичную массу m_p), он сообщает протону некоторую скорость ΔV в направлении своего движения. ЧТО ИМЕННО при этом происходит в протоне конкретно, какие именно процессы - мы доподлинно не знаем, и на данном этапе рассуждений для нас это не слишком важно. Однако в дальнейшем мы предполагаем, что имеет место неупругий удар, то есть гравитон поглощается протоном, и увеличивает скорость протона пропорционально отношению масс протона и гравитона.

Повторяя прежние рассуждения, но теперь по отношению к гравитону (шарику с малой массой) и протону (шару с большой массой m_p) можно считать, что в течение этой микроединицы времени $\Delta\tau$ на протон действовала СИЛА F_p

$$F_p \cdot \Delta\tau = m_p(\Delta V)$$

$$F_p = \frac{m_p(\Delta V)}{\Delta\tau}$$

Сила эта действует со стороны гравитона на протон все время $\Delta\tau$, пока гравитон проходит сквозь протон. Время $\Delta\tau$ - это время взаимодействия.

Макротело состоит из **n** протонов, и поэтому имеет массу $m=nm_p$. Сила, действующая на макротело со стороны потока гравитонов (при условии, что каждый протон взаимодействовал со «своим» гравитоном), равна

$$F_m = \frac{n \cdot m_p \cdot \Delta V}{\Delta\tau} = \frac{m \cdot \Delta V}{\Delta\tau}$$

Так как каждый протон за время $\Delta\tau$ получает скорость ΔV, то такую же скорость получает и макротело. За время $t=\Sigma\Delta\tau$ макротелу передается скорость $V=\Sigma V$

$$F = \frac{m \cdot \Delta V}{\Delta\tau} = \frac{m \cdot \Sigma\Delta V}{\Sigma\Delta\tau} = \frac{m \cdot V}{t}$$

или

$$Ft = mV \qquad (11)$$

Это то же самое классическое уравнение для импульса силы, но обоснованное физически в рамках гравитонной гипотезы.

Эта же формула, естественно, верна и для любого тела, состоящего из протонов, и для любого времени воздействия, складывающегося из суммы времен взаимодействия $t=\Sigma\Delta\tau$.

Воздействие, получаемое протоном от гравитона **Ft=m$_p$V**, пропорционально, таким образом, величине расстояния, на котором происходит взаимодействие при движении протона (вот почему можно и нужно умножать обе части равенства именно на расстояние, а не на что-либо иное):

FtS=m$_p$VS

или, в соответствии с (10),

$$FS = \frac{m_p V^2}{2}$$

Согласно вышеизложенному, это и есть **результат воздействия гравитона на протон**. И именно этот результат в физике именуется ЭНЕРГИЕЙ (**E**)

E=mV²/2

или ее эквивалентом - РАБОТОЙ. Таким образом, исходя из самой «физики» воздействия на элемент массы (вещества), мы можем получить аналитически выражение для кинетической энергии. (Выше мы получили это выражение из чисто формальных математических действий).

При больших скоростях движения протона придется, разумеется, вводить поправки, ибо в этот процесс начнут вмешиваться дополнительные факторы (торможение протона частицами среды и влияние скорости движущегося протона на эффективность действия гравитона – зависимость силы от скорости).

Понятно, что при торможении тела происходит тот же процесс. У протона, движущегося навстречу потоку гравитонов (например, для тела, брошенного вертикально вверх), от имеющейся у него скорости «отбираются» микропорции скорости при каждой встрече с летящим ему навстречу гравитоном.

Повторим – **ЭЛЕМЕНТАРНЫЙ АКТ** видимой передачи **«Движения» есть изменение скорости протона под воздействием пролетающего сквозь него гравитона.** При этом на данном этапе нашего исследования неважно, КАК ИМЕННО происходит этот процесс. Важно, что в результате каждого такого микровзаимодействия тело получает вполне определенную прибавку **скорости**. Если воздействия в противоположном направлении нет, то тело будет продолжать с этой скоростью двигаться, а, значит, и величина **E=mV²/2** будет оставаться постоянной. При взаимодействии с другими телами каждый эффект приращения скорости, из которых складывается скорость всего тела, должен будет так или иначе сохраниться или скомпенсироваться противоположным воздействием. Ибо **нет иной причины движения материальных тел, кроме как воздействие со стороны гравитонного газа,** либо прямого (как в случае гравитации), либо каким-либо сколь угодно сложным способом преобразованного в другие виды движения («энергии»).

Из всего этого следует, что на самом деле **при изменении всякого движения сохраняется количество «микро-порций» СКОРОСТИ** (усредненных), передаваемых одним гравитоном другому гравитону - ведь мы исходили именно из этого, когда преобразовывали наше равенство моментов к формуле (7а). А формула **E=mV²/2** - это всего лишь математическая формула, и никакого специфического «физического смысла» не имеет. Величина **mV²** есть расчетный РЕЗУЛЬТАТ внешнего воздействия, проявляющийся в виде добавки к скорости тела, на которое оказано воздействие. И если в дальнейшем это тело будет оказывать воздействие на другое тело, то точно такой же механизм этого воздействия приведет точно к такому же результату, который мы и называем «сохранением энергии». По-существу это **«закон сохранения микропорций скоростей».**

Как и во многих других случаях, непонимание самой физической основы явления всегда приводит к необходимости устанавливать «законы» (понимай – «соотношения») опытным путем. В то же время, как мы только что видели, такой фундаментальный «закон» как закон сохранения энергии, выводится как бы даже сам собой из чисто физических представлений о прибавке порций скорости к общей величине скорости. (При этом мы никаких новых знаний по сравнению с физикой 17 века не использовали.) Каждая порция прибавляется в результате внешнего воздействия. Вот эти представления я бы как раз и назвал «квантовой физикой», если бы этот «брэнд» не был занят под другую теорию, необходимость в которой будет поставлена нами в дальнейшем под сомнение.

Совершенно интуитивно (по опыту), т.е. на уровне аксиоматики, ясно, что **скорость**, приобретенная в результате любого, (даже микро-) воздействия не может взять и исчезнуть. **Чтобы изменить скорость (увеличить или уменьшить), нужно другое воздействие.** Иными словами мешок песка весит столько, сколько в нем песчинок. Положив еще одну, я обычно уверен, что она там и находится. И очень удивлюсь, если ее там впоследствии не найду, мне придется менять все мировоззрение.

Из этого простого рассуждения следует и закон сохранения энергии. Это тот же самый **закон сохранения количества импульсов** (с учетом знака), полученных макрочастицей от движущихся гравитонов.

4. Что такое "количество движения"?

Величина $E=mV^2/2$ называется кинетической энергией, «приобретаемой» телом в процессе ускорения от нулевой скорости до конечной (как это происходит в процессе падения). В нашем представлении это есть сумма всех взаимодействий гравитонов с протонами на участке ускорения тела, в результате воздействия которых тело приобрело свою скорость. Эта скорость появилась в результате суммы всех взаимодействий, и результат каждого взаимодействия не может исчезнуть сам по себе. Поэтому при дальнейшем взаимодействии тел **перераспределяется** именно результат всех взаимодействий. В частности, при упругом соударении двух тел в изолированной системе сумма их кинетических энергий до удара должна быть равна сумме их кинетических энергий после удара:

$$\frac{M_1V_1^2}{2}+\frac{M_2V_2^2}{2}=\frac{M_1V_3^2}{2}+\frac{M_2V_4^2}{2}$$

где

M - масса соответствующего тела,

$V_{1,2}$ - скорости тел до соударения,

$V_{3,4}$ - скорости тел после соударения.

Что же выражает произведение mV, используемое обычно в теории удара под названием «количество движения»? В чем его «физическая сущность»?

Теперь мы представляем себе хотя бы приблизительно суть происходящих процессов. Мы можем сказать, что если энергия (кинетическая) есть результат сложения воздействий на всей длине пути, на котором происходит ускорение тела, то физическая сущность произведения mV также отражает **сумму воздействий,** но для случая, **как если бы они все были произведены одномоментно, мгновенно**, а не были бы распределены во времени.

Вот почему понятием «количество движения» можно пользоваться для расчета последствий абсолютно упругого удара, при котором подразумевается практически нулевое время взаимодействия при столкновении (или мы не интересуемся этим временем и можем считать его равным нулю).

В настоящее время необходимость использования этой величины даже при решении задач соударения ставится под сомнение, и предлагаются прямые методы решения таких задач только с использованием понятия о сохранении энергии [2] www.geotar.com/hran/gravitonica/3/judin.rar

Теперь нам должно быть понятно, что каждая прибавка скорости приводит к увеличению скорости макрочастицы (тела), а, значит, следующий «догоняющий» ее в этом направлении гравитон уже будет иметь несколько меньшую скорость относительно макрочастицы?

При большом соотношении масс (тем более - свыше 5-6 порядков, как следует из формулы (7а) в случае разницы в массах гравитона и преона) величина элементарного приращения скорости преона

dV=M/mVg

(где **Vg** - скорость гравитона) намного больше изменения самой скорости гравитона даже с учетом того, что большой шар двигается с обычными скоростями:

dV=(M/m).(Vg+V2)
dV=(M/m).(Vg+V2) = (M/m).(Vg) + (M/m).(V2)

Поэтому влияние движения большого шара можно практически не учитывать, а это значит, что и прибавка скорости, которую он отдает гравитону при их встречном движении (то есть при торможении тела гравитоном) – ничтожна. И гравитон затрачивает энергию как при «попутном», так и при «встречном» направлении движения относительно макрочастицы. Тем не менее, это явление действительно имеет место, и мы к нему вернемся впоследствии, так как оно приводит к не менее фундаментальным изменениям в наших представлениях о мире.

Иными словами, если мы свяжем начало координат с большим шаром, то мы обнаружим, что пролетающий сквозь этот шар гравитон всегда создает добавку скорости в направлении своего движения, только иногда эта добавка чуть больше, а иногда - чуть меньше. Это «чуть» пропорционально отношению скоростей движущегося тела и гравитона, которое исчезающе мало при скоростях **Vg** на семь порядков больше скорости света.

Это объяснение, конечно, страдает некоторой «таинственностью», поскольку и здесь мы не поясняем сути процесса. А суть эта, как мы выясним в следующей главе, состоит в том, что «процесс взаимодействия гравитона с веществом» есть в действительности просто процесс поглощения гравитона преоном.

При любом таком поглощении гравитон включается в состав преонного вихря, а преон получает добавочный момент («количество движения»), равный $m_g V_g$. Разница же в результатах воздействия в случаях попутного и встречного движения возникает из-за того, что имеется разная вероятность встречи летящего извне гравитона с гравитонами преона (см. след. главу 4). Однако проявляется это при исключительно больших скоростях.

В процессе торможения у тела, движущегося навстречу потоку гравитонов (например, для тела, брошенного вертикально вверх), от имеющейся у него скорости «отбираются» микропорции скорости при каждой встрече с летящим ему навстречу гравитоном.

5. Источник бесконечно большой энергии

Проблема классического представления состоит в том, что, следуя Ньютону в представлениях небесной механики, мы вначале мы абстрагируемся от характера источника силы, а затем мы абстрагируемся и от ее источника. Нам достаточно, что эта сила есть, и она есть всегда. «На небесах» (в свободном пространстве, в космосе) мы как бы имеем дело с неисчерпаемым источником силы, а значит - и энергии. Но, когда мы «спускаемся с небес на землю», наша земная практика показывает, что неисчерпаемых источников энергии не бывает. И если мы видим, что маятник колеблется в течение долгого времени в условиях без потерь, значит… «простейшая логика» говорит нам, что один вид энергии переходит в другой! А как же? Ведь энергия не возникает ниоткуда, и не исчезает никуда! Нам трудно представить, что некий **невидимый Источник Силы** (энергии) каждое мгновение сообщает макротелам «порции скорости», передает их макрочастицам тела всегда, как на восходящем, так и на нисходящем участке колебания.

Вот в какую логическую ловушку может завести математизация физики!

Гравитонная гипотеза указывает на источник этой практически неисчерпаемой энергии, распределенный в пространстве в виде гравитонного газа. И, поняв это, мы уже не удивляемся, что энергия гравитонов в любой момент времени передается телу, вращающемуся около другого массивного тела по своей орбите, хотя это и не приводит ни к каким видимым последствиям в виде появления «диссипативных» потерь (тепла) – им при этих условиях просто неоткуда взяться. Это «движение в чистом виде» (передача порций скорости от одного тела к другому) приводит, в конце концов, к изменению траектории тела в пространстве. И тогда не возникает никаких логических противоречий – любое воздействие такого рода искривляет траекторию тела в пространстве, включая и частные случаи эллиптической и даже круговой орбиты. То же относится и к движению маятника.

Это кажется простым, но из этого следуют слишком далеко идущие выводы.

Для лучшего уяснения всего вышесказанного рассмотрим несколько задач.

6. Несколько задач
6.1. Отражение шарика от плиты

Рассмотрим задачу о падении стального шарика на мраморную плиту, при котором (в пренебрежении потерями на рассеяние энергии) происходит практически полное отражение шарика от плиты.

Если тело с данной массой движется под воздействием постоянной силы **F** (падает высоты **h**), то в конце определенного отрезка своего пути **h** оно приобретает определенную скорость **V**. Если такой падающий шарик, отразившись от мраморной плиты как от пружины, начал двигаться в обратную сторону (подниматься), то на этом его обратном пути на него продолжает действовать та же сила **F**, но в противоположном направлении по отношению к его движению. И, действительно, шарик начнет затормаживаться, и через некоторое время достигает исходной точки, откуда он начал падение, имея нулевую скорость.

В соответствии с принятыми сегодня представлениями, на восходящем участке происходит некий таинственный процесс «превращения» кинетической энергии шарика (которую он «приобрел» на нисходящем участке) в так называемую «потенциальную» энергию. Эта «потенциальная» энергия якобы может вновь превратиться в кинетическую, если шарик снова начнет падение. Говорят, что шарик «приобрел, накопил» потенциальную энергию, и даже «обладает» потенциальной энергией – как будто эти метафизические «объяснения» могут что-то объяснить.

При этом, конечно, не объясняется сам механизм «превращения». Констатируется только, что в любой момент времени сумма кинетической и потенциальной энергий всегда постоянна и равна «полной» энергии шарика. И при этом нам «объясняют», что вот именно это равенство и называется «сохранением энергии». А иначе, спрашивается, в чем же это сохранение состоит?

Мы уже говорили раньше, что состоит оно, действительно, в неизменности **количества** энергии при ее **превращении из одного «вида» в другой**. И вот, специально для того, чтобы обойти проблему неизвестной причины тяготения, была изобретена энергия «потенциальная», пригодная для объяснения любых непонятных процессов. Потому что в верхней точке подъема шарик уже не движется! А куда же делась его кинетическая энергия, энергия движения!?

В соответствии же с нашими представлениями, изложенными выше, тот же самый поток гравитонов, который на нисходящем участке (участке падения) ускорял макрочастички падающего тела, увеличивая их скорость отдельными микро-порциями, этот же поток (теперь встречный) будет на участке подъема изменять скорости макрочастиц тела в обратном направлении, точно такими же порциями.

В результате на участке **h** сила **F** полностью затормозит шарик.

А как же "сохранение энергии"?

А в этом случае **нет никакого «сохранения энергии»**. Энергия потока гравитонов затрачивалась на участке падения шарика, ускоряя его, а затем затрачивалась на восходящем участке, тормозя шарик до нулевой скорости, и так далее.

Таким образом, при возврате тела в исходную точку после отражения от мраморной плиты не происходит никакого «преобразования кинетической энергии в потенциальную». Этот взгляд - всего лишь очередная дань корифеям метафизики 17-19 веков, результат непонимания физики происходящих процессов (за что, конечно, никого из ученых тех времен нельзя осуждать).

Дадим здесь несколько выдержек из текстов Википедии, чтобы вернуться к ним, когда нам станет яснее, что же это такое – ЭНЕРГИЯ?

«**Энергия** — скалярная физическая величина, являющаяся единой мерой различных форм движения материи и мерой перехода движения материи из одних форм в другие. Введение понятия энергии удобно тем, что в случае, если физическая система является замкнутой, то её энергия сохраняется во времени. Это утверждение носит название закона сохранения энергии.

С фундаментальной точки зрения энергия представляет собой интеграл движения (то есть сохраняющуюся при движении величину),

В 1853 году **инженер Уильям Ренкин** впервые ввел понятие «потенциальная энергия».

В 1961 году выдающийся преподаватель физики и нобелевский лауреат, Ричард Фейнман в лекциях так выразился о концепции энергии:

«Существует факт, или, если угодно, *закон*, управляющей всеми явлениями природы, всем, что было известно до сих пор. Исключений из этого закона не существует; насколько мы знаем, он абсолютно точен. Название его — **сохранение энергии.** Он утверждает, что существует определенная величина, называемая энергией, которая не меняется ни при каких превращениях, происходящих в природе. Само это утверждение весьма и весьма отвлечено. Это **по существу математический принцип**, утверждающий, что существует некоторая численная величина, которая не изменяется ни при каких обстоятельствах. Это отнюдь не описание механизма явления или чего-то конкретного, просто-напросто отмечается то странное обстоятельство, что можно подсчитать какое-то число и затем спокойно следить, как природа будет выкидывать любые свои трюки, а потом опять подсчитать это число — и оно останется прежним»

Любая физическая система стремится к состоянию с наименьшей потенциальной энергией.

В 1918 было доказано, что **закон сохранения энергии есть математическое следствие трансляционной симметрии времени, величины сопряженной энергии**. То есть энергия сохраняется, потому что законы физики не отличают разные моменты времени (см. Теорема Нётер, изотропия пространства).(Конец цитаты ВИКИ).

Ну, последний абзац - это уж совсем «высший пилотаж»...

На участке подъема происходит не превращение кинетической энергии в нечто мистическое («потенциальное»), а простое **ТОРМОЖЕНИЕ** тела (то есть по существу изменение направления его движения!), на что затрачивается ровно столько же порций скорости, сколько их было затрачено при ускорении тела на нисходящем участке, только теперь уже в направлении, противоположном движению тела. Именно при таком подходе легко понять, почему шарик поднимается на ту же высоту, и не больше, и не меньше. Шарик не делает никаких расчетов, сколько и куда какой энергии «направить». Понятие «потенциального поля» (и связанная с ним теория потенциала), это, возможно, удобный (для математиков) математический прием, позволяющий делать сложные расчеты, но оно же уводит от физических представлений о происходящем в действительности. **Поле не есть физическая реальность** - это всего лишь график распределения сил, действующих на тело. **ИСТОЧНИК** же этих сил находится не в «поле», не в графике (!), а в гравитонном газе мирового пространства. И график (поле), не обладающий физической реальностью (в отличие от, например, сжимаемой пружины), не может преобразовывать и накапливать кинетическую энергию (сумму порций скоростей) движущегося тела.

"Ну, ладно! - воскликнет возмущенный читатель. - Вы открыли источник бесконечной энергии - прекрасно! Ясно, откуда она берется... Но куда она девается, если она все время затрачивается? Ведь мир давно бы перегрелся!

Ответ простой и всем известный - это ответ И.Ньютона: энергия затрачивается на **ИЗМЕНЕНИЕ** состояния движения тел, то есть и на их ускорение и на их торможение, которое по своей сути ничем не отличается от ускорения, поскольку всякое движение, по классике, относительно. А из того, что мы **приписываем** величине скорости при торможении «знак» минус, вовсе не следует, что «один вид энергии переходит в другой». В конце концов, если мы признаём изотропность пространства, то есть отсутствие в пространстве преимущественных, выделенных направлений (движения), а также признаем относительность движения, то энергия должна затрачиваться как при ускорении, так и при «замедлении» движения. И так должно быть вообще во всех случаях, когда под воздействием Силы (а никакого другого воздействия физика не признает) происходит изменение ЛЮБОГО параметра движения (скорости или направления). Ибо «замедление» движения есть не что иное, как ускорение в ином (обратном) направлении!

ЗАТРАТА ЭНЕРГИИ – это передача энергии от Источника энергии к движущемуся телу.

А представление о том, что мир давно бы перегрелся, если бы энергия только затрачивалась, но не возвращалась бы (куда, спрашивается?), основано на искусственно созданном предубеждении, что затраты энергии обязательно связаны с тепловыми потерями. Да, это так, если мы рассматриваем процессы на "макроуровне" - тогда скорости частиц движущегося тела частично преобразуются в скорости частиц других тел (трение), или в излучения (колебания окружающей преонной среды). Но это не так при рассмотрении процессов на микроуровне! На микроуровне никаких «тепловых потерь» быть не может, это нонсенс! На этом уровне НЕТ ТРЕНИЯ и нет потерь на излучение.

Таким образом, как это ни покажется кому-то странным, при наличии гравитации (гравитационной тени) энергия гравитационного газа непрерывно затрачивается на ИЗМЕНЕНИЯ состояния макротел в пространстве!

Она им передается от гравитонов, в результате чего тела так или иначе движутся.

Мы уже видели, что движущийся гравитон, даже отдавший часть своей кинетической энергии крупной частице и вошедший затем в ее состав, не становится неподвижным. Он продолжает свое движение в составе преонов, входящих составной частью в атомы, из которых состоит эта частица.

Теперь можно сделать следующий шаг...

6.2. Движение тел в свободном пространстве.

Круговое движение спутников вокруг Земли (а также естественных спутников планет, и самих планет вокруг Солнца) обычно объясняется с помощью схемы, приведенной на рис. 5. Под действием «силы тяготения» **F**, направленной к центру Земли, тело начинает двигаться с ускорением в радиальном направлении. И, хотя тело принимает участие в движении по касательной, тем не менее, движение вдоль радиуса реально существует, хотя в результате сложения двух векторов скоростей всегда оказывается, что расстояние до центра вращения не изменилось.

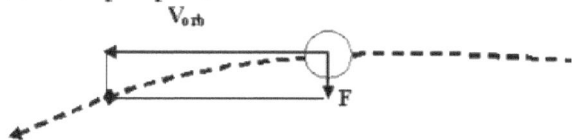

Рис. 5.

Однако, когда мы задумываемся о величине РАБОТЫ, которую производит эта сила, мы натыкаемся на парадокс. Сила - есть, масса - есть, ускорение - есть. Но в результате сложения двух скоростей движения оказывается, что суммарное расстояние до планеты не изменилось! Значит, нет ни пройденного пути, ни работы?

Это какая-то очень странная сила, и какая-то странная ситуация. Аналогии с вращением груза на нити здесь не годятся. В случае использования нити расстояние не меняется потому, что связь тела с центром вращения - ЖЕСТКАЯ. Во вращающейся системе координат (!) в точке крепления груза к нити центростремительная сила уравновешивается силой реакции опоры (третий закон Ньютона, опора налицо). То есть имеются ДВЕ силы, сумма которых равна нулю. Естественно, что и результат их действия равен нулю, и работа не производится.

В случае же спутника система координат у нас НЕ вращающаяся. И воздействующая сила только одна (см. любой учебник по небесной механике!), и она не уравновешивается никакой другой силой (опоры ведь нет!). Но, согласно первому закону Ньютона, любая сила, воздействующая на свободное тело, должна вызывать ускорение, а, следовательно - производить работу!

Более того, если траектория будет иной (скажем, эллиптической), и расстояние тела от центра Земли будет изменяться, то согласно мнению теоретиков, сила притяжения также не будет производить никакой работы! Защитники такой точки зрения базируются на общеизвестной "теории потенциала", согласно которой работа силы по замкнутому контуру равна нулю. При этом не рассматривается вопрос о том, насколько правомерно применять эту теорию к решению данной конкретной задачи.

В случае эллиптической орбиты в наличии не только сила и ускорение, но также и путь. Но, по мнению мат-физика, работа все равно не производится! Потому что для обхода парадокса теоретик вводит и использует понятие "отрицательной работы". Работа, мол, затрачивается на одном участке орбиты. А на другом (объект движется в обратную сторону) затрачивается работа «отрицательная»(!?) Это странно, по меньшей мере, поскольку известно, что работа равна энергии, а энергия пропорциональна квадрату скорости, то есть уж точно отрицательной величиной быть не может.

Усилим парадокс. Представим себе космический корабль, имеющий на борту двигатель, всегда ориентированный по радиус-вектору на центр Земли, но в обратную сторону от Земли (рис.6). Двигатель показан на рисунке в виде вытянутого треугольника (сопло).

Представим себе далее, что космический корабль должен совершить облет вокруг Земли по круговой орбите, но тяготение отсутствует. Иначе говоря, «уберем Землю» и рассмотрим простой круговой маневр корабля в пространстве вокруг некоторой точки.

Очевидно, что при отсутствии тяготения для выполнения этого маневра космический корабль должен использовать свой реактивный двигатель. Сопло этого двигателя должно быть постоянно направлено в обратную сторону от центра окружности. Таким образом, силу земного притяжения мы заменяем силой тяги двигателя.

Ясно, что в данном случае энергия будет расходоваться. Если бы взлетающая с Земли ракета просто зависла над землей на старте примерно на время полного оборота спутника на орбите (то есть около 100 минут), то она израсходовала бы приблизительно такую же энергию. Причем понятно, что эта энергия прямо зависит от массы корабля. Любому человеку ясно, что эта энергия достаточно велика.

Налицо парадокс. Способ устранения этого парадокса в классической физике - его игнорирование. Но как же можно преодолеть противоречие?

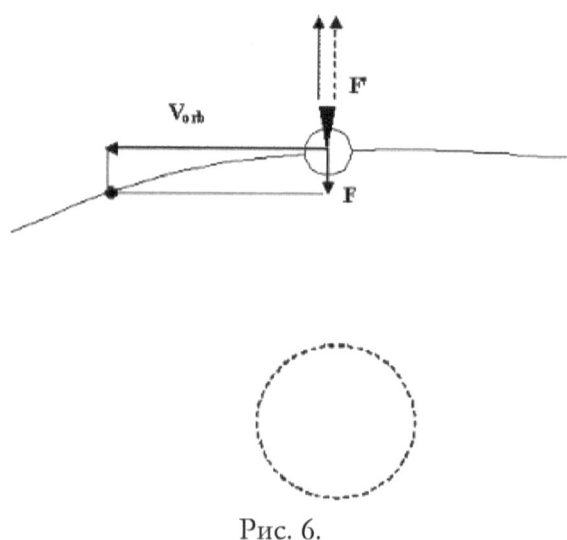

Рис. 6.

Это можно сделать точно так же, как это было сделано выше, если силу гравитации представить как результат воздействия гравитонов. Тогда становится ясно, что именно гравитоны выполняют работу по изменению траектории тела, движущегося по околоземной орбите (рис.7). Если же «притягивающей» массы нет, если часть гравитонов не экранируется массивным телом, то всю эту работу должен будет совершить двигатель космического корабля.

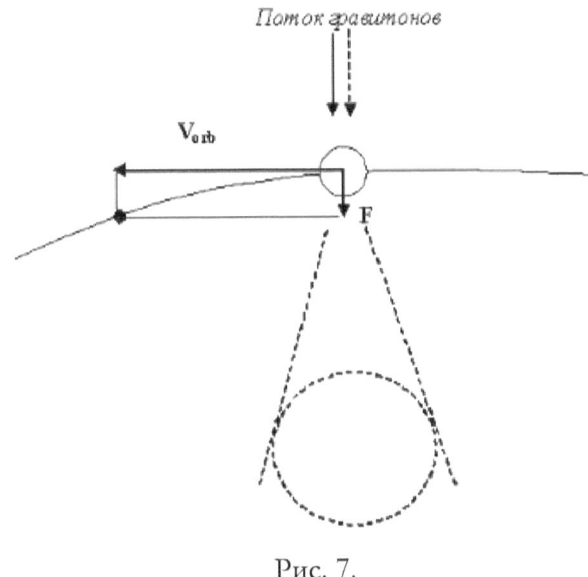

Рис. 7.

В **Приложении 2** в конце книги проблема кругового движения в свободном пространстве (оказывается, есть проблема!) рассматривается более подробно. Мы отсылаем заинтересованного читателя туда, чтобы не утяжелять основной текст.

6.3. Подъем груза без ускорения

Иногда говорят, что вовсе не всякая произведенная работа соответствует какой-то кинетической энергии. Например, если вы очень медленно поднимете кирпич с пола на высоту стола (а потом оставите на столе), то произведенную вами работу можно легко вычислить по формуле A=FS. Но, поскольку движение было весьма медленным, то кинетическая энергия на любом участке была весьма мала, а стало быть, ни в каком соответствии с произведенной работой не находится. Это, конечно, противоречит формуле

Глава 3. Основы гравитонной механики

$$FS = \frac{mV^2}{2}$$

но «мат-физика» это не смущает. Ведь, по его мнению, энергия существует как кинетическая, так и потенциальная, и вообще в самых разных «формах»!

На вопрос «За счет какой «формы» энергии кирпич был поднят на заданную высоту?» матфизик ответа не дает. По его мнению, физика этим заниматься не должна.

Это можно видеть и по тому, как мат-физик «объясняет» круговой маневр космического корабля вне поля тяжести. Там мат-физик (причем вполне конкретный человек с докторской степенью) утверждал, что работа по замкнутому контуру равна нулю, а количество израсходованного при этом космическим кораблем топлива никакого отношения к задаче не имеет [4, 5].

Из подхода мат-физика к этим задачам ясно видно, что, по его мнению, энергия может возникать ниоткуда (кирпич оказался на столе без затрат какой-то определенной энергии), и может исчезать в никуда (энергия двигателя космического корабля расходуется, а работа в конечном счете равна нулю). Но в природе так не бывает. И мат-физик противоречит законам, которые сам же отстаивает. Но и это его не смущает.

С точки зрения «гравитонной механики» дело обстоит иначе. При любой (даже самой малой) скорости подъема груз получает **микропорции СКОРОСТИ** от молекул, бомбардирующих нижнюю поверхность груза. Разность между результатом бомбардировки со стороны гравитонов (сверху) и этих молекул (снизу) создает некоторую **разность скоростей**, с которой груз и поднимается вверх. Суммирование всех этих микропорций скоростей dV во времени dt дает путь dS=dV.dt, пройденный телом в вертикальном направлении.

Обратите внимание, и это очень важно! Мы говорим о «порциях скоростей», а не об «ускорениях, создаваемых «силой». В нашем последнем опыте тело движется практически на всем участке подъема без ускорения! И лишь представление о «порциях (квантах) скорости» позволяет понять весь механизм явления без привлечения мистики.

А кинетическая энергия?

А затраченная кинетическая энергия получается в результате сложения кинетических энергий, сообщаемых телу при получении им каждой микропорции скорости.

$$E_\Sigma = \sum_1^n \frac{m\Delta V^2}{2}$$

где n - количество элементарных ударов, при которых получается микропорция скорости.

Правильнее представить это в виде интеграла

$$E = \int_0^h \frac{m\Delta V^2}{2} dx$$

где ΔV - постоянное микроприращение скорости за один удар частички среды в направлении снизу вверх по нижней поверхности груза.

При очень медленном подъеме задача практически очень мало отличается от статического случая. Да, вес тела (сила) существует всегда. Через кирпич, лежащий на полу, проходят два неуравновешенных потока гравитонов – внешний и «теневой», отсюда и возникает сила тяжести. Но атомы тела, получив микропорцию скорости, смещаются со своего положения в теле, передавая импульс соседним атомам, в результате чего этот импульс передается на границе тела опоре, не позволяющей осуществлять движение в направлении приложенной суммарной силы тяжести. Бомбардировка опоры в пограничном слое приводит (при ее достаточно большой массе) к возникновению обратной реакции опоры, в точном соответствии со случаем столкновения шаров с существенно различными массами.

Очень медленное движение опоры навстречу силе веса также в точности соответствует столкновению маленького шарика с очень большим, двигающимся ему навстречу, но с очень малой скоростью. В результате малый шарик постоянно получает очень маленькую прибавку скорости в направлении, противоположном действию силы. Но все же получает. Просто эти микродобавки скорости крайне малы.

То есть, говоря попросту, микро-приращения скорости были действительно небольшими, но ведь и весь процесс подъема кирпича на уровень стола занял достаточно много времени! Некоторое недоумение тут может возникнуть из-за того, что для нас остаются «невидимыми»» процессы микро-перемещений частиц, хотя они совершаются с весьма большими скоростями. Все дело в величине "n" - чем больше количество ударов в единицу времени, тем быстрее двигается тело. Но сама микро-добавка скорости получается в результате взаимодействия с гравитоном, двигающимся с неимоверно большой скоростью. Конечно, чем медленнее движется тело, «тем меньшей кинетической энергией оно обладает» в том смысле, что оно окажет меньшее воздействие на другое тело при взаимодействии с ним. Однако, на его перемещение (подъем) на определенную высоту должна быть затрачена одна и та же энергия независимо от скорости, с которой происходил этот процесс.

В любом случае при рассмотрении этого процесса нет никакой необходимости вводить понятие «потенциальной энергии» покоящегося объекта. **ЭНЕРГИЯ – это всегда характеристика движущегося объекта, но ни в коем случае не покоящегося, просто по определению. Энергия - всегда «кинетическая».**

Вместо того, чтобы подсчитывать интеграл приращения энергии за большое время можно рассуждать способом, к которому прибегают в школьном курсе. Ведь если кирпич, поднятый на высоту стола, сбросить на пол, он приобретет вполне определенную кинетическую энергию. Если бы это был не кирпич, а стальной шарик, то он, отразившись от мраморного пола, снова поднялся бы на прежнюю высоту, будучи заторможен встречным потоком гравитонов. А медленно поднимаемый кирпич не тормозится потоком гравитонов, так как не находится в состоянии свободного движения, он все время лежит на медленно движущейся вверх опоре. Сила разностного потока гравитонов постоянно уравновешена силой реакции опоры (большого шара). И этот случай называется «работой силы, поднимающей кирпич, против силы тяжести». Подсчитывается эта работа обычным способом – через произведение величины силы на пройденный путь (высоту подъема). Но разностная сила, все-таки вызывающая подъем, имеет своей глубинной причиной некоторое увеличение числа гравитонов, сообщивших телу небольшую скорость «вверх» по сравнению со случаем, когда кирпич просто лежит на опоре. В этом, собственно, и состоит «физика процесса», маскируемая введением понятия «потенциальная энергия», которое является всего лишь удобным для расчетов математическим приемом.

7. Инерционная и гравитационная массы

Вернемся к процессу падения тела (движению под воздействием направленного потока гравитонов).

Поскольку бомбардировка протонов гравитонами происходит непрерывно, то на тело действует постоянная сила, и оно ускоряется. Определенное тело имеет вполне определенное количество вполне определенных атомов, и поэтому, скажем, «сто квадрильонов гравитонов в секунду» создают на тело вполне определенное воздействие, равное, скажем, одному килограмму для литра воды. При этом **мы определяем МАССУ тела через его ВЕС,** вызываемый гравитационным воздействием (поток гравитонов изображен на рис.8 вертикальной толстой стрелкой).

Мы даже можем создать установку для калибровки силы воздействия гравитонов, приняв за эталон некоторую массу, которая своим весом давит на эталонную пружину (рис.8).

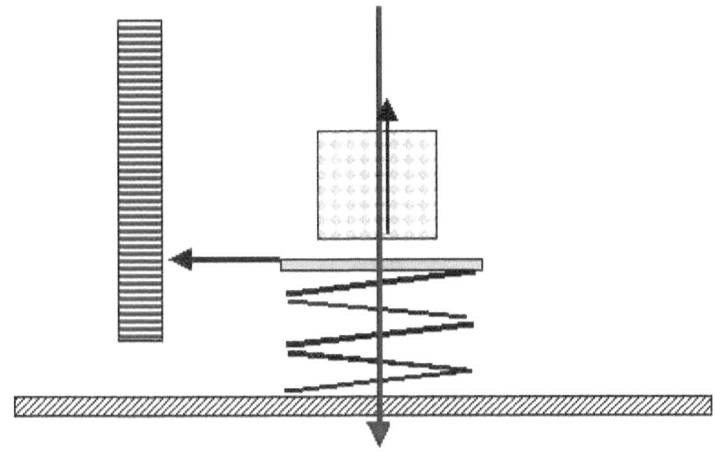

Рис. 8.

А можем придумать еще какие-нибудь иные способы калибровки гравитонного воздействия, например, измерять давление стандартного газа в баллоне при стандартных условиях (рис. 9) с помощью стандартного манометра.

Последний вариант для нас наиболее нагляден. Молекулы газа в замкнутом баллоне находятся под определенным давлением, которое уравновешивает вес тела (куба). На практике это означает, что молекулы, ударяясь в нижнюю поверхность куба (малые вертикальные стрелки на рис.9), уравновешивают воздействие, создаваемое гравитонами (большая вертикальная стрелка на рис.9). В результате создается суммарная сила противодействия в направлении, обратном действию гравитонов (вертикальная стрелка «вверх» на рис.9), и куб находится в покое.

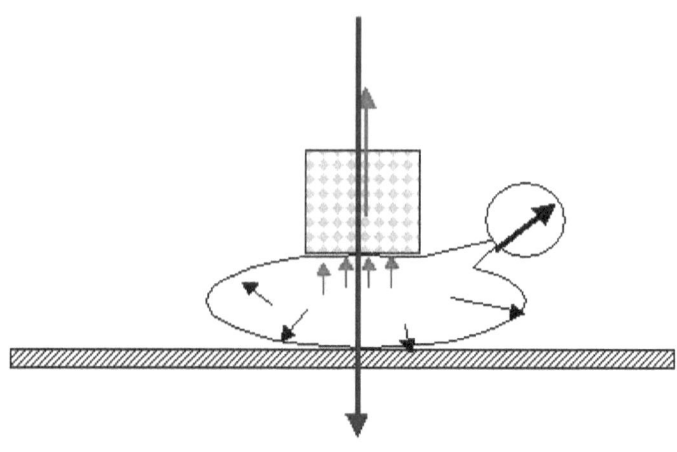

Рис. 9.

Хорошо, говорят нам, но ведь при движении **в горизонтальном направлении** у вас нет никаких гравитонов, которые могли бы передавать движение телу по описанному механизму. Есть СИЛА ВОЗДЕЙСТВИЯ со стороны другого тела. Верно, что она КАЛИБРОВАНА по гравитационной, например, с помощью пружинных весов. Но ведь когда я жму на тело так, чтобы пружина сжималась до указателя «1 кГ», я ни с какими гравитонами не связываюсь! А тело начинает двигаться С ТЕМ ЖЕ ускорением, ни больше и ни меньше! КАК БУДТО оно преодолевает некое сопротивление, которое почему-то сразу же исчезает, как только силу перестаешь прикладывать!

Получается, что в первом случае мы имеем дело с некоей «гравитационной массой», а во втором случае - некоей «инерционной массой». И эти массы всегда равны! Но почему?

Чтобы ответить на этот вопрос, заменим баллон на рис.9 реактивным двигателем (рис.10). Обеспечим этому двигателю такие условия сгорания топлива в камере, чтобы он развивал тягу, в точности равную весу тела. Ситуация рис.9 ничем не будет отличаться от ситуации рис. 10.

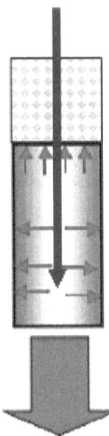

Рис. 10.

Вся система по-прежнему будет находиться в покое. А теперь устраним действие гравитонов, уберем большую стрелку с рис. 11.

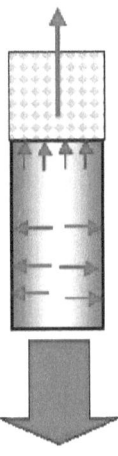

Рис. 11.

Очевидно, что вся система придет в движение. Классическая формулировка происходящего будет звучать так: «На куб будет действовать единственная СИЛА, равная сумме всех сил, создаваемых ударами молекул о нижнюю поверхность куба». В нашей формулировке это будет звучать несколько иначе: «Куб в единицу времени получает приращение скорости, равное сумме приращений скоростей, получаемых им от каждой микрочастицы газа». Ибо в каждом таком конкретном случае **микростолкновения** очень большого тела с очень малой частицей, согласно ранее изложенному, можно считать, что происходит «передача» очень малой порции СКОРОСТИ, или, иначе говоря, **изменение скорости тела (куба) на очень малую величину.**

И при этом не имеет ровно никакого значения, в какую сторону двигается куб (вверх, вправо или влево)! Гравитонов же нет вообще?!

Поскольку ракетный двигатель поднимается вместе с массой куба, то в каждую микроединицу времени куб получает **постоянную прибавку СКОРОСТИ, то есть двигается с постоянным ускорением.**

И это ускорение в точности соответствует ускорению, которое создавали (бы) гравитоны, воздействовавшие на массу куба "m" при его движении по направлению к Земле (при его падении). Но, поскольку пространство изотропно, то не имеет никакого значения, в каком направлении теперь, при отсутствии гравитонного воздействия, будет двигаться наш куб.

И вот с этой точки зрения, обоснованной нами ранее, становится ясно, что **никакой особой «гравитационной» и «инерционной» массы не существует**. Имеет место одна и та же МАССА - множество атомов (протонов) в данном объеме пространства, иными словами - количество вещества (если под веществом понимать протоны). И имеют место разные способы воздействия на эту массу - в одном случае (падение) - со стороны гравитонов, в другом случае - со стороны более массивных тел (молекул газов) – реактивного двигателя, да и просто руки, наконец. В случае воздействия гравитонов эти последние пролетают сквозь атомы, вызывая их движение, «передавая» им очень небольшую часть своей скорости. А в случае воздействия молекул одного тела на другое массивное тело эти молекулы также вызывают приращение скорости большого массивного тела, с которым они взаимодействуют. Величина каждого микроприращения, конечно, разная в первом и втором случае, но, поскольку они калиброваны по ВЕСУ, то есть по воздействию гравитонов, то результат различным и быть не может.

В чем же недостаток формулировок? А все в том же понятии **СИЛЫ, создающей постоянное УСКОРЕНИЕ.** Воздействие гравитонов приводит к тому же результату, тело начинает двигаться с ускорением, но не в результате мистического «действия», а в результате приобретения частичками тела порций скоростей.

Принципиальную же позицию можно сформулировать так: **причиной возникновения силы гравитации, направленной к некоей массе, является воздействие гравитонов в области гравитонной тени**. Эта сила возникает в результате взаимодействия гравитонов с протонами тела. Протон на много порядков больше гравитона, поэтому суммарное воздействие складывается из множества микровоздействий. При этих условиях можно считать, что в каждом из таких воздействий телу придается микропорция скорости. Поэтому суммарная скорость, которую приобретает тело, не больше и не меньше, чем сумма этих воздействий. Тело падает так, а не иначе, потому что в нашей области пространства плотность гравитонного газа именно такая, а не другая. Этим и определяется величина ИНЕРТНОСТИ тела. **Если бы плотность гравитонов была больше, то при прочих равных условиях тело двигалось бы быстрее**, т. е. **то же самое количество протонов «обладало» как бы меньшей инерцией**.

При этом, поскольку для горизонтального движения (поперек потока гравитонов) воздействующее усилие калибруется по весу тела, то есть по силе гравитации, то нам казалось бы, что инерция меньше и в горизонтальном направлении.

Похожая ситуация возникает у космонавта на Луне. Ему кажется, что все тела стали «легче», потому что он прилетел на Луну с собственным измерительным прибором – своими мышцами (или портативным реактивным двигателем с калиброванной на Земле тягой). Но если он захочет передвинуть какое-то тело в направлении, поперечном силе тяжести (в горизонтальном направлении), то ему придется для этого приложить ту же силу и затратить ту же энергию, что и на орбите вблизи Земли, в условиях полной невесомости. Потому что **плотность гравитонного газа одинакова и на Луне, и на Земле и в открытом космосе.**

Остается лишь удивляться, почему до сих пор не возник вопрос о несоответствии гравитационной и инерционной массы на Луне. Ведь очевидно же, что на Луне они существенно различны!? Вес-то предметов в 6 раз меньше!?

Теперь обратим внимание, что «энциклопедическое» определение понятия гравитационной массы выглядит так: «**Гравитационная масса - характеристика материальной точки при анализе классической механики, которая полагается причиной гравитационного взаимодействия тел**, в отличие от инертной массы, которая определяет динамические свойства тел».

А мы, как ясно из всего ранее изложенного, «полагаем причиной гравитационного взаимодействия тел» не массу как таковую, а параметры среды, окружающей эту массу.

Таким образом, сама постановка вопроса о так называемой «природе гравитационной массы» оказывается ошибочной! Нельзя сказать, равны между собой или нет «гравитационная» и «инерционная» массы. Таких масс просто-напросто не существует как таковых. Масса есть количество вещества, количество протонов (атомов) в веществе. Ускорение этой массы во время падения является результатом взаимодействия между протонами и гравитонами. Сила гравитации, воздействующая на свободно лежащее на опоре тело, равна силе, вызывающей движение тела при падении, и это одна и та же сила одного и того же происхождения (одной «природы»). Явление гравитации и ускорение тела при падении и любом другом движении определяется единственной причиной – взаимодействием протонов с гравитонами «гравитонного газа», наполняющего все мировое пространство.

8. Физическая сущность гравитационной постоянной и ее размерности

> *Физическую сущность гравитационной постоянной поймет только тот, кто разгадает физическую сущность гравитации.*
> Акад. А.Г. Иосифьян,
> директор ВНИИЭМ
> (Институт Электромеханики),
> в беседе с автором в 1965 г.

Известно, что сила гравитации F выражается по И. Ньютону как

$$F = G\frac{mM}{R^2} \qquad (1)$$

где

m и **M** – массы взаимодействующих тел,

R – расстояние между ними,

G – так называемая «гравитационная постоянная», величина которой приводит в соответствие единицы измерения массы и расстояния, а размерность выглядит так:

Глава 3. Основы гравитонной механики

$$[G] = \frac{м^3}{кг \cdot сек^2}$$

Попытки дать физическое объяснение столь странному коэффиценту до настоящего времени большого успеха не имели, так как это объяснение всегда базировалось на «классическом» понимании явления гравитации, в котором источником гравитационной силы является масса. Действительно, только при такой размерности этого коэффициента мы имеем для силы **F** в формуле (1) размерность [ньютон]= кг.м/сек^2.

Умножим обе части равенства (1) на время **t**:

$$Ft = G\frac{mM}{R^2}t = m(G\frac{M}{R^2}t) \qquad (2)$$

Тогда слева и справа мы получим выражение для «кинетического момента» - слева импульс (силы) **Ft**, справа – количество движения **mV**

$$Ft = m(Gt\frac{M}{R^2}) = mV \qquad (3)$$

просто потому, что ничему другому импульс силы не может быть равен. Сократив на **m**, получим

$$(Gt\frac{M}{R^2}) = V$$

или

$$(G\frac{M}{R^2})t = at = V,$$

где

$$(G\frac{M}{R^2}) = a$$

- это ускорение, порождающее скорость V.

Размерность ускорения здесь получается как результат сокращения размерностей, причем размерность величины **G**, повторяем, была просто предложена «для сведения концов с концами».

$$a = \left[G\frac{M}{R^2}\right] \Rightarrow \left[\frac{м^3}{кг.сек^2} \cdot \frac{кг}{м^2}\right].$$

Размерность выражения в скобках будет выглядеть как

$$\left[G\frac{M}{R^2}t\right] \Rightarrow \left[\frac{м^3}{кг.сек^2} \cdot \frac{кг}{м^2} \cdot сек\right] \qquad (4)$$

Глава 3. Основы гравитонной механики

и после сокращения мы получим размерность скорости.

Что это за скорость? Очевидно, что в равенстве (3) размерность выражения в скобках соответствует прибавке в скорости **V** в единицу времени (ускорение), которую получит тело с массой **m** от приложения импульса **mV** со стороны всех пролетевших через тело гравитонов.

Известно, что в формулу для силы гравитации Ньютон был вынужден ввести коэффициент **G** с размерностью, необходимой для получения нужной размерности в конечном результате. Никакого физического смысла в рамках теории Ньютона размерность этого коэффициента не несет, поскольку «измышления гипотез» о физической сущности гравитации не привели Ньютона ни к какому определенному выводу, кроме разве что постулата о проявлении «дальнодействующих сил».

В соответствии с представлениями гравитоники явление гравитации возникает из-за «затенения» телом с массой **M** потока гравитонов, приходящего к телу с массой **m** со всех сторон. Разность давлений с противоположных сторон на тело с массой **m** и создает эффект гравитации («приталкивания»). Чем меньшее количество гравитонов задерживает тело с массой **M**, тем меньше величина разности давлений и, соответственно, меньше сила гравитации (рис. 12). И наоборот.

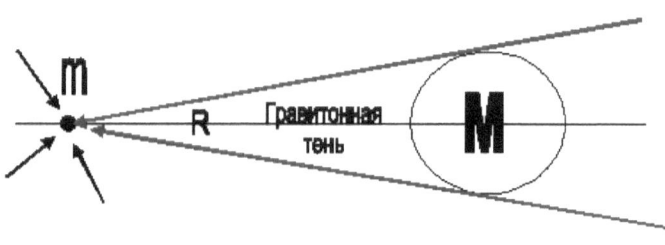

Рис. 12.

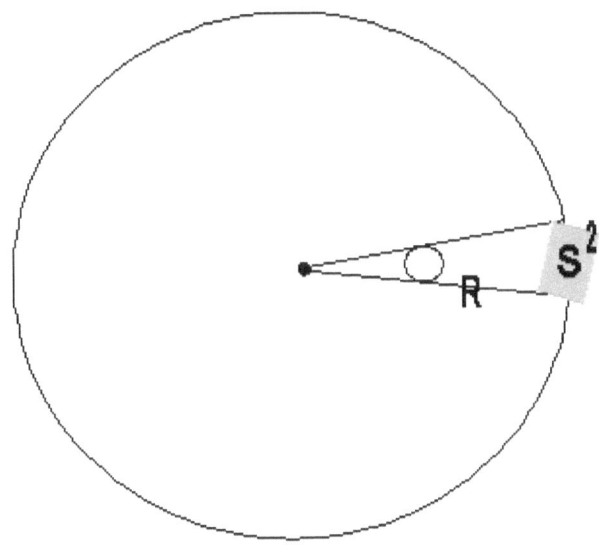

Рис. 13.

Для того, чтобы из уравнения (1) определить величину «гравитационной постоянной», нужно принять массы гравитирующих тел **m** и **M** равными 1 кг.

Масса протона примерно $m_p = 2.10^{-24}$ г $= 2.10^{-27}$ кг. Площадь поперечного сечения протона равна примерно $S_p = 1.10^{-26}$ см². Объем протона $U_p = 1.10^{-39}$ см³.

Следовательно, в одном килограмме массы содержится $0,5.10^{27}$ протонов, и занимают они суммарный объем $U_{сумм} = 0,5.10^{-12}$ см³.

(Этот результат не удивителен, если иметь в виду, что плотность протона примерно на 15 порядков больше плотности воды.)

Можно приблизительно считать, что это шар. Тогда из его объема $\sim 4R^3$ можно найти радиус $R \sim 0,8.10^{-3}$ см $= \sim 1.10^{-5}$ м.

«Единичное» расстояние R в формуле мы должны принять равным R=1 м.

Тогда угол, под которым будет виден килограмм плотно упакованных протонов с расстояния 1 м, равен примерно 1.10^{-5} рад, а площадь на сфере $-S^2 = 10^{-10}$ (на рис.13).

Вся площадь сферы в этом случае равна $4\pi R^2 = 4\pi$.

Отсюда ясно, что коэффициент затенения
$K_{зат} = \sim 1.10^{-10} / 12 = \sim 0,8.10^{-11}$.

Таким образом, становится ясно, что величина гравитационной постоянной определяется затенением потока гравитонов гравитирующей массой, ПЛОТНОСТЬ КОТОРОЙ, ВЫРАЖЕННАЯ В КОЛИЧЕСТВЕ ПРОТОНОВ, равна первому члену в формуле размерности $[\dfrac{м^3}{кг}]$ (обратная величина).

Именно эти гравитоны, «гравитоны тени», взаимодействуя с массой пробного тела, и создают импульс, вызывающий ускорение (прибавку скорости в секунду).

В результате импульс (силы) **Ft** сообщает телу вполне определенное количество движения **mV**, а стало быть - и вполне определенную добавку к скорости в свободном пространстве.

Затеняющий сектор одинаков для любого протона в пробном теле. Поэтому импульс получает каждый протон от всех гравитонов, приходящих из затеняющего сектора **в течение времени воздействия**.

В затенении потока участвуют протоны гравитирующей массы. Но действует разностный поток на протоны пробного тела.

Поток можно определить через количество ударов гравитонов в секунду.

Ранее в предыдущих главах мы определили приблизительную плотность гравитонов в пространстве ($1 \cdot 10^{41}$ грав/см³). Исходя из этой величины, можно определить количество гравитонов, находящихся единовременно в объеме протона $n = 1 \cdot 10^{39}$ см³

Оно равно приблизительно 100.

Выше мы первоначально приняли скорость гравитона равной
$V_g = 10^6 \, C = 1 \cdot 10^6 * 3 \cdot 10^8$ м/сек $= 3 \cdot 10^{14}$ м/сек
(впоследствии мы ее скорректируем).

При скорости гравитона
$V_g = 3 \cdot 10^{10} * 10^6 = 3 \cdot 10^{16}$ см/сек $= 3 \cdot 10^{14}$ м/сек
он проходит диаметр протона $1 \cdot 10^{-13}$ см за $0{,}3 \cdot 10^{-29}$ сек. С учетом того, что таких гравитонов около 100, это означает, что в секунду протон подвергается ударам примерно $3 \cdot 10^{31}$ гравитонов.

Масса гравитона $m_g = \sim 2 \cdot 10^{-43}$ г $= 2 \cdot 10^{-46}$ кг

Количество гравитонов $3 \cdot 10^{31}$

$m_g V_g = 6 \cdot 10^{-46+14+31}$ кгм/сек $= \sim 0{,}6$ кгм/сек

Так как $Ft = mV$, то $F = mV/t$.

Сила $F = 0{,}6$ кг.

Но на величину гравитационной силы (согласно гравитонике) влияет только затененная большой массой часть всего этого потока, то есть «коэффициент затенения» Кзат (рис.13).

Поэтому от этих 0,6 кг останется всего $0,48 \cdot 10^{-11}$кг.

А гравитационная постоянная равна G= $6,67300 \times 10^{-11}$ м³ кг⁻¹ с⁻² (или Н·м²·кг⁻²). Совпадение с точностью до порядка, причем неточность определяется только не вполне известной скоростью гравитонов.

Кстати сказать, из этих соотношений можно эту скорость уточнить. Очевидно, она равна не $1 \cdot 10^{6}$С, а больше в $6,67:0,48 = \sim 14$ раз и равна $V_{g \text{ точн}} = 1,4 \cdot 10^{7}$С, что довольно близко к оценке Лапласа.

9. Энергия преонного и гравитонного газов

9.1. Энергия движения молекул воздуха (для сравнения) - какова суммарная кинетическая энергия движения молекул воздуха в одном куб.см?

Размер молекулы азота не сильно отличается от размера молекулы водорода. Примем диаметр такой молекулы равным $1 \cdot 10^{-8}$ см.

Масса молекулы азота N_{14} в 14 раз больше массы атома водорода.

$m = 14 \cdot 1,67 \cdot 10^{-24} \sim 25 \cdot 10^{-24}$ г

Скорость молекулы в воздухе v=300 м/с.

$E = mv^2 = 25 \cdot 10^{-24} \cdot (30000)^2 \sim 250 \cdot 10^{-16}$ г.см²/сек²

Первую попытку найти число молекул, занимающих данный объем, предпринял в 1865 Й.Лошмидт. Им было установлено, что в 1 см³ идеального газа при нормальных (стандартных) условиях содержится $2,68675 \cdot 10^{19}$ молекул.

Таким образом, для воздуха или азота

$E_{\text{сумм}} = Nmv^2 = N \cdot 25 \cdot 10^{-24} \cdot (30000)^2 \sim 250 \cdot 10^{-16} \text{ N} \sim 700 \cdot 10^{-16} \cdot 10^{19}$
$= 700 \cdot 10^{3} = 0,7 \cdot 10^{6} = 0,07 \cdot 10^{7}$ г.см².с⁻² = 0,070 Дж

Всего 0,07 Дж!

9.2. Энергия преонного газа

Энергия всех преонов, находящихся в 1 см³, равна энергии одного преона, умноженной на количество преонов в этом объеме.

Кинетическая энергия движения одного преона

$E = mv^2 = mc^2 = (\mathbf{1 \cdot 10^{-35}}) \cdot 10 \cdot 10^{20} = 1 \cdot 10^{-15}$ г.см².сек⁻²

Число преонов в кубическом сантиметре - $1 \cdot 10^{31}$

Их общая энергия в 1 см³ равна

$E_{\text{сумм}} = 1 \cdot 10^{-15} \cdot 10^{31}$ г.см².сек⁻² $\sim 1 \cdot 10^{16}$ г.см².сек⁻² =**$1 \cdot 10^{9}$ Дж**

1 джоуль (Дж) = 1 Вт.сек = 10^7 эрг = 10^7 дин.см = 10^7 г.см².с⁻² = 10^7 г.см²/с²

Джоуль - это энергия, соответствующая выделению (поглощению) мощности в 1 ватт в течение одной секунды. Если в течение 1 секунды источник энергии произвел 1 Джоуль энергии, то можно утверждать, что мощность такого источника в течение этой секунды была 1 Ватт.

Если энергия, которую имеют все преоны в одном кубическом сантиметре пространства превратить без потерь в электрическую, то в течение одной секунды мы могли бы получить (извлечь) **до 10^9 Дж или тысячу мегаватт** мощности!

То есть, в течение 1000 секунд мы могли бы получать мощность около 1 мегаватта!

Результат кажется довольно странным, но лишь с первого взгляда. Ведь и преонный и гравитонный газы являются по сути источниками (единственными) энергии для макромира. Странность состоит в том, что ведь молекулы азота тоже находятся в преонной среде, почему же такая разная плотность энергии?

К примеру, атом водорода в 14 раз легче атома азота, а скорость его движения - в 10 раз больше. Если число молекул в данном объеме одинаково, то соотношение масс должно быть пропорционально квадратам скоростей, а не самим скоростям. Скорости отличаются только в три раза. Тем не менее, парциальные давления все же соблюдаются. Как?

Ответ на этот вопрос дается обычно очень простой - у атома значительная часть его энергии находится в форме вращательной энергии составляющих его частей - преонов. А энергия преона в преонном газе - в значительной части своей - энергия прямолинейного движения, энергия кинетическая.

9.3. Энергия гравитонного газа

В таблицах в конце главы 2 указаны ориентировочные параметры гравитона.

Энергия всех гравитонов, находящихся в 1 см³, равна энергии одного гравитона, умноженной на количество гравитонов в этом объеме.

Кинетическая энергия движения одного гравитона при его массе 1.10^{-43} г и скорости $1,5.10^{18}$ см/сек

$$E = mv^2 = mc^2 = (1.10^{-43}) \cdot 2,25.10^{36} = \sim 2.10^{-7} \text{ г.см}^2.\text{с}^{-2}$$

Число гравитонов в одном кубическом сантиметре - 1.10^{41}
Их общая энергия

$$E_{сумм} = 2.10^{-7} \cdot 10^{42} \text{ г.см}^2.\text{с}^{-2} \sim 2.10^{35} \text{ г.см}^2.\text{с}^{-2} = \mathbf{2.10^{28} \text{ Дж}}$$

1 джоуль (Дж) = 1 Вт.сек = 10^7 эрг = 10^7 дин.см = 10^7 г.см^2.с$^{-2}$ = 10^7 г.см^2/с^2

Если энергию, которую имеют **все гравитоны в одном кубическом сантиметре** пространства, превратить без потерь в электрическую, то в течение одной секунды мы могли бы получить (извлечь) до $1 \cdot 10^{28}$ Дж = $2 \cdot 10^{28}$ Вт.сек

Мощность всех электростанций мира - $2 \cdot 10^{12}$ Вт = $2 \cdot 10^6$ МВт

Таким образом, этой энергии хватило бы на снабжение мира электроэнергией на уровне 2005 года в течение $1 \cdot 10^{14}$ сек или примерно 10^9 лет. То есть практически вечно.

10. О законе сохранения энергии с точки зрения гравитоники

Подводя итог сказанному в этой главе, и учитывая материалы Приложения 1 и Приложения 2, можно утверждать, что обычные наши представления о сохранении энергии следует несколько пересмотреть. Оказывается, что в тех случаях, когда мы применяем понятие о потенциальной энергии, ее как таковой не существует. Это всего лишь удобный способ определить, какую энергию будет иметь тело, если оно находится в условиях воздействия на него гравитации (потока гравитонов).

Термины часто имеют обыкновение жить своей собственной жизнью. Частое употребление этого понятия создает у людей представление о том, что потенциальная энергия представляет собой некую физическую сущность, которая непостижимым образом может существовать сама по себе, и даже накапливаться в физических телах. Представление о потенциальной энергии не позволяет понять процессов, происходящих даже при простейших видах механического движения, и крайне затрудняет понимание сути кругового движения в свободном пространстве. Отсюда и берут истоки бесконечные споры о причинах движения планет и прочие вопросы космологии.

Конечно, стальной шарик, отражаясь от плиты при падении на нее, поднимется снова почти на ту же высоту. Но не потому, что существует «закон сохранения энергии», и его кинетическая энергия движения «вниз» перешла в некую «потенциальную». Нет, шарик двигался и вниз и вверх в потоке гравитонов, которые на всех участках его движения отдавали ему часть своего кинетического момента. И эта часть на нисходящем участке (ускорения) оказывается равной части на восходящем участке (торможения).

В связи со всем этим не следует изменять расчетных формул в большинстве случаев; однако в случае кругового движения возникает принципиальный вопрос – **как объяснить** неприменимость расчетов по формулам теории потенциала, во-первых, и как объяснить несоответствие результата интегрирования при стремлении времени интегрирования к нулю (см. Приложение 2). Вывод о необходимости учитывать квантование воздействия при малых интервалах времени (см. Приложение 2) является принципиальным и, возможно, имеет далеко идущие последствия.

Принципиальным же мировоззренческим вопросом является вопрос об источнике энергии, поддерживающем существование нашего мира. И в этой книге показано, что «сохранение энергии» следует понимать несколько иначе. Энергия гравитонного газа является источником энергии для всех процессов на Земле и в космосе. Вещество состоит из протонов и электронов; и те и другие состоят из преонов (гравитонных вихрей). Пронизывающие их гравитоны отдают им часть своего импульса в любом случае, не получая его обратно, а в некоторых случаях гравитоны сами входят в состав преонов (и таким образом, соответственно, в состав протонов). Кинетическая энергия движения гравитонов преобразуется в вещество.

Таким образом, закона сохранения энергии как такового не существует. Следует пользоваться понятием о равенстве воздействующей на тело энергии со стороны гравитонного газа.

11. Определения массы, инерции, силы, энергии в классической физике
(Из энциклопедий исключительно для сведения и удобства сравнения)

Гравитационная масса - характеристика материальной точки при анализе классической механики, <u>которая (масса) полагается причиной гравитационного взаимодействия тел</u>, в отличие от инертной массы, которая определяет динамические свойства тел.

Согласно опытам Г. Галилея по наблюдению свободного падения тел, все тела, независимо от их массы, падают с одинаковым ускорением. Это означает, что увеличение силы, действующей на более массивное тело со стороны гравитационного поля Земли, полностью компенсируется увеличением его инертных свойств. Следовательно, гравитационная масса равна (строго говоря, пропорциональна) инертной массе, что приводит к представлению о единой массе, которая и входит в закон всемирного тяготения.

Фактически, равенство гравитационной и инертной масс было сформулировано А Эйнштейном в виде принципа эквивалентности, положенного в основу общей теории относительности.

Инертная масса есть мера инертности объекта. Она характеризует способность тела к изменению состояния движения под действием внешних сил. Чем меньше инертная масса объекта, тем быстрее изменяется его скорость.

Понятие (инертной) массы в СТО является источником некоторых терминологических разногласий.

- Подавляющее большинство физиков называет массой характеристику тела, которая не зависит от движения тела. Эта масса есть константа; она является как бы эквивалентом **количества вещества**, содержащегося в теле, а потому не зависит от скорости. Иногда, для того, чтобы подчеркнуть постоянство массы в этом определении, для неё используют термин инвариантная масса.

- Некоторые исследователи предпочитают использовать релятивистскую массу, которая растёт с увеличением скорости и её приближении к скорости света. Инвариантную массу они называют массой покоя.

Стоит отметить, что оба подхода, по существу, равноправны. Понятие релятивистской массы, которое может показаться более наглядным для первого знакомства с теорией относительности, на самом деле не влечёт за собой никаких новых эффектов и последствий и именно поэтому считается большинством физиков излишним. Подчеркнём также, что согласно принципу эквивалентности гравитационная масса принимается равной именно инвариантной массе тела вне зависимости от конкретной терминологии.

Благодаря тесной связи между массой тела и энергией покоя иногда массу тел (чаще всего ядер и элементарных частиц) выражают в единицах эквивалентной ей энергии покоя, как правило, в электронвольтах.

Понятие массы было введено в физику Ньютоном, до этого естествоиспытатели оперировали с понятием веса. В труде «Математические начала натуральной философии» Ньютон сначала определил «количество материи» в физическом теле как произведение его плотности на объём. Далее он указал, что в том же смысле будет использовать термин масса. Наконец, Ньютон вводит массу в законы физики: сначала во второй закон Ньютона (через количество движения), а затем — в закон тяготения, откуда сразу следует, что масса пропорциональна весу.

Фактически Ньютон использует только два понимания массы: как меры инерции и **источника** тяготения. **Толкование её как меры «количества материи» — не более чем наглядная иллюстрация, и оно подверглось критике ещё в XIX веке как нефизическое и бессодержательное.**

Источник
http://ru.wikipedia.org/wiki/%D0%98%D0%BD%D0%B5%D1%80%D1%82%D0%BD%D0%B0%D1%8F_%D0%BC%D0%B0%D1%81%D1%81%D0%B0

Закон инерции (Первый закон Ньютона): свободное тело, на которое не действуют силы со стороны других тел, находится в состоянии покоя или равномерного прямолинейного движения (понятие скорости здесь применяется к центру масс тела в случае непоступательного движения). Иными словами, телам свойственна **инерция** (от лат. inertia — «бездеятельность», «косность»), то есть явление сохранения скорости, если внешние воздействия на них скомпенсированы.

Иными словами: **существуют такие системы отсчета, относительно которых тело (материальная точка) при отсутствии на неё внешних воздействий (или при их взаимной компенсации) сохраняет состояние покоя или равномерного прямолинейного движения.**

Системы отсчёта, в которых выполняется закон инерции, называют инерциальными системами отсчёта (ИСО).

Явлением инерции также является возникновение фиктивных сил инерции в неинерциальных системах отсчета.

Впервые закон инерции был сформулирован Галилео Галилеем, который после множества опытов заключил, что для движения свободного тела с постоянной скоростью не нужно какой-либо внешней причины. До этого общепринятой была иная точка зрения (восходящая к Аристотелю): свободное тело находится в состоянии покоя, а для движения с постоянной скоростью необходимо приложение постоянной силы.

Впоследствии Ньютон сформулировал закон инерции в качестве первого из трёх **своих** знаменитых законов.

Принцип относительности Галилея: во всех инерциальных системах отсчета все физические процессы протекают одинаково. В системе отсчета, приведенной в состояние покоя или равномерного прямолинейного движения относительно инерциальной системы отсчета (условно — «покоящейся») все процессы протекают точно так же, как и в покоящейся системе.

Следует отметить что понятие инерциальной системы отсчета — абстрактная модель (некий идеальный объект рассматриваемый вместо реального объекта). Примерами абстрактной модели служат абсолютно твердое тело или невесомая нить. Реальные системы отсчета всегда связаны с каким-либо объектом и соответствие реально наблюдаемого движения тел в таких системах с результатами расчетов будет неполным.

Сила (в механике) — векторная величина, являющаяся мерой интенсивности взаимодействия тел, проявляющаяся в изменении их количества движения (импульса).

Сила в механике это всякая причина, изменяющая импульс тела. Сила подчиняется трём законам Ньютона.

Согласно Первому закону Ньютона (Закону инерции), сила является **причиной** неравномерного и непрямолинейного движения. Второй закон Ньютона связывает силу с массой тела и его ускорением, по формуле:

F= ma

где **a** - вектор ускорения, **m** - мера инертности тела (масса).

БСЭ пишет: **Гравитационная масса - это тяжелая масса**, физическая величина, <u>**характеризующая свойства тела как источника тяготения**</u>, численно равна инертной массе.

12. Нетривиальные следствия

Причиной возникновения гравитации является не масса и не ее «свойства», а окружающая ее среда (гравитонный газ).

При взаимодействии с гравитонным потоком тела получают от каждого гравитона микродобавку скорости.

Выяснена причина инерции.

Выяснена суть понятия «энергия» и причина сохранения «формулы энергии».

Энергия (кинетическая) есть сумма добавок скоростей за время воздействия.

Физическая сущность произведения **mV** также отражает сумму воздействий, но для случая, как если бы они все были произведены одномоментно, мгновенно, а не были бы распределены во времени.

Потенциальная энергия есть удобный математический прием, но в реальности не может ни накапливаться, ни переходить в кинетическую.

При колебаниях физического маятника не происходит превращения (перехода) кинетической энергии в потенциальную. Энергия гравитонного потока расходуется (затрачивается) как в течение фазы ускорения, так и в течение фазы торможения. То же относится к случаю падения абсолютно упругого шарика на стальную (мраморную) плиту.

Гравитационной и инерционной масс не существует. Существует просто масса в виде определенного количества протонов.

Энергия затрачивается не только при ускорении или торможении тела, но и при любом изменении направления его движения. В частности, энергия затрачивается при движении тела по круговой орбите вокруг центра гравитации.

Гравитонный газ является источником бесконечно большой энергии.

В результате процесса взаимодействия гравитона и макрочастицы скорость последней увеличивается, так как внешний гравитон входит в состав вихря преона, добавляя ему свое «количество движения» (а по существу – свою собственную скорость)

Гравитонный газ, таким образом, постоянно отдает часть своей общей энергии материальным телам. Масса вещественных частиц, выраженная в количестве гравитонов, непрерывно увеличивается. И, вообще говоря, материальные тела существуют только как следствие этого процесса.

При больших скоростях движения макрочастиц (протонов, преонов) придется, разумеется, вводить поправки, ибо в этот процесс начнут вмешиваться дополнительные факторы (торможение макрочастицы частицами среды и влияние скорости движущейся макрочастицы на эффективность действия гравитона – зависимость силы от скорости). Но это уже отдельный вопрос.

Выяснена физическая сущность гравитационной постоянной.

Литература

1. Соударения (анимация)
   www.geotar.com/hran/gravitonica/3/udar.rar
2. С. Юдин. О двух мерах механической формы движения материи,
   http://www.membrana.ru/articles/readers/2003/10/17/161800.html

http://www.membrana.ru/articles/readers/2003/10/20/203200.html
www.geotar.com/hran/gravitonica/3/judin.rar
3. А. Вильшанский. Энергия и инерция
http://www.vilsha.iri-as.org/statgrav/03_grav05a_energy.pdf
4. А. Вильшанский. О круговом движении
http://www.vilsha.iri-as.org/statgrav/03_grav06_krug1.pdf
www.geotar.com/hran/gravitonica/3/krug1.rar
5. А. Вильшанский. О квантовании силы
http://www.vilsha.iri-as.org/statgrav/03_grav07_krug2.pdf
www.geotar.com/hran/gravitonica/3/krug2.rar
6. А.Вильшанский. Пуанкаре против Лессажа
http://www.geotar.com/position/kapitan/stat/puankare_lesage.pdf

Глава 4. Взаимодействие гравитонного газа с веществом

1. Движение в свободном пространстве при отсутствии гравитации

Движущиеся в свободном пространстве гравитоны представляют собой «гравитонный газ». Поскольку на удалении от каких-либо масс вещества гравитоны прилетают к макрочастице вещества («макро-» по сравнению с гравитоном) со всех сторон равномерно (изотропность пространства), то на первый взгляд (интуитивно, т.е. по нашему прежнему опыту) может показаться, что все их воздействия взаимно уравновесятся, и макрочастица не приобретет какого-то преимущественного направления движения. Она должна лишь слегка колебаться около некоторого среднего положения. Однако, это не совсем так.

2. Абсолютная система отсчета

Движение тела <u>при удалении от масс вещества</u> на расстояние свободного пробега гравитонов в пространстве, заполненном «гравитонным газом», теоретически может быть обнаружено связанным с телом наблюдателем по наличию «встречного» потока гравитонов. (Другой вопрос - КАК обнаружить этот поток?) И, если встречного потока нет, то можно считать, что ОТНОСИТЕЛЬНО ГРАВИТОННОЙ СРЕДЫ тело не движется.

Конечно, область, в которой гравитонный поток можно считать хотя и хаотическим, но в целом неподвижным, сама по себе ограничена. Существуют и другие области в мировом пространстве, в которых также имеется гравитонный газ, и которые движутся относительно друг друга. Но это уже совершенно иные масштабы, чем те, с которыми мы сталкиваемся непосредственно в земных условиях. Размеры этих областей настолько велики, что мы, находясь в нашей области, имеем право и возможность считать гравитонный газ в ней если не «точкой отсчета», то «базой отсчета».

Этот вывод может показаться абсурдным любому человеку, воспитанному на понятии об относительности всякого движения. Но не нужно забывать, что представление об относительности всякого движения основано на наблюдениях и знаниях почти 500-летней давности (современные авторы не устают подчеркивать, что оно идет еще от Галилея). А понятие о гравитонном газе мы начинаем развивать только в последнее время.

В настоящее время представление о пространстве либо сводится к «пустоте» этого пространства, либо к некоему «состоянию физического вакуума», в котором внезапно появляются и немедленно исчезают (!) некие «виртуальные» частицы. Ни то, ни другое не дает никаких физических оснований для представления об абсолютности движения, ибо в «пустоте» нельзя выделить ни точку, ни область для отсчета от них любого движения. Однако это можно сделать относительно СРЕДЫ, заполняющей пространство (если, конечно, признать ее существование).

Понятие об относительности всякого движения можно применять только к условиям, когда пространство действительно является «пустым», и мы не можем иметь (найти) постоянную точку отсчета для оценки величины и скорости движения тел.

Если же принять, что пространство не является пустым, а заполнено газами разной размерности (например, хотя бы одним – гравитонным – газом), то любой объект можно рассматривать как погруженный в однородную среду. Среднее состояние этой среды и может быть принято за абсолютную «точку отсчета» для любого движения, ибо, по крайней мере – теоретически, при любом движении тела относительно такой среды можно обнаружить встречный поток («встречный ветер») частиц этой среды.

3. Эффект торможения движения макротел гравитонным газом

Такой поток действительно обнаруживается на практике, о чем свидетельствует торможение космических зондов «Пионер» и «Вояджер» у границ Солнечной системы, где условия приближаются к условиям свободного пространства, то есть пространства, свободного от влияния больших масс вещества. Их тормозит именно «встречный ветер» гравитонной среды.

Конечно, нужно иметь в виду, что гравитонный газ в значительной области пространства, в которой находится и Солнце, также движется относительно «центра» галактики, причем, скорее всего, с разными скоростями относительно разных ее частей. Поэтому и такая система отсчета, вообще говоря, также является «относительной». Но, по отношению ко всем объектам внутри этой области, сама эта область является абсолютной системой координат.

Глава 4. Взаимодействие гравитонного газа с веществом

Таким образом, **«Первый закон Ньютона»** оказывается всего лишь частным случаем общего явления абсолютности движения, пространства и времени. И тело, движущееся с некоторой скоростью и предоставленное самому себе, не будет вечно сохранять это состояние, а должно неизбежно, в конце концов, затормозиться гравитонным газом. Поэтому для самого общего случая первый закон Ньютона, казалось бы, должен утверждать, что «тело сохраняет состояние покоя (относительно абсолютной системы координат в гравитонном газе!) до тех пор, пока какое-либо воздействие не изменит этого его состояния». Тело же, имеющее некоторую скорость («равномерное прямолинейное движение» по Ньютону), неизбежно будет испытывать торможение со стороны окружающей его среды.

Возвращение в физику абсолютности движения в абсолютном пространстве и абсолютном времени имеет глубочайшее философское значение.

Эффект торможения гравитонным газом движущихся сквозь него объектов проявляется только при отсутствии маскирующего действия других факторов. Однако, и тут все не все так просто...

4. Разгон тел гравитонами

Выражение

$$FS = \frac{mV^2}{2}$$

– это не просто формула для вычисления работы-энергии. Она имеет более глубокий физический смысл, который нельзя понять, оставаясь в рамках современных представлений.

Физическая суть этой формулы состоит в том, что чем больше путь, который проходит микро-частица внутри более крупной частицы (возможно, представляющей собой вихрь таких же мелких частиц), и чем бо́льшее время микро-частица находится внутри более крупной макро-частицы, тем больший эффект возникает от такого взаимодействия, тем бо́льшая энергия передается макро-частице от микро-частицы.

Если макро-частица представляет собой конгломерат относительно неподвижных частиц (как показано на рис.1), то частица, пролетающая сквозь такой конгломерат, встретит на своем пути определенное количество частиц конгломерата независимо от характера движения (скорости) макро-частицы (всего конгломерата).

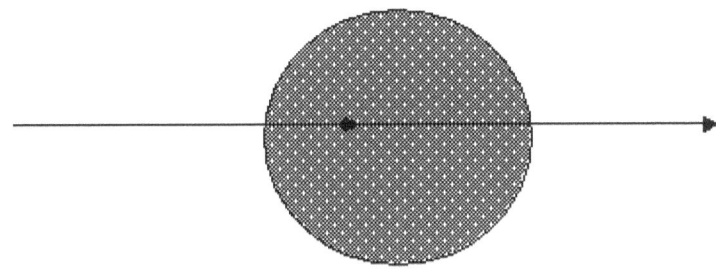

Рис. 1.

Но если частицы внутри конгломерата движутся, причем со скоростями, сравнимыми со скоростью внешней частицы, то **вероятность встречи** внешней микро-частицы с микро-частицей конгломерата становится меньше единицы.

Это тем более так, если основное содержимое частицы вытеснено к ее периферии в результате быстрого вращения. Упрощенная картина показана на рис.2 (разрез сферической макро-частицы по диаметру)

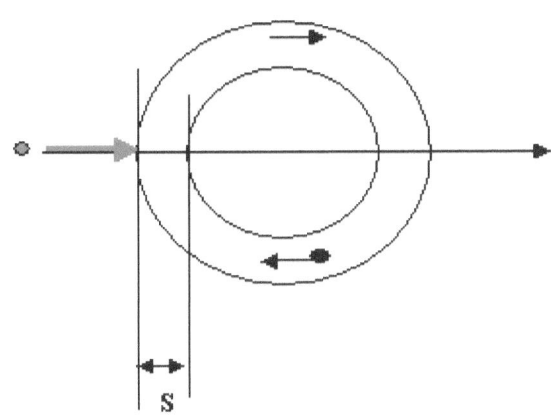

Рис. 2.

Здесь

● – внутренняя микро-частица, движущаяся внутри макро-частицы,

◯ – внешняя частица, пролетающая через макро-частицу

Если сфера не вращается, то на пути S приходящий извне гравитон с определенной вероятностью встретит некоторое количество гравитонов преона. Но если сфера вращается, то вероятность встречи повышается с увеличением времени нахождения гравитона внутри частицы.

Глава 4. Взаимодействие гравитонного газа с веществом

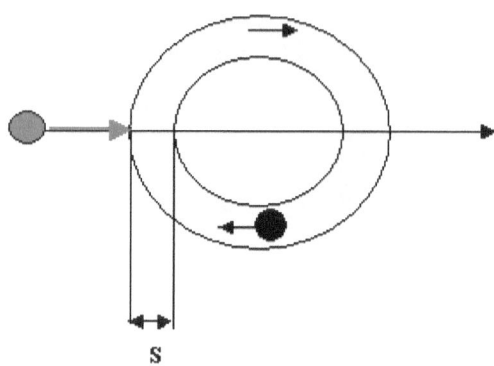

Рис. 3.

Предположим, для ясности, что размер внутренней частички таков, что она занимает всю ширину кольца (сечения сферы), причем это кольцо неподвижно, и внутренняя частичка всего одна (рис.3). Тогда вероятность встречи внешней и внутренней частичек при их одинаковых линейных скоростях будет равна отношению диаметра частички к длине окружности средней линии кольца.

Если теперь внешняя частичка движется вдвое медленнее, то вероятность ее встречи с внутренней частичкой увеличивается вдвое. Иначе говоря:

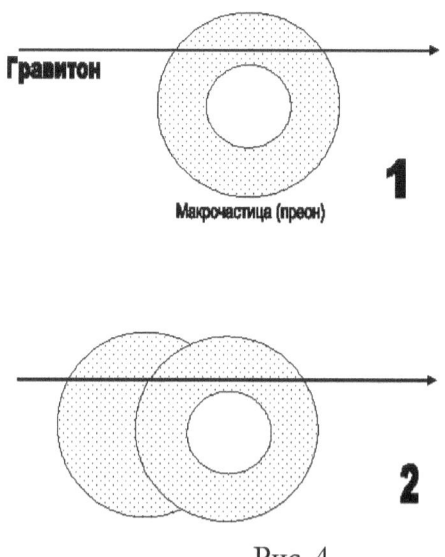

Рис. 4.

Очевидно, что во втором случае гравитон будет находиться внутри частички бо́льшее время, и вероятность его встречи с вращающимися внутри частички такими же гравитонами, как он сам, будет больше, причем пропорционально скорости самой частички в направлении движения внешнего гравитона. Чем выше скорость частички, тем бо́льшую энергию отдает ей поток гравитонов. **Это явление может возникать при движении макро-частиц в свободном пространстве.**

И наоборот, чем меньше скорость гравитона (по отношению к скорости частички), тем больше вероятность его встречи с какой-либо из вращающихся частичек внутри макро-частицы. **Это явление может возникать при постепенном затормаживании гравитона в большой массе вещества.**

Если мы рассмотрим ОБРАТНЫЙ ПРОЦЕСС, то есть движение тела навстречу потоку гравитонов, то мы можем видеть, что чем выше скорость протона, тем меньшее время внутри него находится гравитон, и тем меньшее воздействие он оказывает на протон.

Поэтому результат воздействия фактора **F** (силы) со стороны микро-частицы, приводящий к изменению скорости ΔV макро-частицы (состоящей из m микро-частиц)

$$F\Delta\tau = m\Delta V$$

зависит от относительной скорости V самой макро-частицы (или от времени $\Delta\tau$ нахождения микро-частицы внутри конгломерата, или от расстояния S, проходимого микро-частицей внутри конгломерата). Чем выше скорость частички V, тем большее воздействие на нее будет оказывать пролетающий через нее гравитон.

$$(F\Delta\tau)\cdot V = m\Delta V \cdot V$$
$$FS = FV\Delta\tau$$

$S = V\Delta\tau$ – это расстояние, которое проходит гравитон внутри макро-частицы за время своего нахождения внутри частицы, а это время зависит от скорости самой макро-частицы.

Таким образом, как это было показано в предыдущих главах, ускорение и торможение тела (инерционные «свойства» тела) определяются числом гравитонов, захваченных макро-частицей. А вот «тонкий эффект», в результате которого движущийся протон начинает непрерывно разгоняться под воздействием гравитонов в сторону своего имеющегося движения, определяется уже взаимодействием отдельного гравитона с движущейся макро-частицей. Возможно, что возникновение сверхбыстрых элементарных частиц в космическом пространстве («космические лучи») обязано своим происхождением именно этому эффекту.

5. Динамический баланс

Любое тело, находящееся длительное время в состоянии равномерного прямолинейного движения или постоянной скорости вращения, испытывает в этом своем состоянии два основных воздействия - **разгон со стороны гравитонов по вышеописанному механизму и одновременное торможение со стороны преонно-гравитонной среды.**

Частички преонного газа - не исключение, а подтверждение этого правила. В свободном пространстве Дальнего Космоса они разгоняются гравитонами до очень высоких скоростей, но, с другой стороны, - тормозятся в результате соударений с гравитонами, попадающимися на их пути. В результате возникающего баланса между разгоном и торможением скорость самих преонов преонного газа становится примерно равной $3 \cdot 10^8$ м/сек (скорость света). И эта величина может быть использована в дальнейшем для определения некоторых параметров гравитонов и преонов. Однако, эта величина зависит от концентрации и скорости гравитонов в нашей области пространства. Не исключено, что в других областях Вселенной параметры гравитонного газа могут быть иными, и, соответственно, другой окажется и скорость преонов и, соответственно, скорость света.

Таким образом, скорость света является сугубо частной характеристикой движения преонов в данной области пространства, и, безусловно, не является «мировой постоянной», а зависит исключительно от концентрации гравитонов и преонов в данной (хотя и очень большой) области Вселенной. Поэтому некоторые выводы теории относительности Эйнштейна представляются нам не вполне адекватными. Как и полагается для теории следующего уровня, при нашем подходе сохраняются некоторые выводы специальной теории относительности, но они получают осязаемое физическое объяснение (об этом значительно ниже). Однако общая теория относительности (как и понятие Бога у Лапласа) оказывается совершенно ненужной.

Ускоряется тело или тормозится, зависит от его плотности. Сверхплотный одиночный протон (с плотностью около 10^{15} г/см^3) будет ускоряться, так как его поперечное сечение сравнительно мало по отношению к его массе. Но уже атом, имеющий размер на 5 порядков больше (и, соответственно, на 10 порядков большее поперечное сечение), будет тормозиться **преонной средой** значительно сильнее, и не сможет разгоняться гравитонами до относительно больших скоростей. Именно поэтому аппараты "Пионер" и "Вояджер" тормозятся встречным потоком среды. Именно поэтому ядра атомарного водорода в космическом пространстве имеют сравнительно небольшую скорость относительно скорости движения Солнца в пространстве (относительно центра галактики). А вот сверхплотные ядра планет и звезд (и, тем более, нейтронные звезды, у атомов которых отсутствуют электронные оболочки и атомы которых, по сути, есть ядра) разгоняются в пространстве и во вращении (по-разному, конечно).

Таким образом, оказывается, что тело ускоряется или тормозится вследствие воздействия на него других тел (гравитонов и преонов), причем в зависимости от своей собственной структуры. Но наблюдатель, не подозревающий о существовании гравитонов, окажется неспособным объяснить вечное движение планет вокруг Солнца, а также и собственное вращение Солнца, звезд и планет. Для такого наблюдателя останется непонятным существенная разница в скорости вращения больших и малых планет (чем больше планета, тем быстрее она вращается), а также увеличение скорости вращения звезд по мере увеличения их массы. Не говоря уже о торможении сравнительно неплотных объектов на границах солнечной системы.

6. Взаимодействие потока гравитонов с массой вещества

Не следует думать, однако, что гравитоны проявляют себя где-то невообразимо далеко в космосе. Они, что называется, «работают» у нас прямо под ногами.

В соответствии с гравитонной гипотезой гравитоны, проникающие внутрь любого объекта, ведут себя по-разному в зависимости от размеров этого объекта.

Рассмотрим воздействие гравитонов на преон, находящийся в составе еще более крупной макро-частицы (электрона или протона) На рис.5 светлым кружком обозначен гравитон, находящийся в составе преонного вихря (в свою очередь состоящего из множества гравитонов - круг серого цвета). Таким же кружком, но более темным, обозначен прилетающий из пространства свободный гравитон (на рисунке указаны только предельные случаи).

Глава 4. Взаимодействие гравитонного газа с веществом

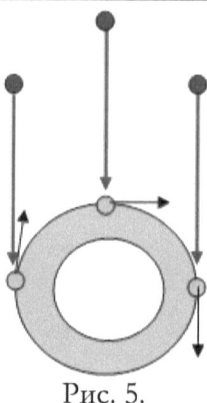

Рис. 5.

Любая частица, войдя в вихрь на его границе под углом, большим некоторого критического и с субсветовой скоростью, втягивается в него, не может из него вырваться. Гравитоны, из которых состоит вихрь, двигаются с теми же скоростями, что и внешние. Длина свободного пробега гравитона весьма велика, и поэтому вихри столь малых размеров (как преоны) не могут существовать в гравитонной среде сами по себе, как вихри в обычных знакомых нам газах. Для поддержания существования преонного вихря нужны еще более мелкие частицы, которые могут быть названы "U-частицы" или "юоны" (U- в смысле "суб-").

Приблизившийся к преону внешний гравитон попадает в зону действия «юонов». Ситуация здесь точно такая же как и в макромасштабе – вокруг преона вследствие влияния (давления) юонов («тень») создается «зона приталкивания», из которой попадающий в нее объект не может вырваться, как даже сравнительно большие объекты втягиваются внутрь торнадо. Преон, таким образом, должен представлять собой некий сравнительно тонкостенный «пузырь». Определенная часть налетающих извне гравитонов проникает внутрь вращающегося вихря преонов. И часть этих гравитонов, после столкновения с внутренними гравитонами преона, может поглощаться.

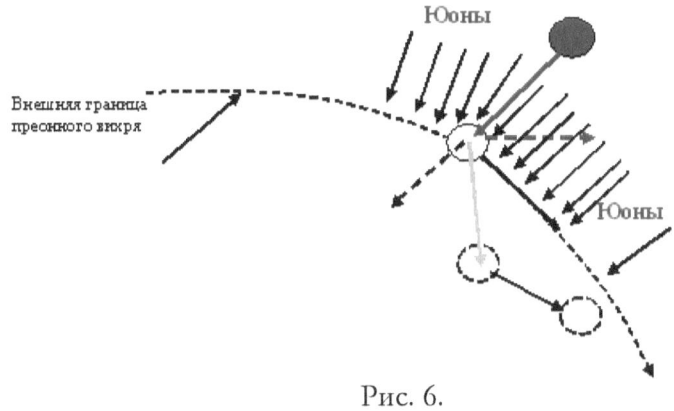

Рис. 6.

В общем случае возникает ситуация, изображенная на рис.6. Если гравитон «засасывается» вихрем вращающегося преона, то гравитон преона получит импульс

Fdt=mdV

Этот импульс всегда направлен внутрь преонного вихря, с какой бы стороны из внешней полусферы внешний гравитон ни прилетел. Из рис.5 и 6 видно, что воздействие гравитонов при их большом количестве усредняется, и эта средняя составляющая всегда направлена к центру вихря. Гравитон преона получает от внешнего гравитона дополнительную радиальную скорость. Оба гравитона постепенно, под воздействием общей вращающейся массы гравитонов преона, возвращаются в орбитальный слой (стенки преонного «пузыря»). Можно показать даже графически, что импульсы обоих гравитонов, постепенно развернутся в направлении общего вращения вихря, и будут превращены в импульс, направленный по касательной к орбите. Таким образом, внешние удары гравитонов не только поддерживают, но даже раскручивают преонный вихрь.

Если в качестве времени взаимодействия **dt** взять интервал между ударами внешних гравитонов, то дело принципиально не изменится - гравитон преона получит импульс **I=mV**, причем, после завершения процесса успокоения окажется, что преон в целом получил приращение скорости обратно пропорциональное соотношению масс гравитона и преона (см. выше). Таким образом, каждая следующая «порция скорости» будет приводить к увеличению скорости преона на величину **dV**, хотя и очень небольшую. Преон начнет двигаться ускоренно.

В течение времени между ударами преон будет проходить путь **dS**. Общее количество ударов (импульсов, порций скорости), которое преон получит на пути **S**, равно, естественно, **S/dS**

FSdt/dS=m SdV/ds

или

FSdt= mS(dV)
FS= mS(dV/dt)=mSa

где **a**- ускорение, обеспечиваемое воздействием силы **F** в течение времени **dt**

Далее все просто.

Так как $S=at^2/2$, и $V=at$, то $FS=mV^2/2$

Слева - формула «работы» силы **F** по перемещению тела на участке **S**, справа - формула «энергии».

Таким образом, результатом гравитонной бомбардировки преонных вихрей является накопление гравитонов в преонном вихре. Естественно, скорость вращения вихрей не увеличивается. А если и увеличивается, то гравитоны, имеющие скорость выше некоторой определенной, уже не могут удерживаться юонами внутри преона, а вылетают из него. Понятно, что никакой «тепловой энергии» при этом не выделяется, хотя сам процесс поглощения гравитона преоном по существу является абсолютно неупругим ударом. **Увеличивается только количество гравитонов в нем, то есть МАССА преона.**

При достижении этой массой некоторой величины преон, скорее всего, разваливается на два идентичных преона, что следует просто из соображений устойчивости вихря. Преоны размножаются делением.

Если это происходит по всей массе вещества, то эта масса начинает увеличиваться.

Расчеты В. Блинова [1] показывают, в частности, что масса планеты Земля увеличивается в настоящее время каждую секунду приблизительно на 1,7 млн тонн!

Отсюда мы сразу можем видеть причину ошибки А.Пуанкаре, который в соответствии с тогдашними представлениями (вернее в связи с отсутствием у него нынешних) считал, что вся энергия этих гравитонов при абсолютно неупругом ударе должна превратиться в тепловую энергию [2].

В соответствии же с «гравитоникой» **поток гравитонов превращается в вещество** (планеты).

Описанный «механизм» показывает нам чисто физическую картину связи между массой и энергией, правда на примере гравитонов, а не преонов. Действительно, энергия гравитона соответствует величине

$$E = m_g V_g^2$$

и при поглощении гравитона преоном его масса входит как составная часть в массу поглотившего его преона.

Если при этом преон входит в состав ядра тех или иных атомов, масса атомов со временем должна увеличиваться. Это было в последнее время подтверждено измерениями эталона килограмма в Парижской палате мер и весов. За последние 100 лет эталон килограмма действительно совсем немного потяжелел.

Конечно, если вы подходите к проблеме «феноменологически», то вы наблюдаете **как бы** (!) превращение энергии в массу, и некоторые делают из этого далеко идущие выводы, вплоть до того, что это чуть ли не одно и то же. Но понимание физической сути процесса возвращает нас к обычным представлениям о движении массы с определенной скоростью.

7. Торможение планеты (Земли) при движении по орбите.

Скорость Земли на орбите около 30 км/сек. Если считать, что Земля находится в покое, а поток гравитонов движется сквозь нее со скоростью 30 км/сек, то все остальное ничем не будет отличаться от потока гравитонов, пронизывающих Землю и создающих приталкивание Земли к Солнцу.

Поэтому тормозящее ускорение со стороны гравитонного газа будет во столько же раз меньше ускорения свободного падения на Солнце (0,6 см/сек), во сколько раз скорость движения Земли по орбите меньше скорости гравитона, то есть будет составлять $a = 0,6 \cdot (30/3 \cdot 10^{14}) = 6 \cdot 10^{-14}$ см/сек

Чтобы просто компенсировать это торможение нужно, чтобы эффект разности прибавок скоростей вдоль направления движения и против него составлял ту же самую величину. Торможение на 1 метр в секунду можно будет заметить через 10^8 секунд, то есть (в году около $30 \cdot 10^6$ секунд) через 30 лет. Удивительно, что именно такое время и набегает. [3].

8. Движение планет по орбитам.

Вечное и постоянное движение планет по их околосолнечным орбитам представляется ученым до сих пор загадочным. Трудно предположить, что движению Земли по орбите со скоростью 30 км/сек совершенно ничто не препятствует. Даже в предположении об отсутствии эфира существует достаточное количество более или менее крупной космической пыли и мелких метеоритов, через которые проходит планета. И если для больших планет этот фактор достаточно мал, то с уменьшением размеров тела (до астероида) его масса уменьшается гораздо быстрее, чем поперечное сечение, которое определяет динамическое сопротивление движению. Тем не менее, большинство астероидов вращается по орбитам с постоянной скоростью, без заметных признаков торможения.

Представляется, что одного лишь ньютоновского «притяжения» недостаточно, чтобы удержать систему в вечном вращении.

Такое объяснение может быть предложено в рамках гравитонной гипотезы.

9. «Космическая метла»

На рис.7 изображены траектории гравитонов, принимающих участие в создании «пушинга» (приталкивающей силы) в случае, если они проходят через большую массу, которая не вращается.

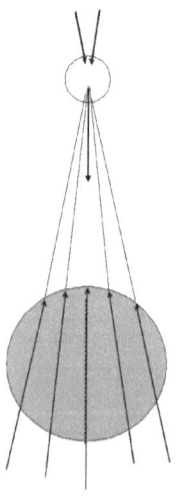

Рис. 7. Траектории гравитонов в случае неподвижных масс

В этом случае картина сил, создающих давление на меньшую массу, полностью симметрична.

Но если большая масса вращается (рис.8), то сектор, из которого приходят гравитоны, формирующие правую (относительно половины) часть поглощенного потока, оказывается несколько большим, чем количество гравитонов, приходящих из левой полусферы.

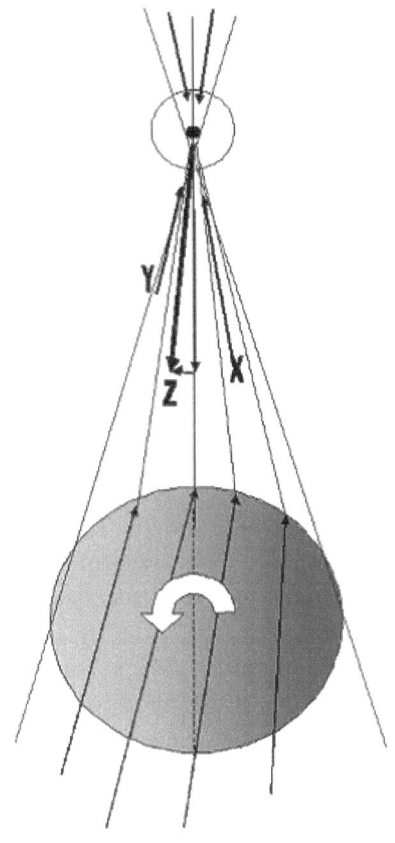

Рис. 8. Траектории гравитонов и суммарная воздействующая сила на малое тело со стороны вращающейся большой массы

Поэтому суммарный вектор X несколько больше вектора Y, что создает отклонение результирующего вектора Z. Этот вектор в свою очередь можно разложить на два вектора. Один из них направлен точно к центру притяжения «О», а другой перпендикулярен ему, и направлен вдоль касательной к орбите.

Именно эта составляющая силы приталкивания и вызывает движение планеты по орбите при вращении массивного тела S.

Таким образом, вокруг вращающегося массивного тела возникает как бы «метелка», подгоняющая каждую элементарную массу планеты по касательной к орбите в направлении вращения основной массы. Поскольку воздействие производится на каждую элементарную часть планеты, то действие «метелки» пропорционально массе увлекаемого ею тела на орбите.

Но если бы дело этим и ограничивалось, то скорости планет непрерывно увеличивались бы, и круговые орбиты не могли бы быть устойчивыми. Очевидно, существует и тормозящий фактор, причем он также должен быть пропорционален массе. Как было указано в предыдущем разделе, таким фактором, скорее всего, является сам гравитонный газ, то есть сами гравитоны, пронизывающие тело со всех сторон. Как бы ни была велика скорость гравитонов, но, если они оказывают воздействие на элементарные массы, как было объяснено ранее, то и сами элементарные массы будут испытывать определенное сопротивление при своем движении сквозь гравитонный газ.

Интересно отметить, что Р. Фейнман в одной из своих лекций, рассматривая возможность объяснения тяготения «приталкиванием» (pushing), выдвигает как основное возражение против нее именно тормозящее действие гравитонного газа, если предположить его существование. Конечно, Фейнман прав, если ограничить рассмотрение самим фактом наличия такого «газа», и исходить из того, что вращение планет существует само по себе или взялось неизвестно откуда (от некоего «первоначального толчка», прости меня Господи!). И тогда нет необходимости разбираться более подробно в следствиях из гравитонной гипотезы, а именно в существовании «Космической метлы». А из такого рассмотрения как раз и становится ясно, что при определенной скорости на данной орбите возникает равенство ускоряющей силы (со стороны «метелки») и тормозящей силы (со стороны гравитонного газа). И таким образом основное возражение Фейнмана снимается.

Сила воздействия «метелки» уменьшается пропорционально квадрату угла, под которым планета видна со стороны Солнца.

Сила сопротивления движению со стороны гравитонного газа практически не зависит от расстояния, а зависит только от массы тела, движущегося по орбите и плотности гравитонного газа.

Таким образом, не имеет никакого значения, какая именно масса находится на данной орбите. Увеличивая массу, мы увеличиваем подгоняющую силу, и одновременно увеличиваем тормозящую силу.

Если бы на орбите Юпитера находилась Земля, она бы устойчиво двигалась со скоростью Юпитера (собственно, и Кеплер об этом говорит [4], да и наличие «Троянцев» и «Греков» на орбите Юпитера это подтверждает [5]). Параметры орбиты не зависят от массы планеты (при достаточно малой ее относительной массе).

Из всего этого вытекает важное следствие – влияние «Метлы» уменьшается с расстоянием по мере удаления от массивного вращающегося тела. Это хорошо видно на примере Плутона, где «Метла» не может даже заставить планету вращаться в плоскости эклиптики. На еще больших расстояниях «Метла» вообще не влияет на движение объектов.

Из этого вытекает и второе важное следствие – планета может иметь спутники только в том случае, если обладает не только определенной массой, но еще и определенной скоростью вращения вокруг своей оси, создавая эффект «космической метлы». Если планета невелика или вращается медленно, то она и спутников иметь не может, «Метла» «не работает». Может быть, именно поэтому Венера и Меркурий не имеют спутников. Не имеют спутников и сравнительно медленно вращающиеся вокруг своей оси спутники Юпитера, хотя некоторые из них сравнимы с Землей по размеру.

Именно поэтому Фобос, спутник Марса, постепенно приближается к Марсу. Скорее всего, параметры Фобоса являются критическими. «Метла», образуемая Марсом с его скоростью вращения 24 часа и массой 0,107 земной, создает для полуоси 10 000 км как раз критическую силу. Видимо все тела, имеющие произведение относительной массы на относительную скорость вращения менее 0.1 (как у Марса), не могут иметь спутников. По-видимому, так же должен вести себя и Деймос, второй спутник Марса.

С другой стороны, поскольку Луна удаляется от Земли, можно предположить, что энергия «Метлы» у Земли избыточная, и она ускоряет Луну (однако, этому явлению есть и другое объяснение).

Иногда в литературе можно встретить утверждения, вроде этого: «Юпитер из-за влияния на него приливных сил, вызванных галилеевыми спутниками, тормозится в своем вращении вокруг собственной оси. Однако он не остается в долгу, замедляя движение всех спутников по орбитам, и те медленно от него удаляются».

Как должно быть ясно из нашего описания «механизма» вращения, дело обстоит ровно наоборот. Если бы спутники тормозились (неважно по какой причине), как это бывает с космическими кораблями вблизи Земли, то они бы приближались к планете, одновременно ускоряясь из-за притяжения с ее стороны. «Космическая метла» Юпитера вначале ускоряет движение этих спутников, их орбиты становятся несколько «эллиптичнее», и в действие вступает другой механизм, описанный несколько ниже – механизм преобразования эллиптических орбит в круговые. Поскольку это происходит одновременно, то разделить эти два механизма бывает непросто.

10. Об обратном вращении удаленных спутников Юпитера и Сатурна

Обратное («ретроградное») вращение «внешних» (весьма удаленных) спутников Сатурна и Юпитера связано с тем, что «космическая метла» перестает эффективно «мести» на больших расстояниях. Действительно, все спутники ретроградного вращения находятся от Юпитера на очень больших расстояниях, по сравнению с обычными спутниками (около 20 млн. км). Тем не менее, общее «притяжение» центрального тела (Юпитера) имеет место, хотя и достаточно слабое. Поэтому создается несколько иная ситуация, чем в случае обычного («низколетящего») спутника. Видимо, в данном случае гипотеза о захвате случайных космических тел наиболее правдоподобна.

Захват спутников большой планетой происходит, естественно, во время ее движения по орбите. Но не любой такой объект становится спутником. «Орбитальные» составляющие скоростей удаленных объектов либо совпадают по направлению с движением планеты, либо – наоборот. И поэтому они находятся по отношению к планете в разных условиях. Те из них, скорости которых совпадают по направлению с орбитальной скоростью планеты – «догоняют» ее, и поэтому имеют относительно нее меньшую скорость. Движущиеся же навстречу планете имеют скорость бо́льшую. Именно они и могут создавать ретроградные скопления (а это именно скопления тел, а не отдельные большие астероиды). Движущиеся же «вдогонку», вследствие своей пониженной относительной скорости, скорее всего, переходят на удлиненные эллиптические орбиты, с большой вероятностью сгорая затем в плотной атмосфере Юпитера.

11. Превращение эллиптических орбит в круговые

Если орбита спутника звезды или планеты имеет эксцентриситет, то воздействие «Метлы» в противоположных точках вытянутой орбиты будет различным.

В точке вытянутой эллиптической орбиты S, наиболее удаленной от планеты «Р», радиальная скорость спутника равна нулю.

Спутник как бы замирает на небольшое время, а затем снова устремляется к планете. Если в этот момент сообщить спутнику импульс (скорость V) в плоскости его орбиты по касательной к ней, то спутник перейдет на другую орбиту, также эллиптическую, но с другими параметрами. Но если сообщать спутнику скорость небольшими порциями, то новая орбита его будет круговой.

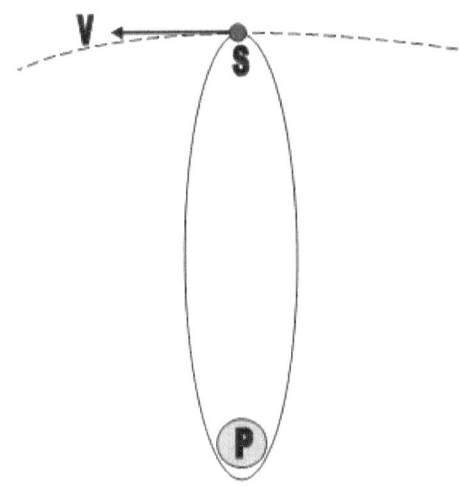

Рис.9а

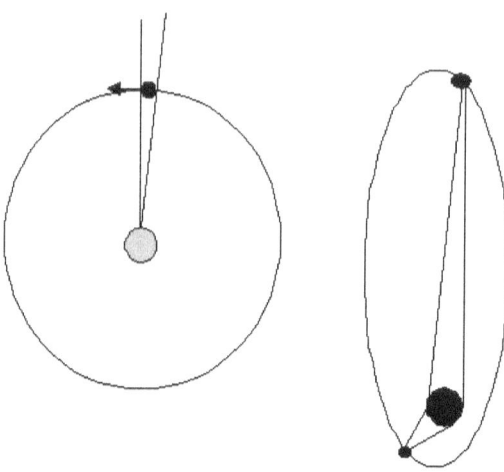

Рис 9б.

Планета (или спутник) получает различное ускорение (переменное на разных участках траектории) из-за разного расстояния между планетой и звездой. В апогее скорость планеты минимальна, но в области апогея она находится бо́льшее время, чем в области перигея. В перигее расстояние до планеты меньше, воздействие «Метлы» несколько больше, но и время нахождения планеты в этой области заметно меньше, чем в области апогея. В результате всего этого, воздействие «Метлы» приводит к медленному смещению всей орбиты в направлении вращения «Метлы» (то есть самой планеты или звезды).

Все эти сложные движения вместе приводят, в конечном итоге, к выходу спутника на круговую орбиту с радиусом, бо́льшим, чем большая полуось первоначального эллипса. После этого действие «Метлы» может приводить либо к дальнейшему увеличению радиуса орбиты, либо к поддержанию размеров данной орбиты неизменными (это зависит от нескольких факторов).

Отсюда физический механизм пресловутого дрейфа перигелия Меркурия понятен и без применения теории относительности.

12. Астероиды

Любое небесное тело небольших размеров, попавшее в поле тяготения (гравитонную тень – см. выше) достаточно массивного вращающегося тела (звезды), независимо от того, какую орбиту оно имело первоначально, на первом этапе перейдет на круговую орбиту, а затем будет разогнано «метлой» до равновесной линейной скорости.

Если расстояние до звезды или планеты не слишком велико, то действие «Метлы» приводит к разгону тела. Но, как уже было сказано ранее, на определенном расстоянии сила разгона уравнивается (приблизительно, конечно) с силой торможения со стороны гравитонного газа. На бо́льшем удалении сила разгона уменьшается, и торможение приводит к приближению тела к центру вращения. Таким образом, зона вблизи определенного расстояния является устойчивой. Это и является причиной образования «кольца».

Поэтому «астероидный пояс» должен быть у любой звезды, даже если у нее нет планетной системы. Эти мелкие осколки формируются в слой на определенном расстоянии от Звезды, и этот слой может быть фракционирован (состоять из более мелких выраженных слоев). Вопрос лишь в том, на каком расстоянии от звезды этот «пояс» расположен.

У малых планет по этой причине нет колец, но у всех больших планет, как теперь выяснено, кольца есть. Вид колец у всех планет разный, и это дает основания для суждений о внутренней структуре самих планет.

Совсем недавно был обнаружен астероид, имеющий собственное (конечно, очень маленькое) кольцо [6].

13. Ускорение и замедление вращения небесных тел вокруг своей оси.

Эволюционный ряд В. Блинова [1] сопровождается увеличением скорости вращения рассматриваемых объектов в соответствии с увеличением их размеров. При этом на уровне планет - одна зависимость, а на уровне звезд - другая. Если говорить о звездах, то оказывается, что чем выше звезда на диаграмме Гершпрунга-Расселла, тем она быстрее вращается. Разброс есть, но исключений нет.

Исключения-отклонения возникают при отходе от главной последовательности. По достижении звездой верхней точки диаграммы происходит, возможно, взрыв Сверхновой, после чего звезда превращается в газовый гигант и сразу же меняет спектральный класс. Естественно, что скорость вращения газовой звезды резко падает. Дальнейшее уплотнение газового облака может приводить как к его рассасыванию, так и к его концентрации.

Обычно на месте взрыва Сверхновой возникает «белый карлик», звезда сравнительно небольшого размера, который зависит от характера взрыва.

На уровне планет это тоже так, только скоростной коэффициент другой (что вполне понятно), и верно это для планет, находящихся достаточно далеко от звезды (Меркурий и Венера в Солнечной системе из этого ряда выпадают по причине их близости к Солнцу, где на них действуют и другие факторы).

Это, конечно, эффект второго порядка (эффект первого порядка - энергия и инерция - описан в третьей главе), и может проявляться (как и сама гравитация) только на больших массах. Проявляется он в том, что массивное тело, находящееся в гравитонной среде в относительном удалении от гравитирующих масс и вращающееся по любой причине, начинает как бы самопроизвольно ускорять свое вращение.

В частности, поэтому удаленные от Солнца планеты в Солнечной системе имеют скорости вращения, по-видимому зависящие от их масс:

Планета	Масса (кг)	Во сколько раз больше Земли	Время обращения $T_{пл}$	Отношение $T_з/T_{пл}$ ($T_з$=24 часа)
Юпитер	18.987 × 10^{26}	318	9 ч 55 м =9,916	2,420
Сатурн	5.6851 × 10^{26}	95	10 ч 38 м = 10,633	2,257
Нептун	1.0244 × 10^{26}	17,2	16,1 ч	1,490
Уран	0,8684 × 10^{26}	14.5	17.24 ч	1,3921
Земля	6× 10^{24}	1	24	1

Интересно, что данные правого столбца расположены приблизительно в порядке логарифма от увеличения массы планеты.

Однако этих данных еще далеко недостаточно, чтобы сделать определенные выводы. Необходимо учитывать еще и распределение масс внутри планеты. В таблице на рис.10 приведены величины относительных моментов инерции для разных планет и их спутников. Но эти величины нужно учитывать только при рассмотрении явления «раскрутки» планет, на которую влияет в основном плотность и размеры ядра планеты. Однако наличие у планет совершенно разных распределений менее плотного вещества по периферии приводит к разным коэффициентам торможения для каждого случая. Этот эффект требует специального изучения.

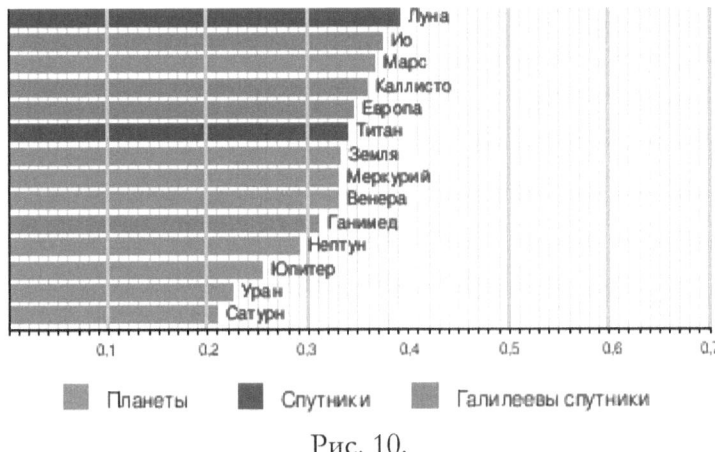

Рис. 10.

14. О гравитонном механизме возникновения землетрясений

В настоящее время отсутствует возможность кратковременного прогноза разрушительных землетрясений. Это мнение было высказано ведущими сейсмологами на Конгрессе в Лондоне 7-8 ноября 1998 года, и подтверждено примерно через пять лет аналогичными выступлениями специалистов на конгрессе в Москве.

Построить надежную теорию возникновения землетрясений на прежних представлениях о движении литосферных плит не удалось. Прочие процессы в глубинах планеты представляются весьма многофакторными, и не дают цельной картины.

Применение нового подхода к объяснению причины гравитации [7] может изменить положение в области геофизики Земли вообще, и в вопросе о происхождении землетрясений – в частности. Нижеследующее описание является весьма беглым и предварительным для формирования плана общих работ в этом направлении.

Как следует из главы 2, явление гравитации вызывается экранировкой крупными небесными телами хаотического потока гравитонов, образующих «гравитонный газ» (не путать с классическим «эфиром»).

177

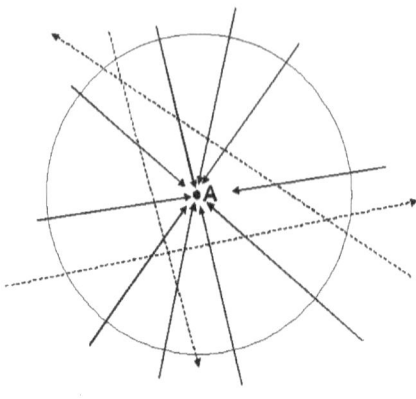

Рис. 11.

Из-за своих малых размеров гравитоны обладают высокой проникающей способностью. Проникая вглубь крупных небесных тел (планет, звезд), они отдают им свою кинетическую энергию, что вызывает нагрев слагающих пород и ядра планеты, и, как следствие, - повышение давления в области ядра. Считается, что при этих условиях ядро, скорее всего, является твердым и даже металлическим; по крайней мере, оно обладает сверхвысокой плотностью в наших земных представлениях. Ядра звезд поглощают значительную часть поступающих извне гравитонов, что и определяет температурный режим и процессы внутри ядра. Ядра планет (в зависимости от их размеров) поглощают существенно меньшую часть поступающего извне потока гравитонов. Но и этого поглощения достаточно для того, чтобы в результате такой экранировки на поверхности планеты (и в ее окрестностях) возникла гравитация (рис.12).

Величина гравитации (силы «притяжения», хотя на самом деле это сила «приталкивания») зависит только от степени экранировки потока гравитонов телом планеты (отношения потоков гравитонов «снаружи» и «изнутри»).

Внешний поток гравитонов (при отсутствии прочих крупных тел вблизи планеты) сравнительно постоянен. А вот поток гравитонов изнутри планеты может меняться.

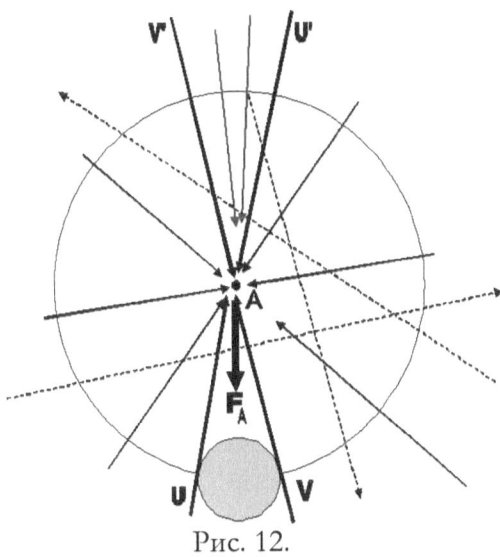

Рис. 12.

К этому необходимо добавить, что при заметном торможении гравитонов в плотном ядре возникают условия для их захвата протонами вещества ядра, что, в конечном счете, ведет к нарастанию массы планеты в целом (за счет ядра, так как во внешних, менее плотных слоях астеносферы планеты не происходит достаточного торможения гравитонов). По расчетам В.Блинова [1] масса Земли ежесекундно увеличивается приблизительно на 1,7 млн. тонн.

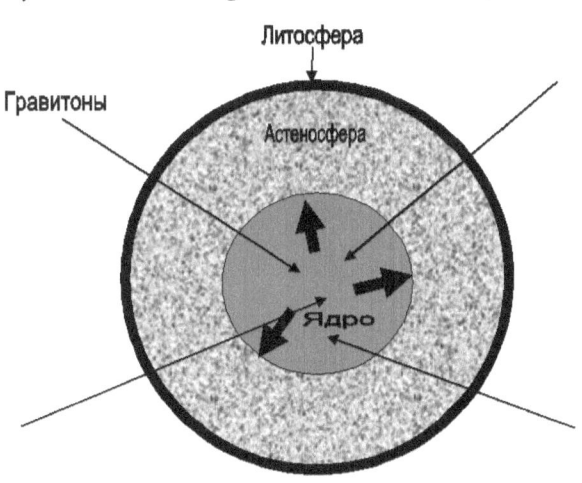

Рис. 13.

Поскольку это происходит внутри ядра планеты, возникает дополнительное (к температуре) давление изнутри наружу (толстые стрелки на рис.13). Именно ростом ядра планеты изнутри и может объясняться наблюдаемое движение тектонических плит и материков.

Но по ходу этого процесса могут возникать попутные явления. В результате внутренних напряжений твердое ядро может растрескиваться (на рис.14 условно показано белым треугольником).

При возникновении таких трещин (или любых крупных неоднородностей) вышеупомянутое соотношение потоков гравитонов неизбежно изменяется. Часть гравитонов, которая должна была бы поглотиться в цельном ядре, теперь «проскакивает» насквозь (рис.14). В общем случае экранировка уменьшается. Это приводит к множеству последствий.

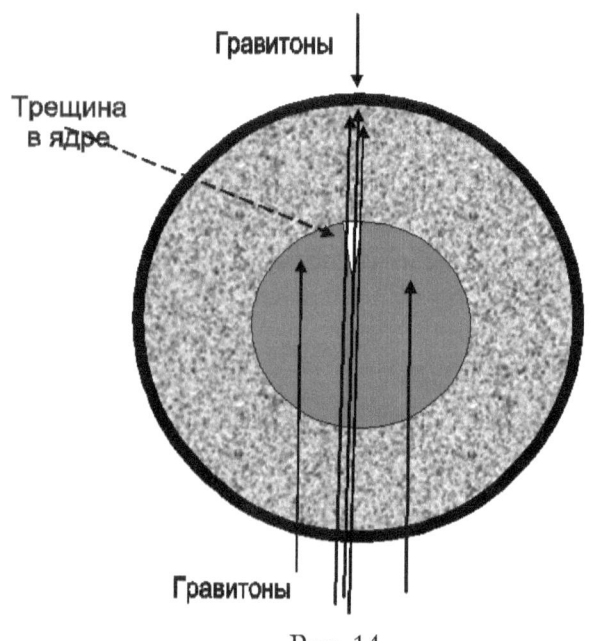

Рис. 14

Во-первых, экранировка нарушается скачком (растрескивание), за очень короткое время. При этом столб астеносферы высотой в 3000 км, прикрытый сверху литосферой, резко освобождается от чудовищного давления и может удлиняться на несколько метров, что приводит к сильному удару из-под земли для объектов на ее поверхности. Выделяющаяся при этом энергия соизмерима с энергией взрыва водородной бомбы.

Глава 4. Взаимодействие гравитонного газа с веществом

Затем могут возникать дополнительные эффекты во всем «столбе» астеносферы от границы ядра до поверхности литосферы. «Столб» может менять свои размеры, и в нем могут возникать разного рода «подвижки» и «волны». Все это будет отражаться и в явлениях на поверхности Земли. Подвижки вещества астеносферы могут приводить к возникновению электрических и магнитных явлений, теллурических токов, а также к акустическим эффектам, изменениям уровня воды в скважинах, и даже к атмосферным явлениям типа облаков специфической формы.

Все вышеуказанные эффекты имеют разную скорость распространения в глубинах Земли. Гравитационные изменения распространяются с исключительно высокой скоростью, и потому могут быть обнаружены на поверхности Земли гравиметрами практически в момент их возникновения. Прочие явления могут иметь различное запаздывание в зависимости от места их возникновения и скорости распространения.

Более плавные изменения состояния ядра могут вызывать наблюдающиеся локальные длиннопериодные изменения величины гравитации с периодом до 20 минут

http://www.geotar.com/position/kapitan/stat/1014c.pdf

Указанный механизм объясняет в частности, почему при некоторых типах землетрясений (особенно сильных и разрушительных) могут отсутствовать какие-либо предвестники; а также проясняется причина того, что определенные виды предвестников относятся только к определенным видам землетрясений.

Становится также более понятно, почему столь трудно бывает предсказать возникновение сильных землетрясений, если их причина находится в ядре планеты.

Вследствие накопления массы (в ядре планеты) увеличивается размер ядра, а следовательно, и всей планеты. Отсюда можно сделать грубый ориентировочный расчет, приводящий к величине ежегодного радиального увеличения радиуса планеты примерно на 2 см.

Это и является причиной так называемого «дрейфа материков». Материки на поверхности литосферы непрерывно расходятся в разные стороны. Отсюда понятно возникновение разломов в коре и наличие «молодой коры» в океанах на месте расхождения материков. Тем не менее, авторы в ВИКИпедии рассказывают нам о «столкновениях» материков. По-видимому, здесь не учитывается то обстоятельство, что различные участки литосферы могут «подниматься» быстрее остальных, в результате чего как бы образуется новая «суша» а океаническая вода из этих областей утекает. Внешнему наблюдателю это может представляться в виде движения самих материков и даже их «столкновения». При подобной схеме никакого горообразования в результате противоположного движения материков (и, тем более – отдельных частей тектонических плит) быть не может. Однако, может происходить процесс подводного горообразования.

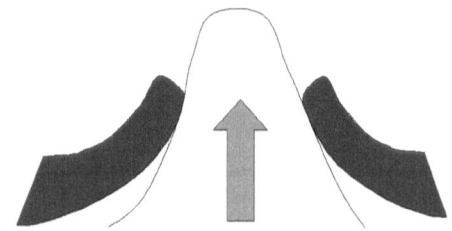

Рис.15. Возможная модель горообразования в океанах (океанические рифты)

15. Гравитонная космология

«Тому, кто сумеет постичь Вселенную с единой точки зрения, Мироздание покажется неповторимым явлением и великим открытием»

Д'Аламбер (1751)

15.1. «Критическая гравитирующая масса»

Одним из следствий гравитонной гипотезы является представление о так называемой «критической гравитирующей массе». Внутри космического объекта достаточно большой массы естественным путем образуется ядро, совершенно непрозрачное для гравитонов. (Одним из следствий этого является возникновение вокруг планет колец разного характера). Но, по мере дальнейшего накопления (роста) массы внутри звезды (или планеты), возникает ситуация, когда гравитоны не только не могут пройти насквозь через космическое (небесное) тело, но даже не могут дойти до его центра (рис.16). Возможно, это состояние достигается не только на стадии звезды.

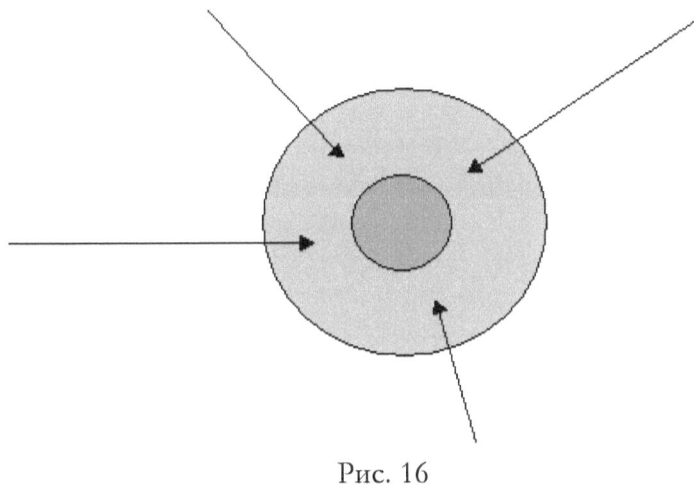

Рис. 16

С этого момента внутри небесного тела может образовываться и существовать масса какой угодно величины и плотности - при постоянстве ее внешних размеров это не окажет никакого влияния на ее гравитационные (гравитирующие) свойства. И вот эта масса уже нарастает только с внешней части сферы закритической массы, на той границе, до которой могут дойти внедряющиеся в тело гравитоны. Конечно, рост этой массы приводит к увеличению ее размеров, а значит и гравитационной силы на заданном расстоянии при прочих равных условиях. Но на сравнительно небольшом расстоянии от такой массы, когда она «закрывает» от пробного тела значительную часть полусферы, и при этом полностью поглощает гравитоны, приходящие из этой части полусферы, гравитационная сила не может быть больше определенной постоянной величины. Более полусферы эта масса перекрыть не может. А из перекрытой полусферы она уже поглотила все гравитоны. Поэтому, начиная с определенного момента, количество протонов в этом теле может быть сколь угодно большим.

Таким образом, оказывается, что в природе может существовать масса, «не обладающая гравитационными свойствами». Это и понятно - ибо гравитация не есть абсолютное свойство массы вообще, а есть лишь результат нахождения объекта в среде гравитонов.

Более подробно эта проблема обсуждается в [8].

15.2. Эволюция планет и их превращение в звезды в свете гравитонной гипотезы подробно рассмотрены в книге В. Блинова *«Растущая Земля - из планет в звезды»* [1].

Эволюцию планет мы имеем возможность в определенной мере наблюдать, изучая планеты и спутники планет нашей Солнечной системы. Гравитонная гипотеза роста планет и преобразования их вещества исключает представления о многих из них как об остывших планетах (такое мнение до сих пор бытовало в отношении, например, Луны). Со временем планеты разогреваются все больше и больше проникающими внутрь гравитонами по мере накопления в них массы вещества, а не теряют накопленную в них ранее теплоту. Более того, внутри планет происходит непрерывное накопление массы, происходящее в результате захвата атомами гравитонов. Прирост массы Земли в этом процессе в настоящее время составляет около 1,7 млн. тонн в секунду (!), в то время как из окружающего пространства захватывается камней, пыли и воды всего около 10 000 тонн в год. Планета, таким образом, растет изнутри, а не снаружи.

Можно предположить, что очень частые землетрясения на Луне (лунотрясения), сильно отличающиеся по своему характеру от земных (и обнаруженные, как только на Луне был поставлен первый сейсмограф), имеют именно эту причину. С представлением о росте планеты из ее центральной части прекрасно коррелируется и гипотеза возникновения землетрясений [7].

15.3. Эволюция звезд

По гипотезе Блинова сравнительно небольшие куски материи постепенно растут по объему и массе, модифицируются, постепенно становятся планетами, разогреваются изнутри, и затем превращаются в коричневые карлики – сравнительно небольшие тела, по размеру несколько больше Юпитера, разогретые до поверхностной температуры в несколько сотен градусов. При этой температуре такая звездо-планета излучает преимущественно в инфракрасном диапазоне. Дальнейшее накопление массы приводит к еще большему разогреву, звезда превращается в желтый карлик (типа нашего Солнца) и далее, увеличиваясь по величине, вырастает до белых и голубых гигантов. Затем может происходить взрыв сверхновой, на месте которой после этого остается белый карлик, звезда с высокой поверхностной температурой и большой плотностью.

Глава 4. Взаимодействие гравитонного газа с веществом

Таким образом, по Блинову, эволюция звезд, отражаемая диаграммой Герцшпрунга-Рассела, начинается от начального участка в самом низу диаграммы (рис.17) и далее вверх по «Главной последовательности», в то время как принятые гипотезы о конденсации звезд из межпланетного газа предусматривают эволюцию звезд в обратном направлении.

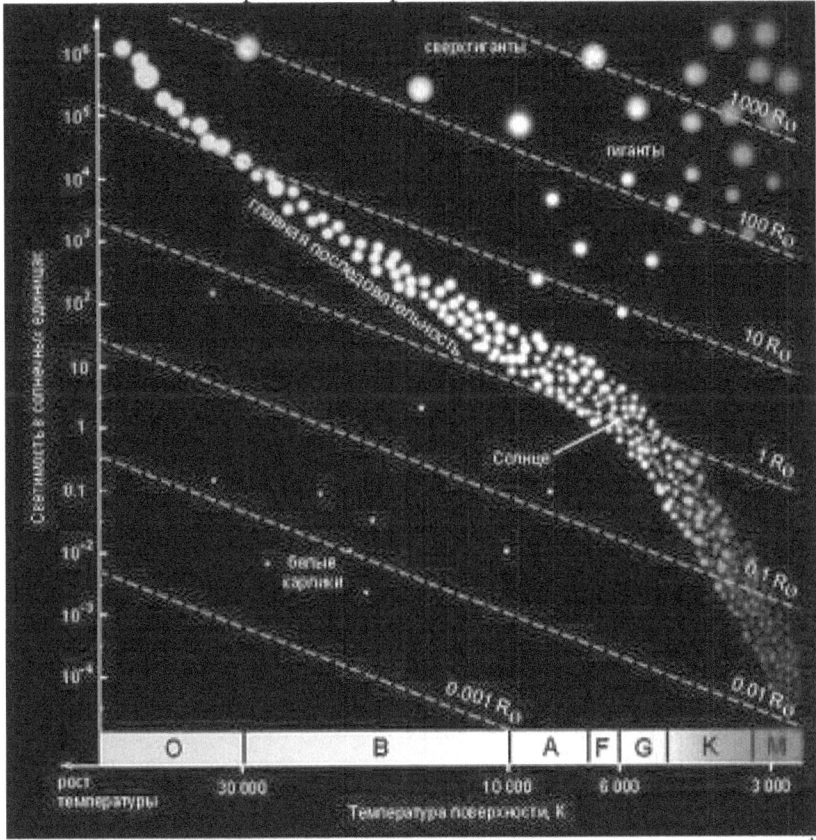

Рис. 17а

Рис. 17б. Звездная эволюция по Блинову

15.4. Возникновение планетных систем у звезд

Итак, мировое пространство заполнено гравитонным газом. Явление гравитации возникает вследствие затенения объектом, поглощающим гравитоны, если другой объект находится в относительной близости (не далее, чем длина свободного пробега гравитона – примерно 1 световой год).

Но этим воздействие гравитонного газа не ограничивается.

Наша Галактика представляет собой гигантский гравитонный вихрь. Он вращается. Период одного оборота составляет около 300 млн. лет. Все звезды вращаются, понятно, вместе с этим вихрем, но гравитоны вихря движутся несколько быстрее, чем перемещаются сами звезды (скорость движения Солнца – около 30 км/сек, а скорость движения гравитонной среды в нашей области пространства по приблизительным подсчетам Ацюковского – около 600 км/сек).

Но плотность гравитонного газа в этом гигантском вихре не везде одинакова. Есть области с большей или меньшей плотностью, через которые проходит движущаяся звезда. А звезды, как известно, имеют разную плотность вещества по радиусу. Снаружи – газовая атмосфера, ближе к центру – жидкостная среда, еще ближе,

Глава 4. Взаимодействие гравитонного газа с веществом

возможно, более плотное ядро. Если такая звезда попадает в область с большей плотностью гравитонного газа, то сила тяжести в этой области увеличивается. Атмосфера звезды начинает сжиматься. Часть атмосферы конденсируется. Момент вращения изменяется, и звезда начинает вращаться быстрее (раскручивается). При определенных условиях раскрутка приводит к отрыву части вещества звезды (в основном из зоны, близкой к поверхности), и к удалению оторвавшейся части ПО КРУГОВОЙ ОРБИТЕ. Таких отрывов может быть несколько по мере уплотнения гравитонного газа и ускорения раскрутки. Возникает планетная система.

Затем звезда с образовавшимися планетами выходит из области увеличенной плотности гравитонного газа. При этом величина гравитации уменьшается, и вся планетная система расширяется, планеты уходят от звезды на более далекие орбиты. Звезда возвращается к прежнему состоянию, размеры звезды увеличиваются (главным образом за счет атмосферы), вращение звезды замедляется. Весь этот процесс может занять миллионы лет.

В дальнейшем вся планетная система может периодически входить в области пространства с бо́льшей или меньшей плотностью гравитонного газа. Это отражается и на ситуации на самих планетах. Уменьшение плотности гравитонного газа приводит к некоторому отдалению планеты от звезды – климат становится холоднее (вплоть до оледенения). Одновременно это способствует развитию на планете гигантских форм растительного и животного мира (динозавры, мамонты). И наоборот. Периодически…

В данный момент плотность гравитонного газа медленно уменьшается, поэтому Луна очень медленно отходит от Земли.

Из всего сказанного выше следует, что любые попытки выявить какую-то упорядоченность расположения планет в Солнечной системе по ее радиусу (а тем более – использовать при этом принципы квантовой механики!) вряд ли могут привести к созданию надежной теории, так как процесс отрыва планет от Солнца зависит от множества факторов и вряд ли предсказуем.

Вследствие подобных явлений в еще более удаленных от нас областях Мира, могут возникать и сверхновые звезды. Если плотность гравитонного газа увеличивается очень сильно, то уплотняется и вещество самой звезды. Вследствие этого возникает несколько процессов. С одной стороны, увеличивается скорость поглощения гравитонов в веществе звезды, ставшем более плотным. С другой стороны, при этом развивается повышение температуры. Одновременно увеличивается скорость вращения звезды.

Увеличенная плотность гравитонного газа не дает звезде разорваться – возникает нейтронная звезда (очень быстро вращающаяся). Но в дальнейшем повышение температуры и давления (изнутри, из-за роста температуры) вследствие поглощения гравитонов приводит к ее взрыву (сверхновая).

Наиболее далекий спутник Солнца Плутон сохранил скорость вращения вокруг своей оси вследствие своей небольшой массы. Геология Земли («Геохронология» ВИКИ) также считает, что первоначальная скорость вращения Земли была около одного оборота за 6 часов. Приблизительные расчеты по измеренному в настоящее время замедлению вращения Земли дают примерно ту же величину скорости вращения 4 млрд. лет назад.

Можно предполагать, что первоначально, в момент отделения от Солнца, остальные планеты имели примерно ту же скорость вращения.

В дальнейшем воздействие гравитонной среды приводит к увеличению массы планеты, причем, чем больше масса планеты, тем быстрее происходит накопление этой массы. За 4 млрд. лет Земля и Марс замедлили свое вращение до 24 часов за оборот.

Астрономические наблюдения больших планет дают другие значения скорости вращения. Чем больше планета, тем больше наблюдаемая скорость вращения, а не наоборот. Однако следует иметь в виду, что мы наблюдаем не вращение самих планет (и Солнца), а вращение их атмосфер, что далеко не одно и то же. Даже у Земли скорость воздушных масс на высоте 10 км может составлять до 100 км в час. Причем это не какие-то периодические или местные скорости, а постоянное и непрерывное движение по направлению вращения планеты (!).

Что заставляет атмосферу вращаться быстрее, чем поверхность самой Земли?

Сторонники эфирной гипотезы объясняют это наличием некоего вихря, который крутит не только атмосферу, но и является причиной вращения самой планеты.

Гравитонная гипотеза объясняет это явление иначе, а именно– отклонением потока гравитонов, проходящих сквозь планету, в направлении ее вращения.

Выходит, что чем больше планета, тем медленнее она вращается, но тем больше отклоняются проходящие через нее гравитоны и тем быстрее вращается ее атмосфера.

15.5. Момент вращения планетной системы

Вопрос о соотношении моментов вращения у Солнца и суммы момента вращения планет считается до сих пор нерешенным. Суть проблемы в том, что момент вращения Солнца меньше момента вращения, например, Юпитера в 30 раз. Если предполагать, что планеты образовались из материала Солнца путем отрыва, то такое положение невозможно (момент должен был бы перераспределиться между элементами системы). Теория образования планет из протопланетного облака также наталкивается на ряд несоответствий.

Гравитоника дает объяснение этому феномену с принципиальных позиций. Дело в том, что понятие общего момента вращения у нескольких небесных тел правомерно в предположении, что они друг к другу притягиваются. Но ведь само понятие момента вращения существует только при наличии жесткой связи между элементами системы (роль жесткой связи в этих рассуждениях выполняют «силы» притяжения). Однако в гравитонной модели, в которой тела **приталкиваются** друг к другу ВНЕШНИМИ силами (внешними гравитонами тени) отсутствует само понятие об общем центре масс! А потому и рассуждения о перераспределении момента вращения совершенно нерелевантны.

15.6. Вихри на Земле и в Космосе

Как уже было сказано выше, математический расчет показывает полное соответствие зависимости гравитационного воздействия по изложенной гипотезе классической формуле Ньютона. Полное, да не совсем, так как гравитонная «тень» может устойчиво существовать только на длине свободного пробега (ДСП) гравитона, а эта ДСП соответствует приблизительно размерам Солнечной системы. Со своей стороны, именно эта величина и определяет сами размеры Солнечной Системы, что подтверждается изменением траекторий космических кораблей «Пионер 10,11» и «Вояджер». Отсюда и фундаментальный вывод - закон всемирного тяготения И. Ньютона, по-видимому, справедлив лишь для довольно ограниченных расстояний, определяемых ДСП гравитонов. При этом размеры и масса самой звезды (Солнца) почти не влияют на размеры планетной системы - за определенным пределом расстояний «гравитонная тень» постепенно «размывается» в результате хаотического движения гравитонов.

Это настолько неожиданный вывод, что обычная первая реакция на него – «Чушь! Не может быть!» А второй вопрос: «Что же тогда удерживает в относительной структурной целостности существенно бо́льшие объекты, чем Солнечная система?»

Ответ на этот вопрос довольно прост - это обычные законы газовой динамики в применении к «гравитонному газу».

Если гравитонный газ наполняет всю Вселенную, то он находится в постоянном движении, и в некоторых областях пространства возникают огромные вихри, состоящие из вихрей меньшего размера. Наглядным и хорошо нам известным аналогом являются циклоны, тайфуны и торнадо (смерчи) в земной атмосфере. Мы не видим молекул воздуха, находящихся в движении, из-за их малости и прозрачности газа, но судим об их движении, наблюдая облачные и пылевые массы, состоящие из более крупных (и потому видимых нами) частиц (капелек).

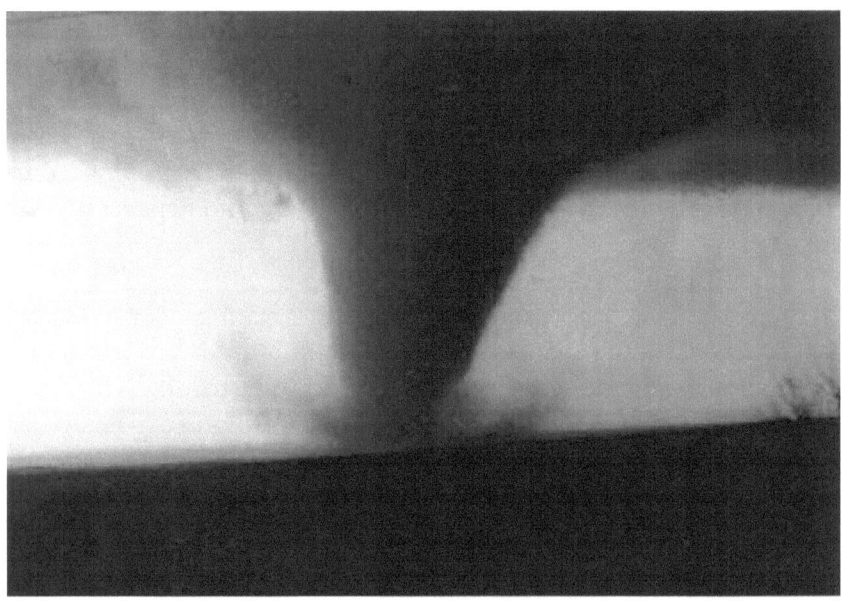

Рис.18. Торнадо в прерии

Рис.19. Торнадо над морем

Рис.20. Циклон (снимок из космоса)

Рис.21. Ураган (вид из космоса)

Рис. 22. Ураган «Изабель»

15.7. Галактики

Одного взгляда на любую из спиральных галактик достаточно, чтобы возникла аналогия с ураганами и циклонами.

Рис. 23. Галактика М100

Гравитоны по предварительным оценкам имеют размеры примерно на 15 порядков меньшие, чем размер протона. Частички таких размеров мы сегодня непосредственно наблюдать не в состоянии. Более того, согласно представлениям акад. В.Гинзбурга, существуют также и более крупные, и, тем не менее, все еще пока не наблюдаемые непосредственно частички, названные им «преонами» (их размеры примерно на 4-5 порядков меньше размеров протона). Наблюдать же в наши телескопы мы можем лишь результат гораздо больших по масштабам процессов - свечение звезд и пылегазовых облаков.

Рис. 24. Галактика М104 («Сомбреро»)

Гравитонная гипотеза предполагает, что «ответственными» за явление гравитации являются гравитоны (микро-частицы, движущиеся со скоростями до сотен миллионов километров в секунду с длиной свободного пробега примерно до 3 световых лет). «Ответственными» же за явления электромагнитные и световые эта гипотеза считает «преоны» - гораздо более крупные частицы, движущиеся со скоростями около 300 000 км/сек (со скоростью света). Преоны, по-видимому, состоят из гравитонов, сами являясь гравитонными вихрями. Элементарные частицы в свою очередь представляют собой вихри преонов.

Различные области пространства Вселенной могут иметь **различную плотность (концентрацию) гравитонного газа.** При прочих равных условиях от этой плотности, по-видимому, зависят все без исключения так называемые «фундаментальные постоянные», в том числе и «гравитационная постоянная». Действительно, гравитонный поток различной плотности будет оказывать большее или меньшее приталкивающее воздействие на тела, расположенные в пределах свободного пробега гравитонов, образующих гравитонную тень. А вслед за плотностью потока гравитонов, которые, по-видимому, являются «кирпичиками» для «строительства» более высоких этажей мироздания, должны изменяться и все так называемые «мировые постоянные».

Из сказанного ясно, что вследствие пространственного ограничения длиной свободного пробега, гравитационные явления не могут наблюдаться на больших расстояниях от любой массы вещества. На расстояниях, больших примерно 3 св. года, движение масс уже определяется не гравитационными эффектами, а законами газовой динамики.

Галактики представляют собой именно видимую часть движущихся гравитонных потоков (вихри). Точно так же, как пыль и камни делают для нас видимыми смерчи в атмосфере, скопления космической пыли и более крупных образований, включая звезды, делают для нас видимыми галактики.

Размеры галактик довольно большие. Так, Солнце находится довольно близко к краю нашей Галактики «Млечный Путь», и на расстоянии примерно 30 тысяч световых лет от ее центра (рис.27).

Рис. 25. Галактика M74

Рис. 26. Галактика типа нашей галактики

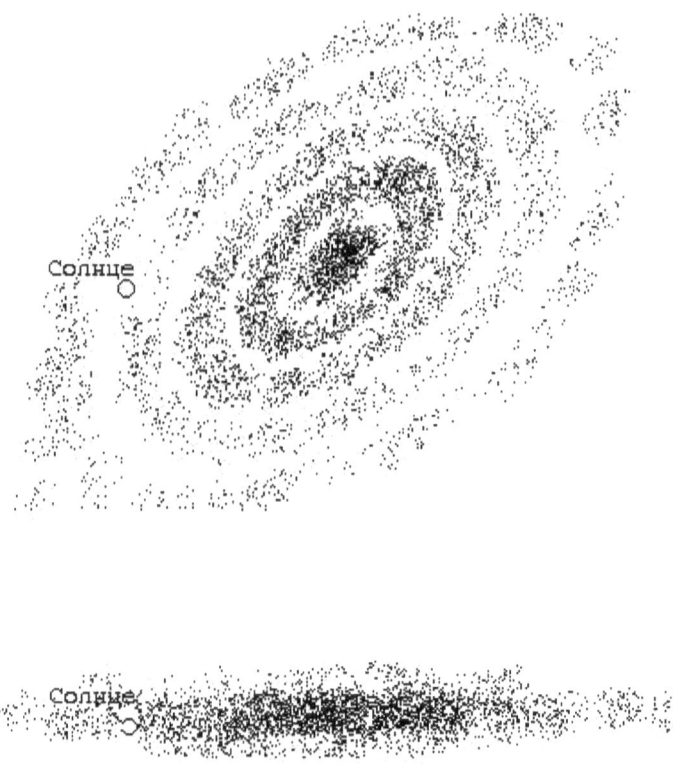

Рис. 27. Положение Солнца в нашей галактике

А, как сказано выше, существование сил гравитации на расстоянии более, чем 3 световых года, вряд ли возможно. Понятно, что ни о каком «гравитационном» взаимодействии между звездами в галактике и ее гипотетической «центральной массой» и речи быть не может.

В то же время существование галактик в виде вихрей гравитонного газа не противоречит наблюдаемому эффекту.

Рис. 28. Галактика N3344

Рис. 29. Галактика NGS4414

Глава 4. Взаимодействие гравитонного газа с веществом

Звезды двигаются в зависимости от скоростей местных гравитонных потоков, формируясь и умирая в этих потоках, и нет никакой необходимости в наличии мощного центра притяжения, заставляющего их двигаться по существующим орбитам. Предположение о наличии гравитонного газа снимает необходимость в предположении о существовании большой массы в центре галактики. Ведь никто же не требует, чтобы в центре тайфуна находилась какая-то масса, заставляющая массы воздуха двигаться вокруг нее по кругу! Напротив, в центре тайфуна как раз находится зона разреженного газа, относительно спокойная зона, которую моряки называют «глаз тайфуна». Этот «глаз» хорошо виден на фото (рис.30) и на увеличенной его части (рис.31). На снимке почти любого циклона из космоса из космоса в его центре видна «черная дыра» (рис.31, 32)

Рис. 30

Глава 4. Взаимодействие гравитонного газа с веществом

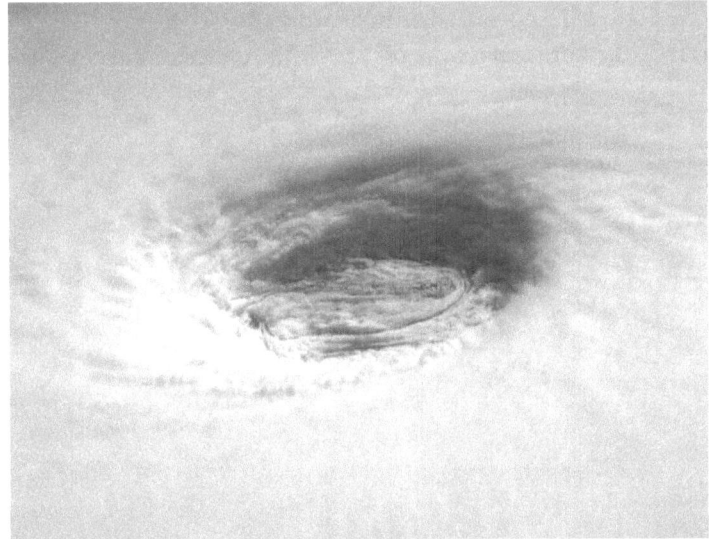

Рис. 31

Рис. 32

15.8. Газовые гравитонные смерчи

Возникновение газового гравитонного смерча аналогично возникновению развитию смерча в атмосфере

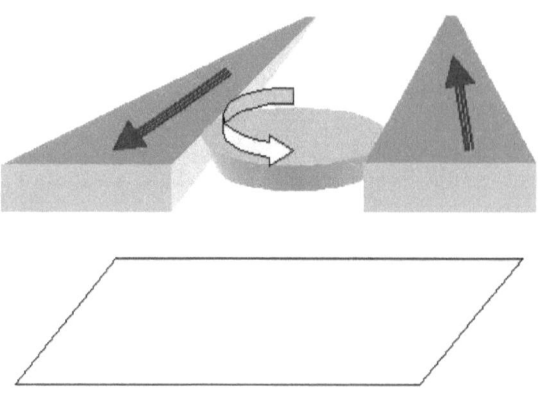

Рис. 33. Возникновение газового смерча. Серыми прямоугольниками условно обозначены потоки газа, движущиеся во встречных направлениях

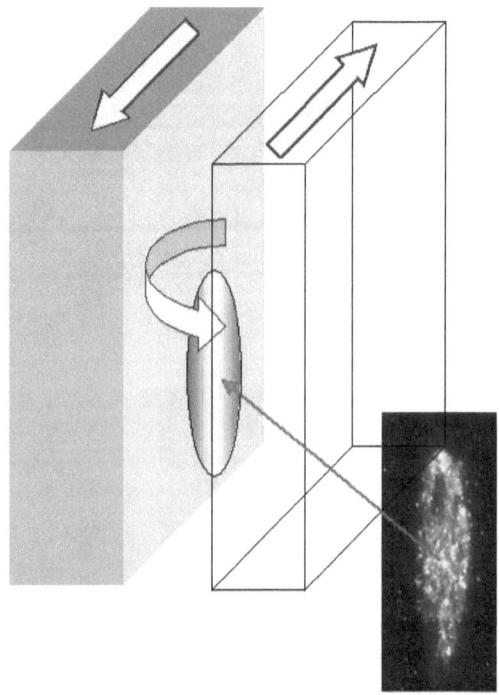

Рис. 34. Смерч в Космосе - эллиптическая галактика. Такой смерч возникает при значительном протяжении потоков газа в каком-то одном направлении

Глава 4. Взаимодействие гравитонного газа с веществом

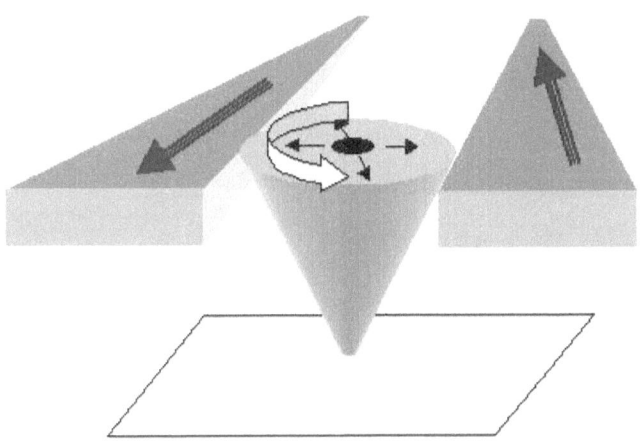

Рис. 35. Развитие торнадо в атмосфере

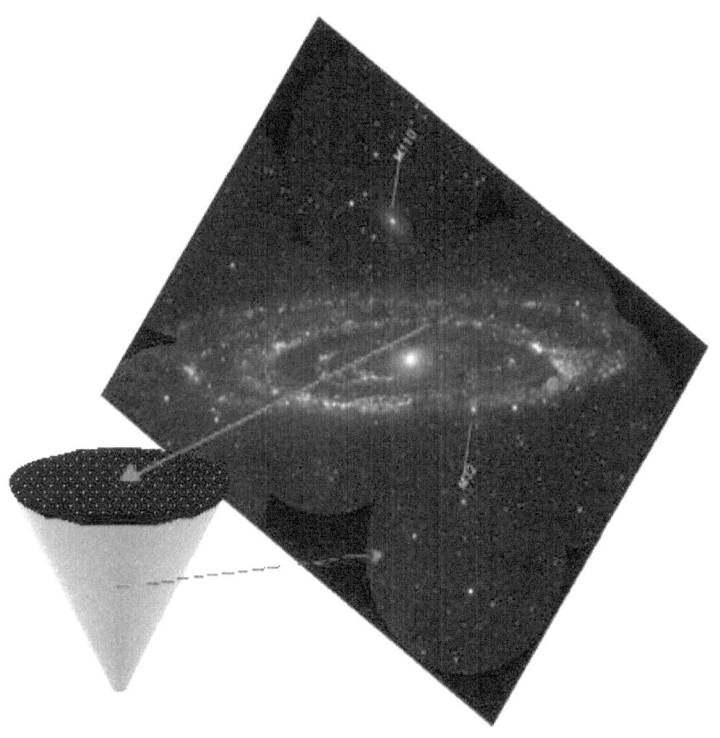

Рис. 36. Торнадо в Космосе - спиральная галактика

Глава 4. Взаимодействие гравитонного газа с веществом

Рис. 37. Средняя часть торнадо не слишком заметна, так как в ней нет пыли и водяных капель

Земной наблюдатель не видит даже самого конуса космического торнадо, аналогично тому, как на рис.37 мы не видим всего торнадо целиком. Он видит лишь звезды и галактики в местах их образования. Но если присмотреться к реальной фотографии спиральной галактики на рис.22, то можно увидеть слабый голубоватый след светящегося газа, направленный от галактики в нижнюю и верхнюю части фотографии. В смерчах в земной атмосфере верхние его части отсутствуют, так как выше слоев, создающих вихрь, атмосфера довольно быстро становится разреженной. А гравитонный газ космоса имеет относительно постоянную плотность, и в нем могут присутствовать и «верхняя» и «нижняя» воронки.

По последним данным чуть ли не в каждой галактике в ее центре находится «черная дыра». Это сравнительно легко объясняется гравитонной гипотезой, которая считает ВИДИМУЮ «черную дыру» не материальным образованием, обладающим большой массой, а чем-то подобным «глазу тайфуна», то есть областью, из которой гравитонный газ отброшен к внешней части вращающейся галактики. Отброшенными оказываются не только крупные материальные частички вроде атомов, но даже преонный газ, являющийся средой распространения света и электромагнитных колебаний. Может быть, именно поэтому мы и не видим ничего ЧЕРЕЗ «черную дыру». Внутри нее нет среды, в которой бы могли распространяться "электромагнитные" колебания, а свободно летящие фотоны представляют собой материальные образования, также отбрасываемые из центра потоками гравитонов.

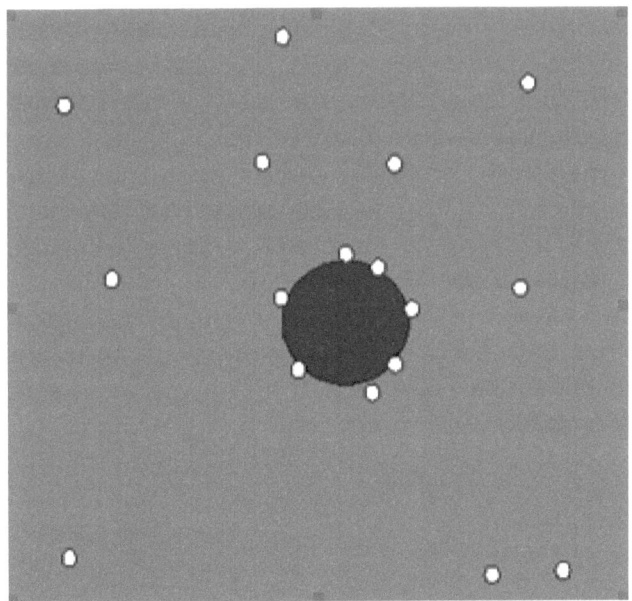

Рис. 38. «Черная дыра» в космосе

На одном из снимков, появившихся в прессе, была зафиксирована черная дыра в окаймлении довольно ярких звезд. Про такие фотографии обычно говорят, что они поставили астрономов в тупик - не находится подходящего объяснения этому явлению - ведь в соответствии с теорией «черная дыра» должна была давным-давно "всосать" в себя эти звезды. На рис.38 приведен лишь рисунок упомянутой фотографии, отсутствующей у автора.

С точки же зрения гравитонной гипотезы никакой загадки нет. «Черная дыра» - это «Глаз тайфуна». Даже если эти звезды находятся в непосредственной близости от «дыры» (а не проектируются из других плоскостей), то они просто формируются в тех частях космического тайфуна, которые отброшены от центра вращения этого вихря.

Явление «черной дыры», возможно, может сопровождаться «всасыванием материи», но это всасывание, скорее всего, идет по телу торнадо через «воронку» в виде «глаза тайфуна».

15.9. «Темная материя»

Из сказанного следует, что хотя гравитонный газ в этой гипотезе предполагается существующим и, одновременно, невидимым, тем не менее, его нельзя считать той самой «темной материей», существование которой, по мнению сторонников такой теории, объясняет движение звезд на краях галактик.

Идея о существовании некоей «темной материи» возникла из наблюдений за движением звезд на краях галактик, которые показали, что сила притяжения этих звезд к центральным областям галактик, рассчитываемая по законам Кеплера, не соответствует той силе, которую должна создавать общая масса (оценочная) видимых звезд этих галактик. Эти звезды двигаются так, как будто их удерживает на их радиусе вращения гораздо большая сила, чем расчетная, вытекающая из указанной оценки массы. Из этого некоторыми учеными и был сделан довольно-таки прямолинейный вывод, что реальная масса этих галактик должна быть (и якобы есть на самом деле) больше расчетной, и мы просто не можем наблюдать эту массу, она оказывается от нас «скрытой» («темной»).

Рис. 39. Компьютерная модель

Это предположение не слишком нравится многим исследователям. Появляются сообщения о возможности интерпретации этих явлений с помощью других теорий. То есть эта гипотеза находится в процессе обсуждения, и ее нельзя принимать за окончательное мнение ученых.

Гравитационная же гипотеза не нуждается в предположении о «скрытой массе».

15.10. Возникновение и формирование Вселенной

Из изложенного следует, что для объяснения возникновения нашей Вселенной (Метагалактики) нет необходимости привлекать предположения типа «Большого Взрыва» (БВ). На самом деле БВ - это всего лишь предположение, один из якобы возможных сценариев. По мнению специалистов, он имеет целый ряд недостатков. Главный же из них – методологический, о котором упоминается не слишком часто, а именно: он базируется на предположении, которое нельзя ни подтвердить, ни опровергнуть. Это противоречит Принципу Поппера об «опровержимости» гипотезы и выводит теорию БВ из области научных теорий. На сегодняшний день практически единственным подтверждением теории БВ является так называемое микроволновое излучение, приходящее к нам со всех сторон (правда, с некоторыми колебаниями уровня). Однако, возникновение этого излучения разными учеными объясняется по-разному. В то же время предположение о существовании гравитонно-преонного газа позволяет представить себе иную картину возникновения нашей вселенной.

Глава 4. Взаимодействие гравитонного газа с веществом

В соответствии с этой точкой зрения, за пределами нашей Вселенной, куда мы пока заглянуть еще не можем, есть еще множество вселенных. Все вместе они, как клеточки многоклеточного организма, образуют невообразимое Существо, которое даже может быть каким-то Организмом, наподобие нашего собственного. Этот Организм, скорее всего, не подозревает о нашем существовании, как всего лет 300 назад никто не представлял себе, что человеческий организм состоит из клеток, каждая из которых - сложнейший механизм, неизвестно откуда взявшийся.

Клетки-вселенные возникают (рождаются) и, возможно, могут разрушаться и умирать.

Рождение новой вселенной происходит в результате сближения двух других вселенных, каждая из которых представляет собой огромный вихрь гравитонного газа. При этом возможны две основных ситуации - оба вихря вращаются в одну сторону (например, против часовой стрелки) или во взаимно-противоположные стороны (рис. 40).

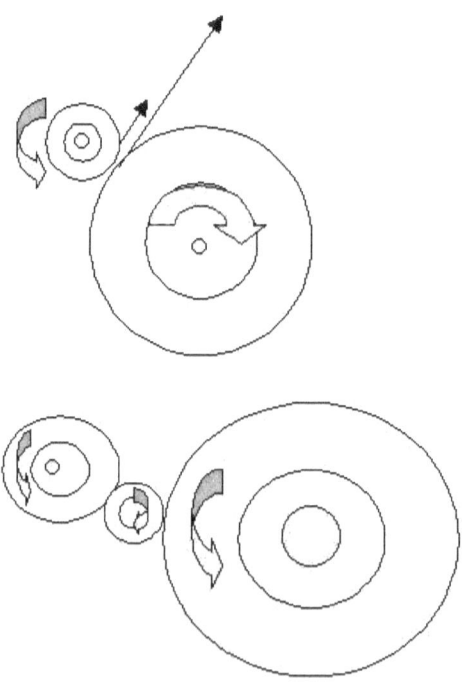

Рис. 40

В случае совпадения направлений движения потоков газа на границах вихрей (верхняя часть рис.40), произойдет перекачка энергии на границе соприкосновения вихрей. Вихрь, пограничные слои которого имеют бо́льшую линейную скорость, будет отдавать свою энергию вихрю с меньшими линейными скоростями частиц на границе соприкосновения. Это приводит к некоторому замедлению вращения более «быстрого» вихря и к ускорению вращения («раскрутке») вихря более медленного. Возможны, конечно, разные промежуточные варианты. Фотография такой ситуации, сделанная с помощью телескопа «Хаббл», приведена на рис.41. Бо́льшая по размерам галактика раскручивает меньшую, и часть вещества, получившая большую скорость, отрывается от малой галактики и захватывается большой («перетекает» в нее). Судя по фотографии, поскольку галактики вращаются очевидно в одну сторону, большая галактика раскручивает меньшую «со знаком минус», то есть тормозит ее вращение, чем и объясняется отрыв части вещества меньшей галактики.

Ничто не мешает происходить точно такому же процессу и при столкновении Вселенных.

Рис. 41

Однако разностная энергия вращения (которая может быть очень большой) не может просто так взять и исчезнуть. В этом случае на границе соприкосновения полей тяготения вращающихся вихрей с неизбежностью возникает третий вихрь (нижняя часть рис.40) наподобие «паразитной шестеренки» в коробке передач автомобиля или металлорежущего станка (на рис. 41 дело еще до этого не дошло).

Третий вихрь по своим размерам гораздо меньше двух других; он как бы "зажат" между ними, и вследствие этого угловая скорость его вращения значительно больше скорости вращения каждого из первичных вихрей, которые оба отдают ему свою энергию. Ведь линейная скорость окружности третьего маховика равна линейным скоростям двух других "маховиков", а его радиус значительно меньше. Однако, никакого заметного повышения температуры и давления в таком вихре может и не происходить. На самом деле невозможно даже говорить о давлении и температуре гравитонного газа, можно говорить только о его плотности и скоростях гравитонов. В момент образования третьего вихря **для внешнего наблюдателя (не обладающего достаточной полнотой знания о мире) как раз и происходит нечто вроде «Творения из Ничего»**.

Был невидимый наблюдателю газ, и вдруг загораются звезды! Причем до этого, как нам кажется, происходит массовое формирование преонов – гравитонных вихрей. Преоны же являются ответственными за световые явления. В некотором смысле происходит «отделение света от тьмы».

Таким образом, в определенных условиях (взаимные размеры, расстояния, скорости) между этими «суперколесами» может возникнуть такая "паразитная шестеренка", бешено раскручиваемая с обеих сторон, но в одном направлении. Энергия в данной области пространства возникает и увеличивается как бы «из ничего» - всего лишь пару десятков миллиардов лет назад в этой точке пространства было какое-то другое состояние, возможно даже и с минимальной энергией.

Гипотеза Большого Взрыва трудно приемлема не только потому, что требует сингулярности, то есть происхождения вселенной из одной точки. Ее дальнейшее расширение возможно только в каком-то пространстве, но ясно, что никакого пространства ДО Большого Взрыва не было, и поэтому непонятно КУДА, в какое пространство она расширяется. По-видимому, она должна СОЗДАВАТЬ пространство на пути своего расширения, примерно наподобие железнодорожного путеукладчика, не иначе. Математика услужливо предлагает целый ряд математических (!) гипотез. Но физически это также трудно представимо.

Некоторые ученые вполне справедливо критикуют современную физику, объявившую микромир неким заповедником, в котором не действуют понятные человеку законы. Но ведь и макромир оказывается таким же «заповедником»! Понятно, почему религиозные философы ухватываются за подобные «научные» идеи – в них столько же логики (а может быть и менее), сколько в нематериальном непознаваемом Абсолюте.

В предложенном здесь варианте нет противоречия. Возникший новый «пузырь» гравитонного газа нашей Вселенной распространяется в уже имеющемся пространстве, в котором находятся и другие вселенные. Ну, может быть потеснит их немножко. Энергия же никуда не девается, обе соприкоснувшиеся вселенные часть своей энергии вращения отдали новой вселенной. Но - только на ее вращение, на раскрутку. Всю остальную энергию, которая тратится на создание вещества и разогрева его до звездных температур, новая вселенная получит все из того же гравитонного газа, в ней самой и находящегося.

Откуда же, в конечном счете, берется вся энергия всех вселенных? Этого мы можем еще долго не узнать, как какая-нибудь клеточка любого живого организма не может себе представить Всего Существа, к которому она принадлежит как его часть. И, тем более, такая отдельная клеточка-вселенная не может себе представить функционирование этого Существа, наличие в нем, например, пищеварительного аппарата, и всяких других систем. Соотношения наших масштабов совершенно непредставимые.

Откуда мы с вами берем энергию для существования? Из пищи, верно. Ну, так и Сверх-Организм действует так же. "Что наверху, то и внизу", - как говорил Гермес Трисмегист.

15.11. Почему мы не видим других вселенных?

В XX веке было обнаружено, что спектры дальних галактик несколько сдвинуты в сторону более красных полос спектра. Вначале это пытались объяснить оптическим эффектом Допплера (аналогично этому эффекту в звуковом диапазоне). Однако выяснилось, что чем дальше от нас галактика, тем более сдвинут ее спектр в область более низких частот фотонов (энергий). То есть галактики как бы явно разлетались в разные стороны. Тут же нашлись горячие головы, которые повернули время в обратную сторону, и стали утверждать, что Вселенная вообще возникла из одной точки. Математики тут же предложили теорию, назвав эту точку «сингулярной» (попросту говоря - случайно возникшей при

Глава 4. Взаимодействие гравитонного газа с веществом

неизвестных обстоятельствах). Мощный математический аппарат позволил «вычислить», что происходило в первые минуты этого процесса, названного «Большим Взрывом», с точностью до миллисекунды!

Несколько странным было, правда, одно обстоятельство – все дальние галактики только удалялись от нас, демонстрируя «красное смещение», и подводя к выводу, что мы находимся в центре мироздания. Но и здесь матфизики не удивились - ведь «Большой Взрыв» произошел совершенно случайно, и если бы он не произошел, то и некому было бы это обсуждать (возможно, к лучшему). От этих идей до Божественного Промысла не было и полшага (не надо забывать, что практически все известные ученые на Западе – приверженцы так называемой «христианской науки»).

Когда границы видимой вселенной раздвинулись с помощью новейшей техники примерно до 3-4 миллиардов световых лет, было выяснено, что самые дальние галактики удаляются от нас с субсветовой скоростью. Что было еще более странно – ведь никому не известны «взрывы», при которых чем дальше от взрыва, тем быстрее летят осколки. Но математика и это «объясняет», как и многое другое необъяснимое.

О пространстве и времени мы уже не говорим – до Большого Взрыва не было ни времени, ни пространства, а по мере расширения Вселенной она сама создает и время и пространство... Пациенты чеховской «Палаты номер шесть», как теперь говорят, «отдыхают»...

Макромир превратился в еще один физический заповедник (после микромира), «Terra incognita», где царствуют «законы», установленные самими физиками, но не Природой.

Впоследствии многими исследователями предлагались разные объяснения «красного смещения», но до сих пор ни одно не получило признания, кроме навязанного «научной общественности» мнения «Общей теории относительности», апологеты которой утверждали, что расширяется собственно «пространство», а галактики остаются на своих местах! (См. Википедию «Красное смещение»). Тем более, что «Неизвестная земля» была плотно оккупирована большим количеством желающих получить докторские степени по «космологии».

В этой главе мы не можем пока объяснить происхождение «красного смещения», так как для этого необходимо знать и объяснить материал одной из следующих глав, где рассматриваются основы светового излучения. Здесь мы можем лишь объяснить с наших позиций только одно не вполне понятное современной науке явление, а именно – единственность наблюдаемой нами Вселенной. То есть, почему мы не видим ничего за пределами определенного расстояния – примерно 13,5 млрд. световых лет.

Из гипотезы о рождении вселенных в результате взаимодействия двух других вселенных, следует, что и родившаяся вселенная тоже будет вращаться, причем с окружной скоростью, сопоставимой с окружными скоростями материнских вселенных. То есть **наша вселенная вращается, хотя мы этого не замечаем.**

И теперь нужно вспомнить, что это «движение по кругу» происходит вовсе не в «поле тяготения». Ничего подобного там нет.

Есть только движение больших масс гравитонного газа, невероятных размеров вихрь. Существование такого огромного вихря может поддерживаться только сверхмалыми частицами. Возможно даже меньшими, чем «юоны» на много порядков, и на столько же порядков быстрее двигающимися. Если такой вихрь в какой-то мере подобен вихрям в атмосфере Земли, то понятно, что никакого плотного центра тяготения у него нет и его не надо искать. Именно поэтому мы не видим заметных уплотнений галактик, в какую бы сторону небесной сферы мы ни посмотрели. Скорее мы увидим некоторые разрежения.

Чем дальше находятся галактики от центра, тем (при постоянной угловой скорости гравитонного вихря) больше их тангенциальная скорость. Нет никаких препятствий к тому, чтобы на каком-то расстоянии от центра вращения эта скорость не приближалась бы к световой и даже превзошла бы ее. Поэтому на некотором определенном расстоянии от центра вращения эта скорость может стать равной «С» - скорости света. Эта граница показана на рис.42 круговой пунктирной линией.

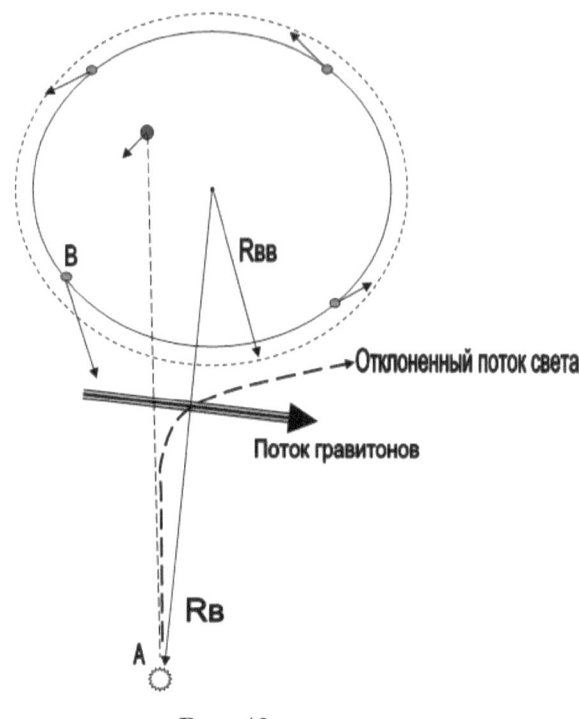

Рис. 42

Здесь я вынужден извиниться перед читателем. Это может быть по-настоящему понято только после детального выяснения природы света. А этим мы займемся в главе «Свет» во второй части книги. Суть же дела стоит в том, что в свободном пространстве свет распространяется не в виде волн в некоей «эфирной» или «преонной» среде, а в виде (форме) фотонов – одиночных пакетов (цугов) преонов, излученных атомами излучателя и поэтому движущихся в пространстве со скоростью, определяемой условиями излучения и распространения на трассе движения. Поэтому боковой снос фотона может иметь место на больших дистанциях его распространения, и даже не при слишком большой скорости вращения гравитонной среды (досветовой скорости).

Не в наших правилах давать следствия раньше объяснения причин, но в данном случае мы это сделали вынужденно.

Если какой-то светящийся объект находится за этой линией, то идущий от него свет заметно отклоняется потоком гравитонов, и не может достичь наблюдателя внутри области пунктирного круга. А если и достигает, то нет никакой уверенности, что этот объект находится там, где мы его наблюдаем. Область внутри пунктирного круга называется «Видимой Вселенной» (радиус $R_{вв}$ на рис.42, примерно равный 14 млрд. св.лет). Размеры же всего «вселенского вихря» значительно больше, и некоторые исследователи даже называют величину более 150 млрд. св. лет ($R_в$ на рис.42). Поскольку галактики имеют значительную радиальную скорость, то они движутся по направлению к границе видимой вселенной и некоторые из них даже пересекают ее (объект «В» на рис.42). Поэтому они могут постепенно терять яркость и становиться ненаблюдаемыми для нас. И действительно, галактики, известных типов, но находящиеся на краю видимой вселенной, имеют заметно меньшую светимость.

Еще одна причина возникновения явления, именуемого «красным смещением» может быть совсем иной. В следующей главе (глава 6 второго тома), посвященной строению атома с точки зрения гравитоники, будет показано, что так называемые «электронный уровни» в атомах зависят от величины гравитационной постоянной, то есть по сути – от плотности гравитонного газа. Если гипотеза образования вселенной, изложенная выше, правдоподобна, то по мере приближения к краям такой вселенной (вселенскому вихрю) плотность гравитонного газа может меняться. Это окажет влияние на спектры излучения всех атомов, причем одновременно и в одну сторону. Таким образом, это явление оказывается никак не связанным со скоростями излучающих атомов на далеких расстояниях.

И, наконец, существует еще одна, третья причина возникновения «красного смещения», на наш взгляд – наиболее вероятная. Она будет рассмотрена в следующей книге.

16. Нетривиальные следствия

«Пустое пространство» на самом деле не пустое, хотя с точки зрения отдельно взятого газа пустота в нем есть, и частички данного газа могут свободно передвигаться в пространстве.

Вакуум заполнен газами разного уровня (по размерам, массе и скоростям частиц).

Формула «пустоты». Если выделить в пространстве любую сколь угодно малую область, то в ней с вероятностью, равной единице, найдется хотя бы одна частица меньшего размера, чем выделенная область.

Гравитонный газ в нашей области пространства может служить опорной средой для абсолютной системы отсчета.

Глава 4. Взаимодействие гравитонного газа с веществом

В относительных системах отсчета невозможно говорить об абсолютной кинетической энергии больших масс вещества и сверхмалых частиц.

В различных областях мирового пространства плотность гравитонного газа может быть различной, что влечет за собой как необходимое следствие изменение всех основных так называемых «мировых констант», целиком и полностью определяемых параметрами гравитонного (а значит – и преонного) газа.

Объясняется причина разогрева планет изнутри, и причина неиссякаемого излучения энергии звездами. Планеты разогреваются изнутри в результате преимущественного поглощения гравитонов ядром (а не всей массой планеты). Это же относится и к звездам. Источником энергии звезд является гравитонный газ внешней среды.

Этот же процесс приводит и к образованию в планетах и звездах элементов всей таблицы Менделеева.

Разогрев планет является не основным следствием поглощения гравитонов преонами. Основной результат – включение гравитонов в состав преонов с дальнейшим делением преонов и образованием нового вещества. Поглощение гравитонов преонами не вызывает само по себе заметного нагрева вещества, хотя формально процесс взаимодействия гравитона с преоном является неупругим ударом.

Звездная эволюция движется в соответствии с диаграммой Гершпрунга-Рассела, но в последовательности, обратной общепринятой.

Внутри планет и звезд, начиная с их определенной массы, возникают области, до которых не проникают гравитоны. В этих областях формируется очень большая «критическая» гравитирующая масса, не оказывающая гравитационного воздействия на окружающие тела, и о существовании которой внешний наблюдатель может и не подозревать.

Такая масса, как бы «экранированная» от гравитонов среды, не обладает и «фундаментальным свойством массы» - инерцией. Этим объясняется и явление высокой частоты излучения пульсаров – такая масса может вращаться внутри звезды с любой скоростью (возможно, до какого-то предела).

Не существуют таких объектов, как «черные дыры». Согласно развитым здесь представлениям массы звезд могут быть очень большими, но при этом явление гравитации может и не возникать, и влияние этой массы на окружающие тела может и не проявляться.

«Черные дыры», как наблюдаемые явления, могут иметь совершенно иную природу.

Объяснены причины возникновения колец вокруг планет. Не исключено, что пояс астероидов также является аналогичным образованием, только у самого Солнца.

Объясняется причина вращения планет вокруг звезд, и всех достаточно больших космических тел вокруг своей оси.

Объясняется причина увеличения скорости вращения звезд в зависимости от их массы.

Объясняется постепенное превращение эллиптических орбит в круговые.

Критическая гравитационная масса в ядре планеты приводит к отклонениям движения спутников вблизи Земли от законов Кеплера. Чем дальше от планеты, тем точнее выполняется закон Кеплера. Этим объясняется отклонение движения низколетящих спутников Земли от закона Кеплера («эффект фон Брауна»), www.geotar.com/hran/gravitonica/4/fombraun.rar

Объясняется причина и процесс возникновения планетных систем у звезд (рутинное явление в космосе).

Объясняется причина развития «геологических» процессов на планетах, а также причина землетрясений и движение материков.

Закон всемирного тяготения вовсе не всемирный. Явление гравитации имеет место только на расстояниях, равных длине свободного пробега гравитона, и составляет примерно 1-2 парсека, т.е. примерно равно радиусу Солнечной системы в нашей части Вселенной. Размеры планетных систем у звезд не могут быть больше этой величины (обычно 50-100 а.е.).

Космические образования Большого Космоса есть облака гравитонного газа. Галактики образуются как результат вращения космических циклонов – больших масс гравитонного газа.

Черные дыры как объекты со сверхмощным тяготением существовать не могут. Существует критическая масса, начиная с которой прибавление вещества в ней не приводит к увеличению ее тяготеющей массы и силы притяжения - приталкивания. В такой звезде масса может увеличиваться без увеличения ее силы притяжения.

Видимые в центрах галактик несветящиеся образования, принимаемые за «черные дыры», могут представлять собой аналог явления «глаз тайфуна» в ураганах на Земле.

В различных областях мирового пространства плотность гравитонного газа может быть различной, что влечет за собой как необходимое следствие изменение всех основных так называемых «мировых констант», целиком и полностью определяемых параметрами гравитонного (а значит – и преонного) газа.

Скорость света является сугубо частной характеристикой движения преонов, и, безусловно, не является «мировой постоянной», а зависит исключительно от концентрации гравитонов и преонов в данной (хотя и очень большой) области мирового пространства.

Видимые части галактик являются только их частью, содержащей звезды. Кроме этого имеются и невидимые части этих космических тайфунов, в которых еще нет звезд или может быть даже и не будет их.

«Темной материи» не существует. Галактики удерживаются не силами тяготения, а представляют собой газовые вихри. «Темная материя» есть научный миф, результат неправомерного применения закона тяготения Ньютона как всемирного закона (явления). Скорости звезд в галактике определяются движением гравитонного газа, а не законами Кеплера, и не наличием в галактике тяготеющей массы.

Вселенная могла возникнуть в результате взаимодействия двух соседних вселенных, для чего не нужно привлекать сомнительную гипотезу «Большого взрыва».

Для объяснения «красного смещения» нет необходимости привлекать сомнительные представления о расширении «пространства» при неизменных расстояниях между галактиками. Пространство в этом случае теряет свой физический смысл и превращается в некий «параметр». В этом случае возникает больше вопросов, чем ответов на них. Явление «красного смещения» объясняется в гл.6 второй части книги.

Объекты, находящиеся вне радиуса «видимой вселенной», не наблюдаются нами потому, что свет от них сносится в сторону потоком гравитонов «вселенского гравитонного вихря». Наиболее дальние от нас видимые объекты должны постепенно становиться для нас невидимыми.

Литература

1. В. Блинов. «Растущая Земля - из планет в звезды», Изд-во УРСС, Москва, 2002,
   www.geotar.com/hran/gravitonica/4/blinov.rar
2. Пуанкаре против Ле Сажа,
   www.geotar.com/hran/gravitonica/4/puankare_lesage.rar

3. Замедление вращения Земли,
www.geotar.com/hran/gravitonica/4/zemla_vrash_medlennee.rar
4. Законы Кеплера,
www.geotar.com/hran/gravitonica/4/kepler.rar
5. Юпитер, www.geotar.com/hran/gravitonica/4/jupiter.rar
6. Астероид с кольцом,
www.geotar.com/hran/gravitonica/4/aster_kolzo.rar
7. О возможной причине сильных землетрясений,
www.geotar.com/hran/gravitonica/4/earthquake.rar
8. Критическая гравитирующая масса,
www.geotar.com/hran/gravitonica/4/critical_mass.rar
9. «Эффект фон Брауна»,
www.geotar.com/hran/gravitonica/4/fombraun.rar
10. Для раздела «Гравитонная космология» вся литература находится здесь: www.geotar.com/hran/gravitonica/5.rar

Приложение 1. Пуанкаре против Ле Сажа

Еще несколько лет назад меня просили выступить с разъяснениями по поводу теории Ле Сажа, которую раскритиковал вначале Пуанкаре, а впоследствии, по его примеру, и Р. Фейнман. При внимательном рассмотрении контрдоводов Пуанкаре выясняется, что они, естественно, базировались на недостаточных знаниях того времени. И вследствие той же причины даже в наше время никто не мог ничего противопоставить этим доводам.

Используя изложенные в предыдущих главах положения, мы уже можем понять, в чем именно состояли «промашки» Великих.

Ниже мои комментарии – курсивом. Текст Пуанкаре – прямой

Пуанкаре: (П.:) XV. Теория Ле Сажа

В сочинении Пуанкаре этому разделу предшествуют два небольших раздела XIII и XIV с общими рассуждениями о гравитации, которые мы здесь опускаем как не относящиеся к теории Ле Сажа. Но один абзац из этих разделов стоит привести:

Пуанкаре: (П.:) Известно, что электромагнитные возмущения распространяются со скоростью света. Поэтому возникает желание отказаться от предыдущей теории, вспомнив, что **гравитация распространяется, согласно вычислениям Лапласа, по крайней мере в десять миллионов раз быстрее, чем свет, и потому не может быть электродинамического происхождения.**

Результат Лапласа хорошо известен, но ему обычно не придают значения.

У меня тут единственный вопрос – «Как вам это нравится?» Это честный научный подход к проблеме?

Далее по тексту Пуанкаре (прямой шрифт), но с нашими замечаниями курсивом:

(П.:):
Чтобы объяснить всемирное тяготение, следует сопоставить эти соображения с уже давно предложенной теорией. Представим себе, что в межпланетном пространстве во всех направлениях с большими скоростями движутся очень редкие частицы. *(Не «редкие», а*

очень маленькие! Насколько они редкие – нам покажут другие расчеты). На одно [единственное] тело удары этих частиц не окажут никакого заметного действия, поскольку такие удары распределяются равномерно по всем направлениям. Но если имеются два тела — А и В, то тело В будет играть роль экрана и перехватит часть корпускул, которые при его отсутствии попали бы в А. Тогда удары, полученные А со стороны, противоположной В, не будут полностью скомпенсированы, и А начнет двигаться к В.

Такова теория Ле Сажа, и мы ее обсудим сначала с точки зрения обычной механики.

Прежде всего, как должны происходить соударения согласно этой теории — по закону упругих тел или по закону тел, лишенных упругости, либо, наконец, по какому-то промежуточному закону?

Частицы Ле Сажа не могут вести себя как упругие тела, иначе эффект равнялся бы нулю, так как вместо частиц, перехваченных телом В, были бы другие, которые отскочили бы от В, и расчет показывает, что при этом компенсация была бы полной.

Эта ситуация изображена на рис.43 и мы готовы поверить Пуанкаре на-слово.

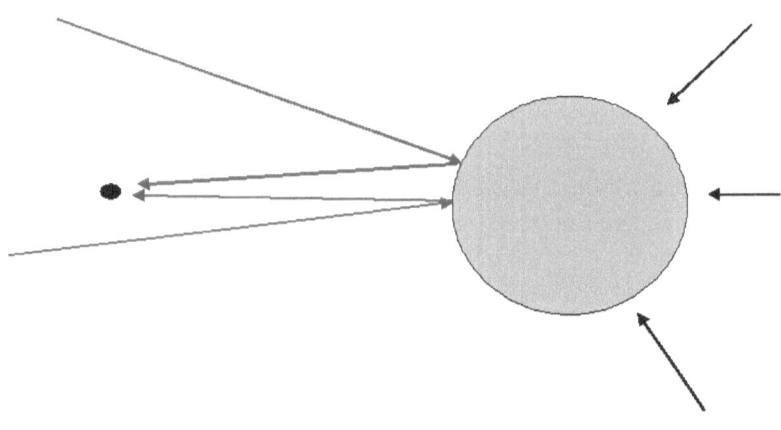

Рис.43 (наш)

П.: (с.512): Нужно, следовательно, чтобы при ударе частицы теряли энергию, и чтобы она превращалась в тепло.

Следовало бы сказать, что при этом часть энергии частиц будет превращаться в тепло.

Вот на этом тезисе и стоит все возражение Пуанкаре. «Логика» простая. Абсолютно упругий удар не может приводить к наблюдаемому эффекту. *Значит, остается удар неупругий — часть энергии переходит в движение, часть — в тепло. Остается вычислить количество тепла. Проще некуда...*

П.: Но каково должно быть количество созданного тепла?

Заметим, что притяжение проходит сквозь тела. Например, мы должны представить себе Землю не как сплошной экран, а как бы образованный из большого числа очень маленьких сферических частиц. Каждая из них играет роль маленького экрана, но между ними могут свободно проходить частицы Ле Сажа.

Итак, мало того, что Земля — не сплошной экран, но она даже не дуршлаг, так как пустот в ней больше, чем заполненных мест.

Через год-другой Резерфорд выяснит, что атом внутри — пуст! Из этого нужно делать вывод, что атомы не могут друг с другом взаимодействовать?

П.: Для пояснения напомню: Лаплас доказал, что притяжение, проходя через Землю, ослабляется самое большее на одну десятимиллионную. Доказательство это не оставляет желать ничего другого: действительно, если притяжение поглощается телами, через которые оно проходит, то оно уже более не пропорционально массам. Оно относительно меньше для больших тел, чем для малых, так как ему нужно проходить через большую толщу.

Именно, батенька, именно! Только в пределах Солнечной Системы есть всего два-три таких объекта кроме Солнца (Юпитер и Сатурн, может быть еще Нептун), и выяснить ситуацию не представляется возможным! И Пуанкаре рассуждает «по лекалу» - раз вывод теории противоречит формуле Ньютона — тем хуже для теории!

П.: Притяжение Земли к Солнцу было бы при этом относительно слабее, чем притяжение Луны к Солнцу, и следствием этого была бы весьма заметная неправильность в движении Луны.

Казалось бы — странная логика. Ведь с самого начала теория Ле Сажа полагает, что чем массивнее тело, тем больше поглощаются частички, и тем «плотнее» создаваемая телом «тень»!

Ответ содержится в предыдущих фразах самого Пуанкаре:

П.: 1.Заметим, что притяжение проходит сквозь тела.

2. Действительно, если **притяжение поглощается телами**, через которые оно проходит, то оно уже более не пропорционально массам. Оно относительно меньше для больших тел, чем для малых, так как ему нужно проходить через большую толщу.

Вот! «**Притяжение** *проходит сквозь тела и* **притяжение** *поглощается телами!?» Да разве об этом говорит Ле Саж? Проходит сквозь тела не «притяжение»! Проходят сквозь тела* ЧАСТИЧКИ! *Поглощается не* *«притяжение», поглощаются летящие частички!А Пуанкаре берет из Лапласа «голую формулу»* - притяжение, проходя через Землю, ослабляется.

Да разве Лаплас имел в виду модель Ле Сажа? Он выяснил совсем другое – и выяснил это в результате анализа движений Луны, которым он всю жизнь занимался. Он выяснил, что если бы на линии «Земля-Луна» поставить пробное тело (рис.44) так, чтобы между ним и Луной оказалась Земля, то Луна будет притягивать его на одну десятимиллионную слабее, чем если бы Земли между ними не было. То же относится и к системе Солнце-Земля-Луна. И проверял это Лаплас, совершенно очевидно, при лунных затмениях.

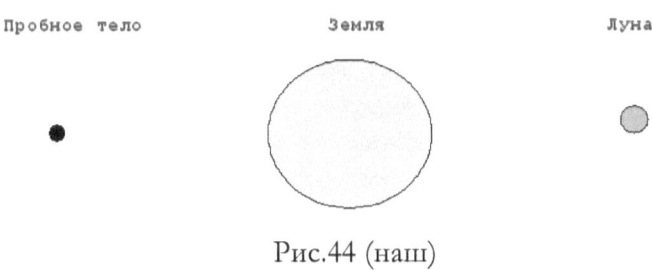

Рис.44 (наш)

Таким образом, мы начинаем подозревать, что Пуанкаре, как это бывает, как-то по-своему представляет себе то, что говорит Лесаж, и критикует не Ле Сажа, а свои собственные воззрения, ничего общего с теорией Ле Сажа не имеющие.

П.: Отсюда мы должны заключить, если принять теорию Лесажа, что общая поверхность сферических частиц, образующих Землю, представляет собой, самое большее, одну десятимиллионную общей поверхности Земли.

Но почему «поверхность»? Не поверхность, а ОБЪЕМ! Гравитоны взаимодействуют в пределах объема, а не бьют по поверхности! Но ничего иного в то время Пуанкаре, видимо, и не мог предположить.

П.: Дарвин показал, что теория Ле Сажа ведет к закону Ньютона, только если допустить, что частицы совершенно не упруги.

Но, как мы уже теперь понимаем, это «показал» мало чего стоит. Ведь механизм обмена моментами гравитона и атома был неизвестен ни Пуанкаре, ни Дарвину (прим.: это не Чарльз Дарвин, а другой Дарвин).

П.: Тогда притяжение, оказываемое Землей на массу 1, на расстоянии 1, будет одновременно пропорционально общей поверхности S сферических частиц, скорости v частиц и квадратному корню из плотности ρ среды, образованной частицами. Образующееся тепло будет пропорционально S, плотности ρ и кубу скорости V.

Этот расчет может не иметь никакого отношения к происходящему на гравитонном уровне. И, прежде всего — к потерям на тепло, причем еще хорошо бы уточнить, что это такое! Гравитоны вовсе не обязательно отдают всю свою энергию на движение крупных частиц — атомов, под которым только и понимается «тепловое воздействие».

П.: Но нужно также учитывать сопротивление, которое испытывает тело, двигаясь в подобной среде. Действительно, оно не может передвигаться, не идя навстречу некоторым ударам и, напротив, уходя от других, направляющихся с противоположной стороны, так что компенсация, осуществляющаяся в состоянии покоя, более не может иметь места.

Вот откуда Фейнман взял это свое «соображение»! Очень даже может. Только нужно понимать, что возможен другой механизм взаимодействия! Вследствие огромных скоростей гравитонов и исключительно малого времени взаимодействия с телом последнее может определенно считаться неподвижным. А вот при скоростях тел, сравнимых со скоростью света, сопротивление гравитонной среды уже может стать заметным, и именно оно создает обманчивое впечатление так называемого релятивистского увеличения массы.

П.: Вычисленное сопротивление пропорционально S, p и V;. Однако известно, что небесные тела перемещаются так, как если бы они вообще не испытывали сопротивления, и точность наблюдений дает нам возможность определить предел величины сопротивления среды.

Выше мы уже рассмотрели «механизм», действие которого приводит к тому, что любое тело, движущееся с какой-то скоростью относительно гравитонного газа, начинает непрерывно ускоряться. Вследствие этого в определенный момент возникает баланс между силой, вызывающей это ускорение, и силой торможения со стороны гравитонного газа.

П.: Так как это сопротивление меняется как SpV, а притяжение меняется как Su\J p, то отношение сопротивления к квадрату притяжения есть величина, обратно пропорциональная произведению SV. Следовательно, мы имеем здесь нижний предел для произведения SV. Мы уже знаем верхний предел для S (из поглощения притяжения телами, через которое оно проходит). Потому нижний предел этот меньше скорости V, которая должна быть равна, по крайней мере, $24 \cdot 10^{17}$ скорости света.

Отсюда можно найти p и количество создаваемого тепла. Этого количества хватило бы, чтобы каждую секунду поднимать температуру Земли на 10^{26} градусов. За данное время Земля должна была бы получать тепла в 10^{20} раз больше, чем излучает его Солнце за то же время. Я говорю даже не о том тепле, которое Солнце посылает к Земле, а о том, которое оно излучает по всем направлениям. Очевидно, Земля недолго могла бы существовать при таких условиях.

Таким образом, Пуанкаре решал совершенно другую задачу, причем в предположениях о свойствах гравитонного газа, которые ему не были и не могли быть известны. Возможно, в то время никто не мог ему ничего возразить. Но ссылаться на возражения Пуанкаре сегодня, да еще имея в виду его «авторитет», по меньшей мере несерьезно. Равно как и на возражения Фейнмана, которые он, как выясняется, заимствовал из работы Пуанкаре.

П.: (с.513) Мы пришли бы к не менее фантастическим результатам, если бы, вопреки взглядам Дарвина, считали лесажевские частицы не вполне неупругими. Тогда живая сила [количество движения!] этих частиц не полностью превращалась бы в тепло, но и притяжение было бы меньше, так что только часть этой живой силы, превращенной в тепло, участвовала бы в создании притяжения, и все свелось бы к тому же. **Строгое применение теоремы вириала** позволяет в этом убедиться.

Вот именно. «Строгое применение» теоремы, к ситуации, к которой она не имеет отношения. Этот математический прием, будучи не один раз «обкатан» авторитетами, стал широко применяться впоследствии для обоснования самых вздорных теорий, которые стали называть «физическими».

П.: Можно преобразовать теорию Ле Сажа. Исключим частицы и представим себе, что в эфире по всем направлениям движутся световые волны, пришедшие из любой точки пространства. Когда световая волна встречает материальный объект, то волна оказывает на него механическое воздействие, обусловленное давлением Максвелла—Бартоли, как если бы произошло соударение с материальной частицей. Поэтому световые волны могут играть роль лесажевских частиц. Во всяком случае, такое допущение делает, например, Томмазина.

Это не имеет смысла детально рассматривать в силу абсурдности этого предположения, и еще потому, что никакого отношения к идее Ле Сажа это не имеет]

П.: Это не разрешает всех затруднений. <u>Скорость распространения может быть только скоростью света,…</u>

И никак иначе, мэтр? Но вы же сами выше сказали, что Лаплас считал иначе, что частички, вызывающие гравитацию, должны иметь скорость в 10 миллионов раз бо́льшую (а на самом деле Лаплас говорил о скорости в 58 миллионов раз большей).

П.: …и это снова приводит для сопротивления среды к недопустимому значению. К тому же, если свет отражается полностью, то результат равен нулю, как при совершенно упругих частицах.

Для того чтобы имело место притяжение, требуется частичное поглощение, но тогда начинает вырабатываться тепло. Вычисления не существенно отличаются от тех, которые делаются в обычной теории Лесажа, и результат остается столь же фантастичным.

Вот тут и ошибочка у вас, мэтр! Это неправомерный перенос известной вам механики на неизвестные вам явления. Конечно, доказывает утверждающий, но у Ле Сажа, повторяю, не оказалось нужных аргументов. Зато они уже есть у нас. Тепловое движение возникает при неупругом ударе макротел, это верно. Но что происходит на микроуровне, Пуанкаре знать не мог. А на микроуровне гравитон сталкивается с гравитоном, это происходит в масштабах на 15 порядков меньших, чем размер протона. При этом не возникает **тепловых колебаний** *протонов в атомах. Можно показать, что столкновения гравитонов происходят случайным образом во всех направлениях, и макротелу передается только «квант скорости», квант «количества движения», называемого у Пуанкаре «живой силой». Конечно, мы тут даем лишь намеки на полную теорию явления, которые не могут быть средством убеждения для других. Однако нам самим важно понимать, что мы сегодня обладаем такими аргументами.*

П.: С другой стороны, притяжение не поглощается телами, сквозь которые оно проходит, а со светом, как мы знаем, дело обстоит иначе. Свет, вызывающий ньютоновское притяжение, должен существенно отличаться от обычного света, например иметь весьма малую длину волны. Не говоря уже о том, что если бы наши глаза воспринимали этот свет, то небо должно было бы нам казаться гораздо ярче Солнца, так что Солнце выделялось бы на нем черным пятном. В противном случае Солнце отталкивало бы нас, а не притягивало.

А вот это – гениальное прозрение! Именно так и обстоят дела! Солнце на фоне «гравитонного неба» выглядит именно черным пятном, поглощая все гравитоны, и именно поэтому оно и создает гравитонную тень, в результате чего в конечном счете возникает «приталкивание». Браво, Пуанкаре! Но – увы! Это не его мысль!

По всем этим причинам свет, который позволил бы объяснить притяжение, должен быть гораздо ближе к Х-лучам Рентгена, чем к обычному свету. И даже Х-лучи оказались бы недостаточными — какой бы проникающей способностью они ни обладали, они не смогли бы пройти Землю насквозь. Тут требуется вообразить себе какие-то X'-лучи, имеющие гораздо большую проникающую способность.

Именно, батенька! И некому было рассказать Пуанкаре про «нейтрино»! Зато и в наше время находятся охотники ссылаться на его «авторитет».

П.: (с. 514) Кроме того, часть энергии X'-лучей должна уничтожаться, без чего не могло бы иметь места притяжение. Если мы не хотим, чтобы она преобразовалась в тепло — количество тепла было бы огромно в таком случае — следует допустить, что она излучается во всех направлениях в виде вторичных лучей, которые можно назвать X", и проникающая способность которых должна быть еще больше, чем у X', иначе они, в свою очередь, нарушили бы притяжение. Таковы сложные предположения, к которым мы вынуждены прийти, если захотим принять теорию Лесажа.

Не, не так уж и страшно. После вас, г-н Пуанкаре, наворотили такое и столько, что уж не знаю, как и описать...

П.: Но все, о чем мы сейчас говорили, основывалось на обычных законах механики. Быть может, дела пойдут лучше, если мы обратимся к новой динамике. Прежде всего, можно ли будет сохранить принцип относительности? Вернемся к первоначальному варианту теории Лесажа и предположим, что пространство пронизывают материальные частицы. Если бы эти частицы были совершенно упругими, то законы их столкновений согласовывались с принципом относительности, но, как известно, действие их было бы равно нулю. Нужно поэтому допустить, что частицы неупруги.

А к ним это понятие вообще неприменимо!

П.: Но тогда трудно представить себе закон столкновений, совместимый с принципом относительности.

«Трудно» не значит «невозможно».

П.: Кроме того, мы встретились бы здесь с появлением значительного количества тепла и с заметным сопротивлением среды.

Ни тепла не возникает, ни сопротивления среды. И все это объяснено и показано в предыдущих пяти главах.

П.: Если исключить частицы и вернуться к гипотезе Максвелла—Бартоли, трудности все равно не уменьшатся. Это попытался сделать сам Лоренц в мемуаре, представленном Академии наук Амстердама 25 апреля 1900 года. Рассмотрим систему электронов, погруженных в эфир, через который по всем направлениям проходят световые волны. Один из электронов, на который попала волна, начинает колебаться. Его колебание синхронно с колебаниями света, но если электрон поглотит часть падающей энергии, то может иметь место разность фаз. Действительно, если он поглотит энергию, значит его увлекает за собой колебание эфира, и он должен запаздывать по отношению к эфиру. Можно отождествить электрон, находящийся в движении, с конвекционным током; следовательно, всякое магнитное поле, в частности магнитное поле, созданное самим световым возмущением, должно оказывать на такой электрон механическое воздействие. Это воздействие очень мало; кроме того, в течение периода оно меняет знак, но тем не менее, если имеется разность фаз между колебанием электрона и колебанием эфира, то среднее действие не равно нулю. Оно пропорционально этой разности и, следовательно, энергии, поглощенной электроном.

Я не имею возможности входить здесь в подробные вычисления, скажу лишь, что окончательный результат — притяжение между двумя электронами, равное … *формулы опущены за ненадобностью.*

Итак, не может быть притяжения без поглощения света и, следовательно, без возникновения тепла. Это убедило Лоренца отказаться от предложенной им теории, не отличающейся по существу от теории Лесажа——Максвелла—Бартоли. Он бы еще больше ужаснулся, если бы проделал вычисления до конца. Тогда он нашел бы, что температура Земли должна повышаться на 10^{13} градусов в секунду. (с.515)

Конечно. Но со времен Лоренца уже столько «теорий» было сдано в утиль, что сборщики утиля озолотились бы, если б эти теории представляли какую-то минимальную ценность.

Мы не собираемся подвергать сомнению ценность работ Лапласа, Лоренца, Пуанкаре и др. великих. Они внесли свой важный вклад в науку, пытаясь понять сущность материи путем развития собственных теорий. Какая из теорий найдет применение в будущем, какая окажется верной – никто заранее сказать не может. Но вот «давить авторитетом», и таким образом оспаривать выдвинутые твоими коллегами теории (и даже только лишь предположения) – вот этим ты можешь нанести трудно оцениваемый ущерб науке. Особенно, если ты уже «маститый»…

Подводя итог обсуждению, следует сказать: в соответствии с развитыми в предыдущих главах представлениями

1.Гравитоны взаимодействуют с преонами не вполне обычным образом, передавая им часть своего кинетического момента в направлении своего движения;

2.Будучи заторможенными после многочисленных столкновений с преонами, гравитоны могут захватываться преонами, увеличивая их массу.

Поскольку преоны сами входят в состав элементарных частиц, масса последних (протонов) постепенно увеличивается. Таким образом движущийся гравитон создает вещество.

3. Ни на одном этапе этого процесса не происходит преобразования кинетической энергии гравитона в неупорядоченное движение протонов, то есть в теплоту.

XVI. Заключение (Пуанкаре)

П.: Я постарался в немногих словах дать как можно более полное представление о новых идеях и объяснить, как они зародились, иначе читатель был бы напуган их дерзостью. Новые теории еще не доказаны. У них еще много дефектов. Они лишь опираются на совокупность вероятностей, достаточно серьезную, чтобы не относиться к ним с пренебрежением.

Последующие эксперименты, очевидно, покажут, что мы должны думать по этому поводу. Загвоздка здесь в опыте Кауфмана и в тех опытах, которые будут его проверять.

В заключение да будет мне позволено высказать пожелание. Предположим, что через несколько лет эти теории пройдут новые проверки и выйдут из этого испытания победительницами. Тогда нашему школьному образованию будет грозить серьезная опасность: некоторые преподаватели, несомненно, захотят найти место для новых теорий. Новизна всегда так привлекательна, а казаться недостаточно передовым так неприятно! Во всяком случае, захотят ознакомить детей с новой точкой зрения, и, прежде чем обучать их обычной механике, их предупредят, что она уже отжила свое время и годилась разве только для этого старого глупца Лапласа.

И тогда они не усвоят обычной механики.

Правильно ли предупреждать учащихся, что она дает лишь приближенные результаты? Да! Но позже! **Когда они проникнутся ею, так сказать, до мозга костей, когда они привыкнут думать только с ее помощью,** когда не будет больше риска, что они разучатся, тогда можно будет показать им ее границы. Жить им придется с обычной механикой, это единственная механика, которую они будут применять. Каковы бы ни были успехи автомобилизма, наши машины никогда не достигнут тех скоростей, где обычная механика более не верна. Иная механика — это роскошь, а о роскоши можно думать лишь тогда, когда она не в состоянии принести вред необходимому.

Глубокомысленно, что и говорить. Политически грамотно. Действительно, разве можно посягать на основы образования! Ведь только пропитавшись им до мозга костей ученики смогут отстаивать абсурдные представления, вбитые им в головы школьными учителями, которым они привыкли верить на слово!

Пуанкаре и представить себе не мог, что основы обычной механики, которыми он так дорожит, могут быть объяснены с иной точки зрения.

Приложение 2. Круговое движение в свободном пространстве

> «Я тэбэ скажу адын умный вещ, только ты не абижайся, да?»
> К/ф «Мимино»

> «Ты, Петька, совсем, видно, одурел от самогону! Ну вот же она, лошадь, вот!»
> Пелевин. "Чапаев и Пустота"

> Этот раздел имеет полемический характер (форму), так как появился в результате длительных споров с представителями «официальной науки», облеченными чинами и званиями.

П2.1. Круговое движение

Задолго до прихода научной общественности к консенсусу по вопросу о правомочности применения понятия «энергия», было сформулировано понятие «работа». Работа - это очень просто. Это произведение величины силы на путь, пройденный телом под действием этой силы

A=FS

В земной механике (в несвободном пространстве), с которой наиболее часто сталкиваются школьники, могут быть ситуации, когда тело, будучи ограничено в своем перемещении действием других тел, может перемещаться не точно по направлению действующей силы, а под углом к ней (рис.1). В этом случае в математическую формулу работы нужно ввести еще и косинус угла... какого? Ясно, какого. **Угла между направлением действующей силы и направлением перемещения объекта, ВЫЗВАННОГО ЭТОЙ СИЛОЙ.**

A=FScosα   (1)

Чем больше угол между направлением движения тела и направлением приложенной силы, тем ближе угол α к 90°, тем меньше величина косинуса, и тем ближе к нулю составляющая приложенной силы, вызывающая движение.

Приложение 2. Круговое движение в свободном пространстве

Достаточно опустить хоть одно слово из выделенных в этой словесной формуле, и вы не гарантированы от множества ошибок. По крайней мере, одна из таких ошибок допускается людьми, забывшими начальную физику, или теми, кого этой физике плохо учили, не обращая их внимания на существенные аспекты. А именно, они считают, что если на тело, движущееся (**в свободном пространстве!**) прямолинейно и равномерно, действует сила в направлении, перпендикулярном его движению, и даже отклоняет это тело от направления прямолинейного движения, то эта сила работы не совершает. Как же! - говорят они, - ведь Второй закон требует умножения на косинус угла! Вот же она, формула (1)! Справочник откройте! А угол между направлением движения тела и направлением действия силы – 90 градусов!

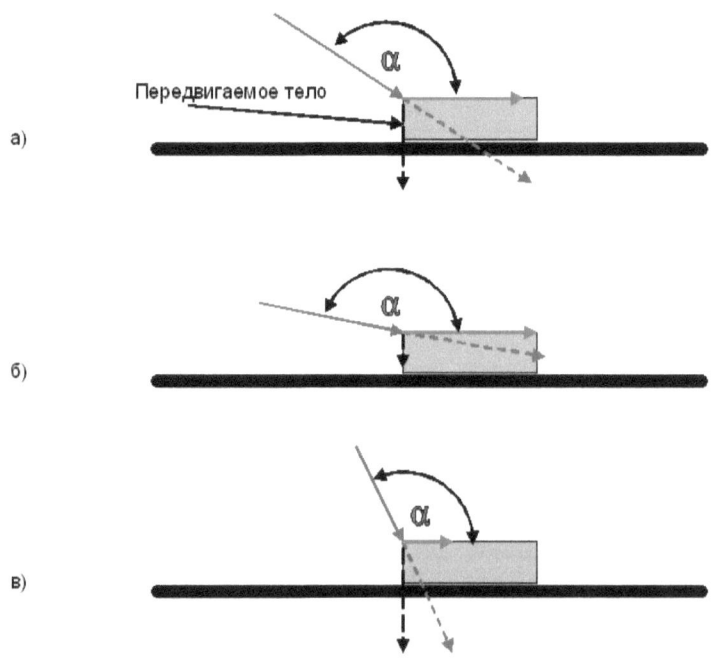

Рис. 1. Движение тела вдоль по плоской опоре

Но что это за угол α в формуле (1)? Это угол между направлением действия силы, и направлением движения, **ВЫЗВАННОГО ЭТОЙ СИЛОЙ**! А не направлением движения самого объекта до приложения этой силы. Ведь эти же самые люди, наверное, признают принцип Галилея, согласно которому

Приложение 2. Круговое движение в свободном пространстве

невозможно определить, движется ли тело, если вы двигаетесь вместе с ним. По крайней мере - в классической механике.

- Нет, - говорят эти люди, - в энциклопедиях написано, что надо умножить на косинус! И рисуют картинку (рис.2):

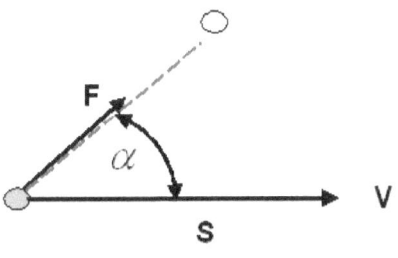

Рис. 2

«Ну вот же он, этот косинус!» - говорят они... (см. эпиграф к этому разделу)

Они не знают и не чувствуют физику. И не имеет никакого значения, что они потом стали докторами и академиками - это произошло по совершенно иным, не имеющим отношения к науке причинам. Да и вполне возможно, что на всем протяжении их долгого пути в науке им ни разу не потребовалось осознать эту простую разницу между косинусами и их происхождением.

В каком случае нужно использовать этот «косинус»? В частном случае движения тела по направляющим!

Так, если мы захотим двигать вагон по рельсам (сани или телегу по колее), толкая его сбоку, то, конечно, работу будет производить только та составляющая силы, которая направлена вдоль направления возможного (!) движения. Потому что в поперечном направлении, в направлении преграды, в направлении жесткой связи, движение невозможно. Здесь косинус необходим!

В свободном же пространстве тело всегда движется с ускорением в направлении приложенной к нему силы. Всегда. В соответствии с пресловутым принципом независимости действия сил. Никакого «косинуса» в этом случае нет и быть не может! **Угол между направлением действия силы и направлением движения тела под действием этой силы** (!) – а не просто между направлением движения тела! – этот угол в свободном пространстве всегда равен нулю! Под действием этой силы тело получает ускорение в направлении ее действия(!), и проходит определенное расстояние S. И, само собой разумеется, эта сила должна совершать работу (а источник этой силы должен затрачивать на это энергию,

Приложение 2. Круговое движение в свободном пространстве

поскольку полученная телом энергия равна $E=mV^2$, и эта самая V – это как раз скорость, вызванная действием этой силы в направлении приложения этой силы).

«Потенциальное поле»

Более «продвинутые» собеседники привлекают для обоснования своей точки зрения понятие «потенциального поля». Здесь придется остановиться надолго.

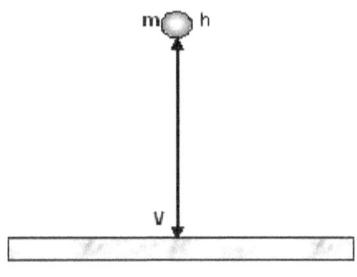

Рис. 3

В разделе 6 гл.3 «Несколько задач» (Отражение шарика от плиты) было рассмотрено падение стального шарика на мраморную (или стальную) плиту, и вытекающее из этого движения представление о существовании «потенциальной энергии», вбиваемое в головы школьникам так, что потом не выбьешь уже ничем. А именно:

Стальной шарик массы m падает с некоторой высоты на плиту, и, в результате абсолютно упругого удара (для простоты), подскакивает до той же высоты, с которой упал. Что происходит согласно школьной физике?

При падении скорость шарика увеличивается (на него действует «сила тяжести» со стороны «поля тяготения»). Положим... В конце падения шарик имеет скорость V, упруго отражается от абсолютно большой плиты, и далее поднимается вверх...

Опуская длиннейшие рассуждения, которые привели ученых к понятию «энергия», скажем сразу, что движущееся тело, по мнению ученых, «обладает» (!) кинетической энергией. Эта энергия рассчитывается по формуле $E=mV^2$.

Однако Р. Фейнман в своих лекциях прямо говорил, что он не в состоянии объяснить студентам смысл термина «энергия». Никто не в состоянии объяснить, где эта «потенциальная» энергия запасается, накапливается, и так далее.

Приложение 2. Круговое движение в свободном пространстве

«Энергия» - это некоторая математическая величина, рассчитываемая по определенным формулам, разным для каждого «вида энергии» (вышеприведенная - только для механической кинетической энергии движущегося тела), причем результат расчета в определенных случаях получается одним и тем же. Из этого сделан вывод, что некая сущность, именуемая «энергией», сохраняется при преобразованиях одного вида «энергии» в другой. (Тут пахнет тавтологией и метафизикой одновременно). В главе 3 мы детальнейшим образом разобрали смысл понятия «энергия», и дали примеры для лучшего понимания. В разделе «Гравитонная механика» (гл.3) был простейшим способом (аналитически) выведен и пресловутый закон сохранения энергии, до сих пор подтверждавшийся лишь экспериментально.

Поэтому здесь остается только повторить вывод из вышеизложенного в гл.3. А именно:

В этом случае **нет никакого «сохранения энергии».** Энергия потока гравитонов затрачивалась на участке падения шарика, ускоряя его, а затем затрачивалась на восходящем участке, тормозя шарик до нулевой скорости и так далее. Всё. Можете пригвождать автора к позорному столбу!

Таким образом, при возврате тела в исходную точку после отражения от мраморной плиты не происходит никакого «преобразования кинетической энергии в потенциальную»; этот взгляд - всего лишь дань метафизике XVII -XVIII веков. Происходит ТОРМОЖЕНИЕ тела, на что затрачивается столько же порций количества движения, сколько их было затрачено при ускорении тела на нисходящем участке, только теперь уже в направлении, противоположном движению тела. Знак вектора скорости при этом не имеет никакого значения. Знак вектору приписываем МЫ, а тело ускоряется от приложения силы независимо от направления ее приложения, и на это ускорение безусловно затрачивается энергия (mV^2). И одна произведенная работа не компенсирует другую, хотя и производилась на противоположном направлении и оказалась равной ей. Понятие «потенциального поля» (и связанная с ним теория потенциала), это, возможно, удобный (для математиков) математический прием, но оно же уводит от физических представлений о происходящем в действительности. «Поле» не есть физическая реальность - это всего лишь график распределения сил, действующих на тело. ИСТОЧНИК же этих сил находится не в «поле», не в графике (!), а в гравитонном газе мирового пространства. И график (поле), не обладающий физической

Приложение 2. Круговое движение в свободном пространстве

реальностью (в отличие от, например, сжимаемой пружины), не может преобразовывать и накапливать кинетическую энергию (сумму порций количества движения) движущегося тела. Пружина – может.

При воздействии силы на тело в свободном пространстве энергия Источника Силы затрачивается на ИЗМЕНЕНИЕ состояния движения тел, то есть и на их ускорение, и на их торможение, которое по своей сути ничем не отличается от ускорения. А из того, что мы приписываем величине скорости при торможении «знак» минус, вовсе не следует, что «один вид энергии переходит в другой». В конце концов, если мы признаём изотропность пространства, то есть отсутствие в пространстве преимущественных, выделенных направлений (движения), а также признаем относительность движения, то энергия должна затрачиваться как при ускорении, так и при **замедлении** движения, ибо **замедление** движения есть не что иное, как ускорение в обратном направлении!

А представление о том, что мир давно бы перегрелся, если бы энергия только затрачивалась, но не возвращалась бы (куда, спрашивается?), основано на искусственно созданном предубеждении, что затраты энергии обязательно связаны с тепловыми потерями. Да, это так, если мы рассматриваем реальные технические процессы. Но это не так в общем случае.

Таким образом, как это ни покажется странным, энергия гравитонного газа непрерывно затрачивается на ИЗМЕНЕНИЯ состояния макротел в пространстве (на изменение направления и скорости их движения, включая разгон и торможение).

Точно таким же образом движется и обычный маятник - груз на нерастяжимой нити. Никакого преобразования энергии из кинетической в «потенциальную» не происходит, это научный предрассудок. Маятник ускоряется на одном участке своего движения и тормозится на другом участке той же самой «силой», которая его ускоряла ранее.

Здесь же можно и отметить, что все вышеуказанные проблемы с понятиями «энергия, потенциальная энергия и закон сохранения энергии» возникли в свое время (и сохраняются поныне) только в результате непонимания (или нежелания понимать) саму физическую сущность понятия гравитации и возможности бесконечной делимости материи.

Приложение 2. Круговое движение в свободном пространстве

Теперь можно вернуться к «объяснению» движения планеты или ее спутника с помощью представления о «потенциале», или о «поле потенциала».

Идя вслед за Ньютоном, его последователи разработали математическую теорию «потенциала». В ее основе лежит представление об **абстрактной силе** (которую успешно использовал Ньютон вместо рассмотрения конкретных взаимодействий). Если не интересоваться ее происхождением, то можно изобразить «поле» таких сил(!). Обратим внимание, что пока это только математический прием - поле сил есть своего рода график, показывающий направление и величину силы, действующей на тело в каждой точке пространства.

Пусть у нас имеется некий центр, относительно которого поле действующих на пробное тело сил является концентрическим («центральная симметрия»). Чем дальше по радиусу мы отходим от центрального (пусть притягивающего или отталкивающего, неважно) тела, тем меньше его воздействие на наше пробное тело. Пусть это воздействие даже пропорционально квадрату расстояния от тела.

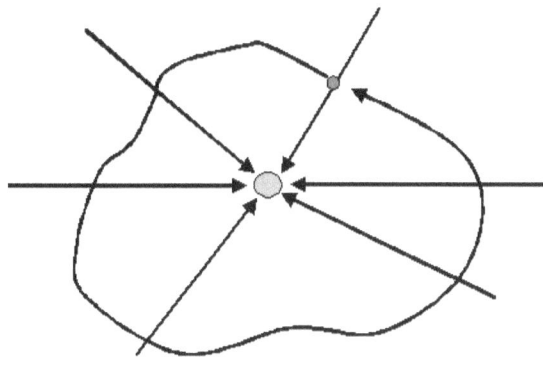

Рис. 4

Имеется совершенно точное математическое доказательство того, что **произведение вектора действующей на тело силы на пройденный этим телом путь (под воздействием этой силы) ПО ЗАМКНУТОМУ КОНТУРУ РАВНО НУЛЮ**. Независимо от формы этого контура, этого пройденного телом пути.

Далее нам показывают некий нехитрый фокус.

Приложение 2. Круговое движение в свободном пространстве

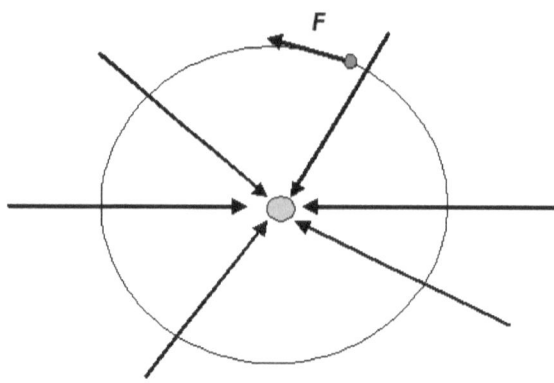

Рис. 5

Давайте, говорят нам, перенесем эти рассуждения на движение планеты вокруг Солнца или движение спутника вокруг планеты. Распределение поля сил явно «потенциальное». Тело явно движется по кругу. Перемножаем вектор силы **F**, **действующей в касательном направлении**, на весь пройденный по кругу путь, получаем - ноль. И, по какому бы пути ни двигалось тело (окружность ли, эллипс ли), произведение силы на пройденный телом путь (то есть «работа силы») будет равно нулю, если тело придет в начальную точку своего движения.

Непредвзятому читателю сразу видна ошибка в рассуждениях.

Формула, конечно верна, как и теорема. Но относится эта формула совсем к иному случаю! Применять ее можно только при наличии реального физического накопителя энергии. Скажем, если тело находится на конце пружины, соединенной с центром, а закон изменения силы, возникающей при удлинении пружины, некий произвольный, для определенности, например, обратно пропорциональный квадрату удлинения (что вообще не столь важно сейчас). Тогда действительно, перемещаясь по произвольной кривой вокруг центра, мы будем то растягивать, пружину, то позволять ей сжиматься, и тем самым либо «запасать энергию» в растянутых межатомных связях, то «возвращать» ее при движении к центру. Но, если физического накопителя нет (или мы не знаем о его существовании), то нам ничего не остается, как признать таковым само «поле сил», неизвестно откуда возникающих (как тяготение, скажем), то есть, в конце концов, признать абсурд – материальность самого «поля сил», или просто «поля». Что и сделано в современной физике. После этого можно более не задумываться о

Приложение 2. Круговое движение в свободном пространстве

происхождении сил (так сказать, о философской стороне дела), а сосредоточиться на вычислениях, что и сделал Ньютон.

Но этого мало...

Обратим внимание, что в случае движения спутника вокруг Земли, к телу приложена не касательная (как на рис.5), а радиальная сила **F** (рис. 6).

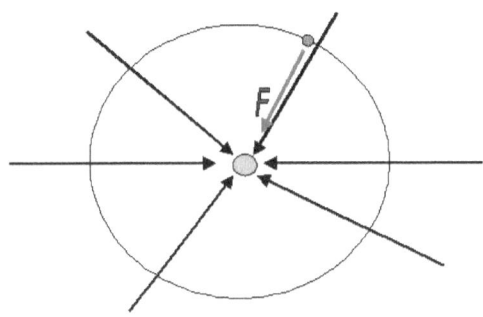

Рис. 6

Следовательно, теорема к данному случаю вообще не относится. Теорема говорит о силе, которую мы прилагаем в потенциальном поле **для обеспечения движения тела в нем**. А этот случай совершенно иной.

Далее в теореме предполагается, что на тело действует произвольная сила, которая в свободном пространстве **создает ускорение в направлении своего действия**, и, значит, в этом свободном пространстве тело должно двигаться ускоренно, и вовсе не по кругу. А если мы хотим, чтобы тело еще и по кругу двигалось, то мы должны все время менять направление силы, так, чтобы она была направлена к центральному телу. Но, если на тело действует такая сила, то оно будет двигаться в этом поле по весьма замысловатой траектории, но опять-таки никак не по кругу. А чтобы оно двигалось по кругу, необходимо еще, чтобы в начальный момент своего движения оно уже двигалось с определенной скоростью, да и радиальная сила тоже была бы вполне определенной. Иначе движения по кругу не получится. Таким образом применять теорию потенциала к движению объектов в свободном пространстве нужно с очень большой осторожностью.

Но самое главное возражение академической науки - совершенно убийственное. Смотрите, - говорят доктора наук, - на участке в верхней полуплоскости (рис.7) сила приложена в одном направлении, а на участке в нижней полуплоскости - в обратном

Приложение 2. Круговое движение в свободном пространстве

направлении. Или, скажем иначе, при круговом движении всегда можно найти две точки, расположенные на одном и том же расстоянии от центра (одинаковый «потенциал»), в которых направления действующей силы - противоположные. А поскольку работа есть произведение силы на путь (с учетом знака вектора, конечно!), то суммарная работа будет равна нулю.

Вспомнили шарик над мраморной плитой?

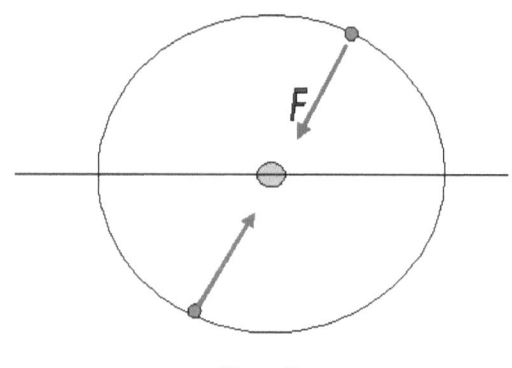

Рис. 7

Но, простите, ведь работа равна скалярному произведению векторов, что вовсе не одно и то же. Работа не имеет знака!

- А как же быть с отрицательной работой?- возвращают нас академики в среднюю школу.- Посмотрите учебники в Интернете (которые они же сами и написали - прим. авт.). Разве там не написано, что шарик на участке подъема совершает отрицательную работу?

Да, написано. Но это еще не значит, что написано правильно.

Пример.

Маневровый паровоз толкает состав по путям сначала в одну сторону, а затем через полкилометра начинает двигать состав в обратную сторону, к исходной точке. Разве произведенная паровозом работа равна нулю? Явно – нет. Но ведь движение происходило в «потенциальном поле» земного притяжения! А как же с математикой? А с математикой - смотри выше, если еще не ясно, что теорема о движении в потенциальном поле никакого отношения не имеет к движению планет и маневровых паровозов.

Более того, еще ближе к нашему случаю пример с двумя паровозами на концах состава, один из которых вначале разгоняет

Приложение 2. Круговое движение в свободном пространстве

состав, а второй затем его тормозит. Чему равна суммарная работа двух паровозов? Нулю???

Этот случай больше похож на ситуацию в космосе, где на каждом элементарном участке орбиты приталкивание объекта к центру осуществляется не одним каким-то «двигателем», а различными микрочастицами, каждая из которых отдает (придает) объекту свою порцию скорости.

— Все зависит от того, как вы определили работу, — говорит мне доктор физматнаук с серьезным выражением лица. — Если вы ее определили как скалярное произведение векторов с учетом знака косинуса, то вы получите положительную работу на одном отрезке и отрицательную — на другом. Сложите все вместе — будет ноль!

— А как же с затраченной энергией? — спрашиваю. — За сгоревший уголек в топке маневрового паровоза, как я отчитаюсь перед начальством?

— А сие нас не интересует — отвечают. — Определите работу по-другому, будет не ноль. Но пока что работа нами определяется так, что она может быть и отрицательной. Не согласны? Перепишите учебники!

Мы не собирается переписывать учебники. Мы собираемся игнорировать абсурд, созданный специально для того, чтобы замаскировать незнание академиками причины гравитации и движения планет... Да что там планет... Дело обстоит намного хуже, как выяснится при доигрывании...

И вот по этим вот вопросам приходится спорить с докторами наук месяцами! Работа не может быть «отрицательной»! Одна работа всегда складывается с другой! В пространстве нет выделенных направлений! Вы скажете — зачем спорить с безграмотными людьми? Простите, но этот мой оппонент — автор задачника по физике для ВУЗов!

Вернемся теперь еще на шаг назад (шаг вперед, два шага назад!) На двух рисунках ниже представлены несколько различные случаи воздействия внешней силы на движение космического объекта в свободном пространстве.

Пусть в некоторый момент времени в точке «А» (рис. 8) на объект начала действовать какая-то сила (скажем, космический корабль попал в поток космических частиц, микрометеоров, не пробивающих обшивку корабля, но воздействующих на корабль механически). Если эта сила приложена теперь к объекту постоянно и перпендикулярно к направлению его прежнего движения со

Приложение 2. Круговое движение в свободном пространстве

скоростью **V**, то траектория корабля будет выглядеть примерно так, как показано на рис.8.

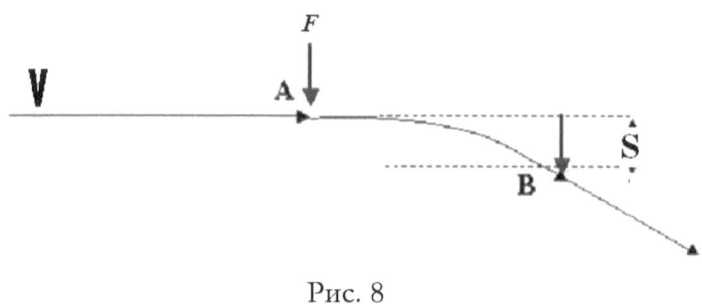

Рис. 8

При этом составляющая первоначальной скорости сохранится, и работа внешней силы (суммы сил) может быть определена по прохождению расстояния **S** за время **t**. Этот тезис вряд ли может вызвать возражения.

Поток метеоритов, летящий со всех сторон

Теперь вернемся к рис. 6, повторенному на рис. 9. Красные стрелочки обозначают метеорные потоки, летящие со всех сторон к звезде, около которой находится тело (корабль, планета) «А», движущийся со скоростью **V**. Каждый из этих потоков, каждая из частиц каждого потока, ударяя по кораблю, будет отдавать ему часть своего количества движения **mv** («кинетического момента», как его принято называть в современной механике), и поэтому будет изменять направление движения корабля. При удачном стечении обстоятельств передаваемое кораблю количество движения в каждую единицу времени будет таким, что его траектория станет круговой. Вполне очевидно, что корабль получил от метеорного потока какое-то дополнительное количество движения, что изменило его траекторию. Но ведь получив какое-то количество движения в некоем направлении, тело должно получить и дополнительную энергию!?

Приложение 2. Круговое движение в свободном пространстве

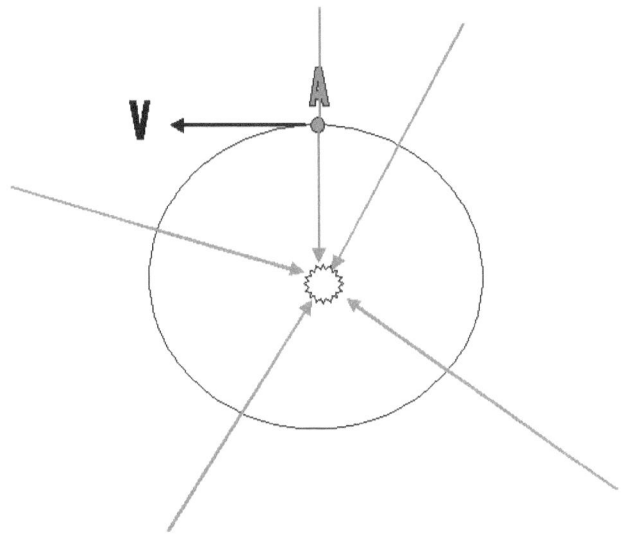

Рис. 9

«Нет!» - отвечают на это создатели школьной физики и авторы задачников. Конечно, метеорные частицы, отразившись от корабля, и отдав ему часть своего кинетического момента, сами потеряли ту же часть этого момента, количества движения! **Они безусловно потеряли часть энергии**, но эта энергия была затрачена не на изменение кинетической энергии движущегося объекта, не на его ускорение или торможение, а на **ИЗМЕНЕНИЕ НАПРАВЛЕНИЯ ЕГО ДВИЖЕНИЯ!!!** (Как будто это не одно и то же!)

Обратим внимание (для дальнейшего), что если этот процесс прервать, не дожидаясь, когда корабль вернется в точку «А», то он продолжит двигаться прямолинейно и равномерно с прежней скоростью (как показано на рис.8)! Точно так же движется заряженная частица в магнитном поле, силовые линии которого перпендикулярны направлению движения частицы (см. ниже рис. 15).

Попробуем разобраться еще и еще раз.

Если на тело, движущееся в свободном пространстве со скоростью **V**, воздействует ИЗВНЕ некоторая сила **F** (рис.10), то мы имеем полное право разложить эту силу **F** на составляющие – на силу **f1**, действующую по направлению движения тела, и силу **f2**, действующую в поперечном направлении. Каждая из этих сил вызывает движение в направлении своего действия. Составляющая **f1** ускоряет тело, составляющая **f2** вызывает движение в поперечном

Приложение 2. Круговое движение в свободном пространстве

направлении. Действие силы **f1** приводит к увеличению скорости (а, значит, и кинетической энергии движения тела). Действие силы **f2** приводит к изменению направления движения.

Но, поскольку при отсутствии препятствия обе силы вызывают движение, они (по определению) производят работу, и источник этих сил (составляющих общую силу **F**) затрачивает энергию.

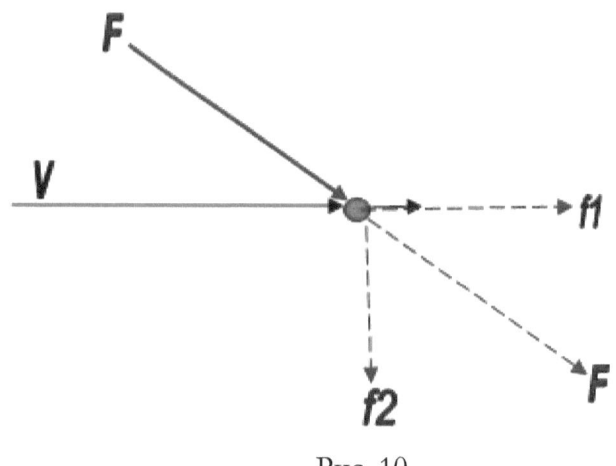

Рис. 10

Возможно, сторонников математических методов вводит в заблуждение одна тонкость. Дело в том, что когда говорят об одной какой-то «силе», то имеется в виду один физический источник этой силы (о чем математическая формула, естественно, умалчивает). Может быть, имеется в виду, что этот источник, затрачивая энергию на одном участке движения в «потенциальном поле», каким-то образом получает эту энергию назад на другом участке, наподобие простой пружины или источника электроэнергии для электровоза, который в режиме «рекуперации» возвращает энергию электростанции при движении с горы? Но ведь мы обсуждаем не просто движение в потенциальном поле, а движение, при котором величина потенциала не меняется!

Возможно, сторонников математических методов вводит в заблуждение также и то, что при движении в «потенциальном поле» они рассматривают только одну-единственную «обобщенную» силу, в то время как движущееся тело получает импульсы (количества движения) от разных частиц? Тем более, складывая множественные независимые воздействия, каждое из которых совершает свою «микро-работу», «ничего не зная» о существовании остальных, мы всегда получим сумму этих воздействий и никогда – ноль.

Приложение 2. Круговое движение в свободном пространстве

Но, так или иначе, применение математических рассуждений и выводов в области, в которой эти методы неприменимы, приводит этих ученых к неверным выводам. Объяснить это можно только тем, что они сами желают к этим выводам прийти, и, собственно, для этого эти методы и применяют.

На факте получения телом дополнительной энергии при его движении вблизи гравитирующих масс, основаны, кстати, такие «фокусы» космонавтики, как использование притяжения больших планет не только для изменения курса кораблей, но и для их разгона! Одно только это свидетельствует о совершении некоей работы некими силами, возникающими вследствие взаимодействия каких-то движущихся частиц с массой нашего объекта. Часть этой работы равна добавке кинетической энергии движущемуся объекту, а часть была использована на изменение его траектории. При ином подходе нам придется признать «поле» материальной сущностью.

При криволинейном движении в свободном пространстве работа внешних сил проявляется в изменении направления движения объекта и его скорости, и является суммой работ на отдельных участках (микро-участках), производимых этими силами, независимо от их направления.

Иногда «хорошие ученики» возражают, что движению тела под действием силы препятствует «инерция». Но это возражение ошибочно. Так называемая «сила инерции» - это не внешняя сила, действующая на движущееся тело. Это сила, возникающая вследствие самого движения тела, и она приложена не к телу, а к источнику силы, вызывающей движение! Если бы сила инерции была приложена к самому телу, и уравновешивала бы силу воздействия, то результат их сложения был бы равен нулю, и тело бы не двигалось под их суммарным воздействием. Так бывает в случае статики, когда, по Третьему закону Ньютона, сила, действующая на лежащий на столе на шарик (например, сила тяготения) уравновешивается противодействующей силой со стороны стола, на котором расположен объект. Вот к появлению этих внутренних сил мы теперь и перейдем.

Следующее возражение защитников «школьного образования» сводится к демонстрации одинаковых формул для кругового движения в пространстве и для груза на нерастяжимой нити.

Чаще всего эти возражения начинаются с того, что при круговом движении (будь то спутника вокруг Земли или груза на нерастяжимой нити) расстояние до центра вращения не меняется, а стало быть, даже если сила к вращающемуся объекту и приложена,

Приложение 2. Круговое движение в свободном пространстве

то изменения расстояния нет, и эта сила работы не совершает. А раз так, рассуждают они, то и в свободном пространстве должно происходить то же самое. Ведь в результате тела движутся по окружности!

Выше мы уже видели, что в свободном пространстве эта сила все-таки совершает работу. Но посмотрим еще раз на случай груза на нити (камня, или даже ведра с водой на веревке), и попробуем понять, в чем же состоит отличие от движения в свободном пространстве.

В свободном пространстве движение к центру вращения вызывается внешней силой, величина которой не зависит от скорости и направления движения тела, которые у него были до момента начала приложения силы.

А в случае движения тела по кривой, определяемой механической связью (преградой, нитью) **движение по кривой есть результат собственного движения массы** (груза, шарика). В чем же разница?

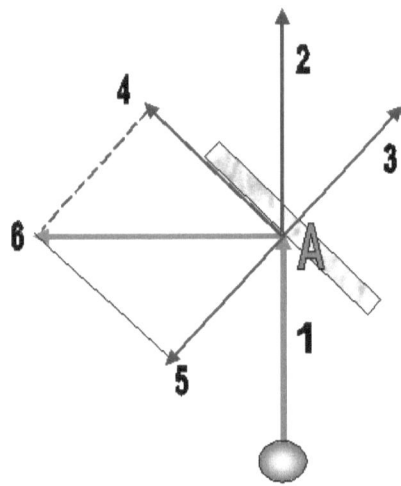

1- Количество движения шарика (mV)
2- Импульс силы, приложенный в точке «А» (Ft=mV)
3- Составляющая импульса, перпендикулярная плоскости отражателя
4- Составляющая импульса, параллельная плоскости отражателя
5- Реакция опоры по 3 закону Ньютона, равная перпендикулярной составляющей по величине
6- Результат сложения векторов 4 и 5

Рис. 11.

Приложение 2. Круговое движение в свободном пространстве

Проще всего это показать на примере отражения шарика от стенки, расположенной под углом 45 градусов к направлению движения шарика (рис.11). Теоретически этот случай не отличается от столкновения шарика с препятствием с очень большой массой, только нужно разложить действующие на шарик силы и скорости на их составляющие (рис.11). Удар шарика в стенку мы считаем абсолютно упругим, а потому никакого рассеивания энергии нет (а, стало быть, нет и снижения линейной скорости шарика).

Если мы теперь заменим угловую стенку на последовательность стенок, поставленных под все увеличивающимися углами (рис.12), то никакой принципиальной разницы не будет. Можно считать движение шарика вдоль стенки непрерывной последовательностью абсолютно упругих ударов, а при этом никакой энергии не выделяется, и работы, как следствие, не производится.

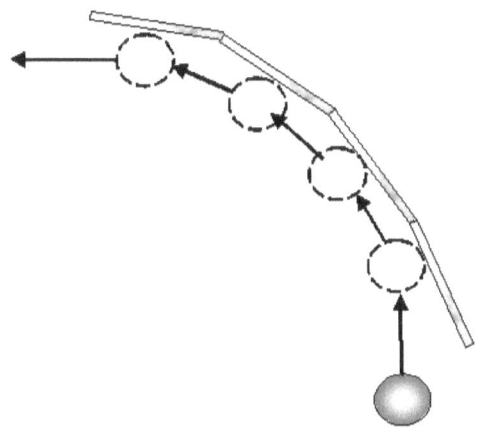

Рис. 12

(Условно можно считать, что при своем движении вдоль стенки шарик сжимает некие «пружинки» в межатомных связях материала стенки, которые затем распрямляются).

То же самое можно считать в отношении груза на нерастяжимой нити, которая, выполняя роль стенки, изменяет направление движения шарика. В обоих случаях расстояние до центра вращения не меняется. Но работа в этом случае также не производится и энергия не расходуется. Ибо **силы, вызывающие изменение направления шарика, являются следствием самого движения шарика, и не являются внешними независимыми силами.**

На рис.13 показано разложение этих сил на составляющие.

Приложение 2. Круговое движение в свободном пространстве

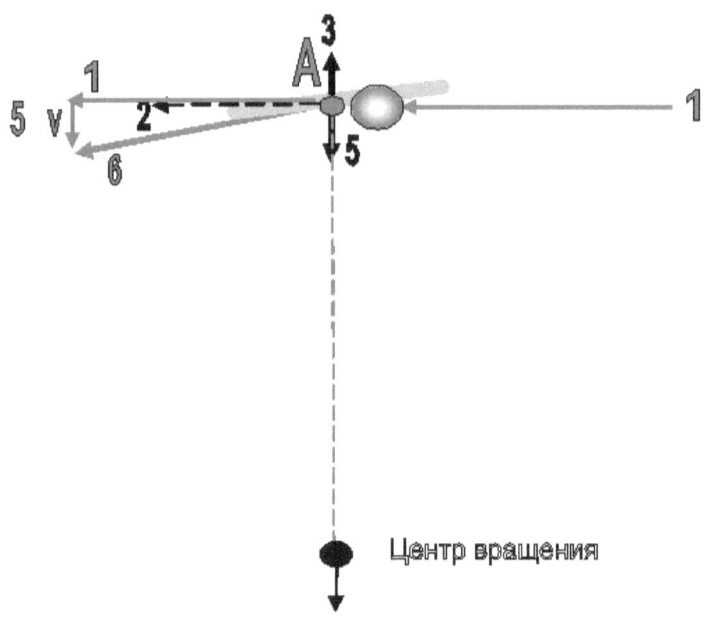

1- Количество движения шарика (mV)
10. Импульс силы, приложенный в точке «А» (Ft=mV)
11. Сила, перпендикулярная плоскости отражателя
12. Составляющая импульса, параллельная плоскости отражателя - отсутствует
13. Реакция опоры (сила) по 3 закону Ньютона, вызывает ускорение в направлении центра вращения (а, следовательно, и движение в этом направлении со скоростью V)
14. Результат сложения векторов 4 и 5

Рис. 13.

Только следует иметь в виду, что все это происходит при стремлении времени наблюдения к нулю!

Это отражается и в математических формулах, и в характере самого движения шарика, как при наличии механической связи, так и при ее отсутствии в свободном пространстве. При этом важно, что хотя в одном-единственном случае эти математические выражения могут совпадать (чисто круговое движение), но во всех остальных они, естественно, дают разный результат. Так, при изменении скорости движения груза на нити, будут возрастать силы, действующие на груз и на нить, но расстояние до центра вращения останется постоянным, движение останется круговым (или именно поэтому). А при движении в свободном пространстве увеличение

Приложение 2. Круговое движение в свободном пространстве

скорости объекта вызовет изменение траектории движения, и орбита из круговой превратится в эллиптическую.

В первом случае радиальные силы зависят от скорости тела, во втором случае они от скорости тела не зависят. То есть это два принципиально разных случая. И утверждать, что это – два одинаковых случая только потому, что в одном частном случае движения по кругу расстояние до центра не меняется, означает двойку на вступительном экзамене в хороший институт, и безграмотность тех, кто ухитрился этот институт окончить. Повезло, однако, на экзаменах!

И, наконец, шедевр «академического образа мышления» - отклонение частицы в магнитном поле. В одной из своих статей известные академики написали:

«В средней школе узнают, что в магнитном поле сила Лоренца тоже меняет направление движения заряженной частицы, но не влияет на её энергию.»

Сущая правда. Точно так же сила, отклоняющая планету от направления равномерного и прямолинейного движения не влияет на ее кинетическую энергию. Ибо линейная (орбитальная) скорость не меняется именно потому, что сила эта действует все время в перпендикулярном к линейной скорости направлении.

Но это не значит, что эта сила не совершает работы. Так, к примеру, через четверть оборота объекта на круговой траектории окажется, что направление его движения перпендикулярно к первоначальному направлению движения (рис.14).

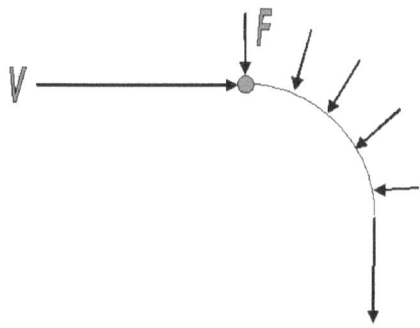

Рис. 14

Куда же делась первоначальная скорость **V**? Она была постепенно скомпенсирована переменной (по пространству) составляющей приложенной силы **F**. Поскольку приложенная сила все время меняла свое направление, одна из ее составляющих была

Приложение 2. Круговое движение в свободном пространстве

направлена против направления первоначального движения тела. Она тормозила это движение, и через четверть оборота свела его к нулю. Она совершила работу по торможению тела. А другая составляющая в это время ускоряла тело в направлении своего действия. **Скорость тела не изменилась. Но вывод о том, что действующие силы не производили работы – неверен. Каждая из двух составляющих произвела работу, а, значит, ИСТОЧНИК** этих сил затратил энергию.

Совершенно то же самое происходит и при движении заряженной частицы в магнитном поле (рис.15).

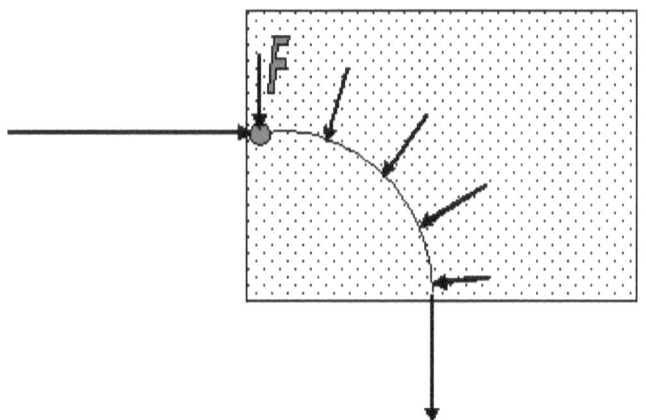

Рис. 15. Черные точки - силовые линии магнитного поля, перпендикулярные плоскости чертежа.

А вот при движении заряженной частицы в электрическом поле (его силовые линии изображены пунктиром на рис.16), внешняя сила **F** приложена к частице перпендикулярно ее направлению движения только в самый первый момент ее вхождения в поле (в другие моменты времени угол ее приложения изменяется). Поэтому наша частица вылетит из электрического поля с бо́льшей скоростью, чем в него влетела. Этот случай будет соответствовать ситуации на рис.8.

Приложение 2. Круговое движение в свободном пространстве

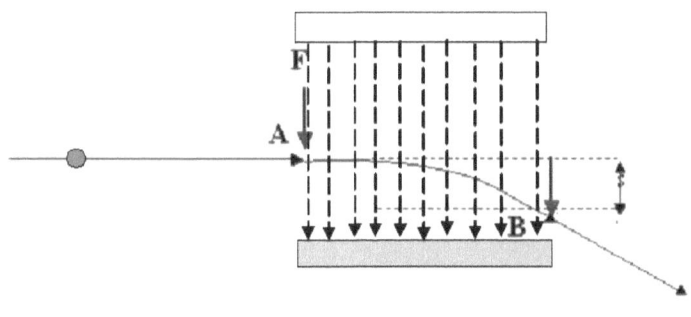

Рис. 16

Наконец, посмотрим, что же на эту тему говорят энциклопедии (ВИКИ не лучше остальных)?

Круговое движение в энциклопедиях

http://ru.wikipedia.org/wiki/%D0%9A%D1%80%D1%83%D0%B3%D0%BE%D0%B2%D0%BE%D0%B5_%D0%B4%D0%B2%D0%B8%D0%B6%D0%B5%D0%BD%D0%B8%D0%B5

В физике **круговое движение** *— это вращение по кругу, т. е. это круговой путь по круговой орбите. Оно может быть равномерным (с постоянной угловой скоростью) или неравномерным (с переменной угловой скоростью). Вращение трёхмерного тела вокруг неподвижной оси включает в себя круговое движение каждой его части. Мы можем говорить о круговом движении объекта только если можем пренебречь его размерами, так что мы имеем движение массивной точки на плоскости. Например, центр масс тела может совершать круговое движение.*

И тут же далее читатель вводится в заблуждение – камень на верёвке уподобляется движению спутника:

Примеры кругового движения: искусственный спутник на геосинхронной орбите, камень на верёвке, вращающийся по кругу (см. метание молота), болид, совершающий поворот, электрон, движущийся перпендикулярно постоянному магнитному полю, зубчатое колесо, вращающееся внутри механизма.

Круговое движение является ускоренным, даже если происходит с постоянной угловой скоростью, потому что вектор скорости объекта постоянно меняет направление. Такое изменение направления скорости вызывает ускорение движущегося объекта центростремительной силой, которая толкает движущийся объект по направлению к центру круговой орбиты.

Написано неграмотно, не по-русски. Следует читать:

Такое изменение направления скорости вызывается ускорением движущегося объекта центростремительной силой,

Приложение 2. Круговое движение в свободном пространстве

которая толкает движущийся объект по направлению к центру круговой орбиты.

Или, еще более просто, понятно и правильно:

Центростремительная сила вызывает ускорение объекта по направлению к центру круговой орбиты, вследствие чего вектор скорости постоянно меняет направление

Без этого ускорения объект будет двигаться прямолинейно в соответствии с законами Ньютона.

Эта фраза очень важна и полностью соответствует ранее сказанному о понятии «сила». Ибо, если объект двигается не по прямой линии, значит, на него действует какая-то сила, создающая ускорение.

Формально – верно.

Но если мы посмотрим на определение понятия **ВРАЩЕНИЕ,** определенное в той же энциклопедии:

http://ru.wikipedia.org/wiki/%D0%92%D1%80%D0%B0%D1%89%D0%B5%D0%BD%D0%B8%D0%B5

то увидим:

Математически вращение — это такое движение абсолютно твёрдого тела, которое, в отличие от переноса, сохраняет неподвижными одну или несколько точек. Это определение применимо как для плоского, так и для трёхмерного пространства.

И в той же статье ниже мы видим:
Вращение и орбитальное движение
Основная статья: ***Орбита***

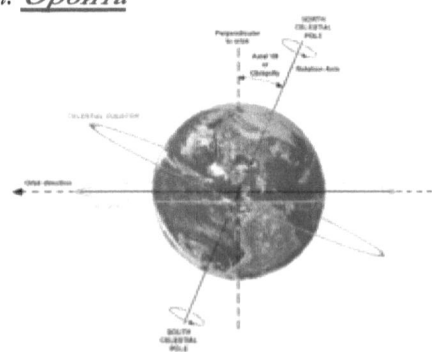

Поскольку движение по орбите часто используется как синоним вращения, во многих науках, особенно в астрономии и смежных областях, [термин] орбитальное движение применяется тогда, когда одно тело движется вокруг другого, тогда как вращение используется для обозначения вращения вокруг оси

Это как раз то самое, о чем мы и говорили выше.

Приложение 2. Круговое движение в свободном пространстве

Камень на веревке – это **ВРАЩЕНИЕ**, а спутник на орбите – это именно круговое движение (одного тела вокруг другого). Разница в русском языке не слишком заметная, и даже для многих незаметная, но при использовании в качестве «терминов» эти понятия приобретают принципиально разное значение.

Тем не менее, та же статья энциклопедии сообщает нам:

Вращение — это просто последовательная радиальная ориентация на общую точку. Общая точка расположена на оси вращения, которая перпендикулярна плоскости вращения. Если ось вращения расположена вне тела, то говорят, что тело находится на орбите.

Не существует принципиальной разницы между "вращением", "орбитальным движением" и/или "спином". Различие просто в месте расположения оси вращения: либо она внутри вращающегося тела, либо снаружи. Это различие можно продемонстрировать как для "жёсткого", так и "нежёсткого" тела.

Существует. И об этом сказано выше. Для орбитального движения – очень даже принципиально! Ведь с самого начала сказано:

<u>Математически</u> *вращение — это такое движение <u>абсолютно твёрдого тела</u>, которое, в отличие от <u>переноса</u>, сохраняет неподвижными одну или несколько точек.*

А у тела, движущегося по орбите, **НЕТ** ни одной такой точки, хотя бы орбита была и круговая.

Из всего вышеизложенного, по мнению автора, должен следовать простой вывод, что, не представляя себе собственно «физики процесса», нельзя правильно применять и математические формулы.

Однако в данном случае дело обстоит гораздо хуже. Речь тут идет не об ошибках учащихся средних школ, а о принципиальной позиции академиков от науки, отрицающих по сути фундаментальные и очевидные следствия из фундаментальных законов Ньютона. Иногда бывает, что разные «альтернативщики» пытаются пересмотреть законы Ньютона, а то и отменить их или игнорировать. Но в данном случае это делают сами академики.

Однако, мы все еще не добрались до корня проблемы. Попробуем пройти немного дальше…..

П2.2. Квантование силы
(Гравитонно-квантовая механика)

Зри в корень!
Козьма Прутков

Ниже я применяю форму изложения, использованную еще в Древней Греции. Это «Диспут» двух ученых, выступавших на одном из форумов в Интернете под псевдонимами Кай и Холмс. Они имеют разные взгляды на проблему существования затрат энергии при круговом движении в полях тяготения.

Кай – «классик», если можно так выразиться; Холмс придерживается теории, изложенной в нашей книге. Ниже приводятся выдержки из их диалога:

Холмс:

Итак, на данный момент можно подвести некоторые итоги. Поскольку меня интересует только Ваше, Кай, мнение, то на Ваших утверждениях мы и сосредоточимся. Прошу поправить меня, если я где-то дал неправильное толкование или формулировку.

Там, где использованы цитаты из Ваших текстов на форуме, они выделены курсивом.

Фундаментальное и непреложное у Кая:

1) спутник, планета - это как камень на веревке - не нужна подкачка энергии, сам крутится…

2) Кай утверждает, что согласно определению, работа силы есть произведение величины этой силы на путь, пройденный телом, умноженное на косинус угла между направлением силы и направлением движения тела (см. любой учебник).

Отсюда должно следовать, что если два одинаковых тела движутся равномерно и прямолинейно параллельными курсами (но с разными скоростями), и к каждому из них прикладывается одна и та же сила в направлении движения в течение определенного времени, то эта сила совершит разную работу – работа окажется больше для тела, которое первоначально двигалось быстрее. Это очевидно не так.

Поскольку можно перейти от одной инерциальной системы к другой, то в системе координат, движущееся с более медленным телом, оно будет находиться в покое. Применение условий задачи в этом случае даст нам разную величину работы для двух тел – поскольку различны пути, пройденные телами в ограниченный промежуток времени, пока действовала сила.

Приложение 2. Круговое движение в свободном пространстве

(По этому пункту возражений Каем не было дано никакого пояснения кроме обещания разобраться более внимательно).

Далее, по словам Кая:

– Если действующая сила всегда направлена перпендикулярно направлению движения тела, то косинус угла α между направлением движения тела и направлением приложенной силы всегда равен 90 градусов. Из прямого применения формулы A=FScosα с непреложностью следует, что эта сила не совершает работы («над телом»). Поэтому

– *Если следить за ненавистным косинусом, то на круговой орбите он в каждой точке ноль и ничего не надо считать. И потому очевидно, что при интегрировании по любому отрезку траектории работа силы всегда будет равна нулю.*

На вопрос **Холмса**:

Вы согласны с тем, что любое отклонение движения тела от прямолинейного (и равномерного, но это не так важно) требует приложения силы, а следовательно - затрат энергии, а следовательно и выполнения работы?

Кай:

– *я уже много раз отвечал, что НЕ СОГЛАСЕН. Силу приложить надо, а работа при этом может требоваться, а может и не требоваться, если траектория получится круговая. В трех, отнюдь, не экзотических случаях именно так и происходит – сила не совершает работу:*

1) спутник на круговой орбите

2) заряженная частица в магнитном поле

3) электрон на s-орбите в атоме

Пусть полей нет, и тело движется по инерции равномерно и прямолинейно. Если в какой-то момент включить силу, перпендикулярно его скорости и подстраивать эту силу так, чтобы она была всегда перпендикулярна скорости, работа этой силы будет ноль...

Холмс:

А шланги и паровозы? (имеются в виду задачи, рассмотренные на форуме для выяснения позиций). Рассматривался случай, когда параллельно кораблю в космосе летит другой корабль, с которого либо стреляют из пулемета, либо поливают водой из шланга. Спрашивается, затрачивалась ли энергия воды или пуль на изменение скорости обстреливаемого корабля?

Кай:

...мы же специально рассматривали шланги и паровозы. Это не есть Ваш случай когда "на тело начинает действовать внешняя сила под углом....". Тут внешней силы [тяготения] нет, и корабль вынужден отделять от себя

Приложение 2. Круговое движение в свободном пространстве

кусок массы, сообщить ему, этому оторвавшемуся куску, энергию и импульс, на что и уходит энергия топлива. В случае же спутника никому энергия не передается, аналога куска, способного взять себе энергию, просто нет в задаче. Нет аналогии.

Холмс:

–Да, корабль сообщил куску массы энергию и импульс. Вы считаете, что на это ушла энергия топлива, да? О-кей. Вопрос – корабль получил при этом импульс в противоположную сторону?

Кай:

–Да, корабль получил импульс. Но, если при этом модуль скорости корабля не изменился, то дополнительной энергии он не получил. Прибавку к импульсу корабль получил, а к энергии не получил.

Что и происходит со спутником на круговой орбите. У него непрерывно изменяется импульс, и совершенно не изменяется энергия.

Шланг и пулемет имитировали внешнюю силу, всегда направленную по нормали к скорости корабля-жертвы обстрела. Струя воды или пуль гоняла корабль по окружности, не изменяя модуль его скорости. То есть, как и ньютоновская сила, силы струи или пуль не совершали работу. **Не передавали кораблю энергию, передавали только импульс.** *Поэтому вся энергия, истраченная на образование струй, на их разгон, оставалась с этими струями. Также, как вся энергия, затраченная на разворот космического корабля с реактивным двигателем, тратится на создание струи и струей уносится в космическую стынь. В случае ньютоновской силы не надо создавать струю и тратить на это джоули.*

Холмс:

–Вы писали, что в случае корабля с реактивным двигателем, тяга которого направлена перпендикулярно курсу, корабль получает импульс, но такой же импульс получает и струя газа. При этом вы утверждали, что корабль получит импульс, но не получит энергии, если модуль его скорости не изменился.

Я согласен, что это так. Но ведь энергия на этот маневр была затрачена!?

Меня не интересует, КУДА она улетела эта энергия вместе со струей, хоть к черту в пекло, но ведь без затраты этой энергии нельзя получить маневра?!

Кай: *Наверно, так, хотя, может быть, если не Холмс, то Ватсон придумают такой способ.*

Холмс: Прекрасно. Спасибо. И я того же мнения. Но маневр есть маневр - это изменение направления движения.

Приложение 2. Круговое движение в свободном пространстве

Если без затраты энергии нельзя получить изменения направления движения, то энергию придется затратить как в случае маневра вне полей тяготения (двигателями), так и при наличии поля тяготения, но уже без двигателя, потому что необходимая сила, изменяющая направление движения, прикладывается так называемым "полем".

Внимание! Речь не идет (и никогда не шла) о том, что действующая на объект сила добавляет какую-то энергию объекту! Речь шла только о необходимости затраты энергии вообще, а к каким чертям она улетела - нам безразлично. Не так ли?

Кай:

–*Нет, Холмс, абсолютно не согласен.*

Примеры с кораблем, пулеметами и паровозами не имеют ни малейшего отношения к задаче про спутник, про камень на веревке, про электрон в атоме, про заряд в магнитном поле. Во всех этих случаях НЕ НУЖНЫ ЗАТРАТЫ ЭНЕРГИИ и НЕ СОВЕРШАЕТСЯ РАБОТА для обеспечения движения тела по круговой траектории.

Точно также, если Вы раскрутите велосипедное колесо оно будет крутиться вечно без затраты энергии, если отключите трение.

В свободном пространстве у тела есть только кинетическая энергия. И ее изменение равно работе внешних сил над телом. Если изменение энергии, кинетической энергии, другой нет, равно нулю, то и работа над телом равна нулю.

Вычисление с помощью простого интеграла никуда не годится, о чем я писал. У Вас при интегрировании одинаковые куски дуги дают разный вклад в работу, что есть неправда для круговой орбиты. Правильная формула с интегралом для криволинейной траектории (любой, не обязательно окружности).... сразу, до вычисления дает ноль на круговой орбите, потому, **что там зануляется подинтегральная функция[/i]**

Холмс:

–Так откуда берется энергия, необходимая для изменения направления движения (маневр), и куда она исчезает (что, как известно, принципиально невозможно)?

Кай:

–**Для изменения направления движения спутника без изменения модуля его скорости энергия не нужна.** Тот факт, что кораблю для поворота энергия нужна, не имеет к задаче о спутнике ни малейшего отношения. Пьеса про корабль совсем другая. Если хочется аналогий - берите камень на нитке, или на резинке.

Приложение 2. Круговое движение в свободном пространстве

Холмс: В приведенных выше отрывках я правильно изложил Вашу позицию, Кай?

Кай:

–Абсолютно правильно.

Холмс:

–То место, где Вы обсуждаете вычисление работы в разных системах отсчета, я сейчас сознательно пропустил - это требует внимания и аккуратности.

Из изложенного выше можно сделать вывод, что налицо парадокс. Этот парадокс я называю «Парадоксом Лернера» по имени человека, впервые его обнаружившего в современной литературе.

Парадокс состоит в том, что при простом и естественном интегрировании элементарных работ по пройденному пути на маневр космического корабля в свободном пространстве необходимо затратить определенную энергию. Одновременно считается, что на аналогичное движение по окружности планет и спутников энергия почему-то не затрачивается. Для обоснования этого привлекается **иной «метод расчета»** - суммирование отдельных отрезков пути при стремлении их длины к нулю, что недопустимо при ускоренном движении.

Одновременно ясно, что для осуществления любого маневра космического корабля в свободном пространстве необходимо сообщить кораблю импульс (Ft=mV), то есть затратить энергию, которая тем больше, чем быстрее корабль должен отклониться от первоначального прямолинейного движения. Однако Кай утверждает, что:

(Кай) *Силу приложить надо, а работа при этом может требоваться, а может и не требоваться, если траектория получится круговая. В трех, отнюдь, не экзотических случаях именно так и происходит - сила не совершает работу:*

1) спутник на круговой орбите

2) заряженная частица в магнитном поле

3) электрон на s-орбите в атоме

И

(Кай) *для изменения направления движения спутника без изменения модуля его скорости энергия не нужна. Тот факт, что кораблю для поворота энергия нужна, не имеет к задаче о спутнике ни малейшего отношения.*

Из предыдущего ясно, что оппонент Кай не видит разницы между движением спутника (планеты) и движением камня на веревке.

И, добавим, не он один.

Приложение 2. Круговое движение в свободном пространстве

В чем же причина неправильного понимания и абсурдных утверждений?

Когда речь идет о физических телах, нам кажется, что мы знаем «механизм взаимодействия». Мы называем эти взаимодействия «видами движения». Соударение, реактивная струя, «сжатие пружины»...

Когда же речь заходит о тяготении (или о заряде, там - то же самое) то механизм этот нам не известен. А налицо – бесконечное движение по кругу планет и спутников. И мы ВЫНУЖДЕНЫ утверждать, что сила тяготения работы не совершает и энергия не затрачивается. Мы не видим источника этих сил, и не знаем о затратах энергии этим источником. Причем в полном противоречии с наблюдаемой нами же необходимостью затрачивать энергию на маневр кораблей. В случае с кораблем мы вытаскиваем «чертика из табакерки, тело №2 – СТРУЮ». А в случае тяготения у нас как бы и нет второго тела. Но оно явно есть – это планета Земля (и пр.) Ведь именно она создает «силу притяжения»! Ведь сэр Ньютон считал Массу источником тяготения (безо всяких на то доказательств, интуитивно). А эта фраза как раз и подразумевает ИСТОЧНИК СИЛЫ.

А вращение камня на веревке – это не аналогия движению в свободном пространстве. Это известно каждому, кто реально сталкивался с небесной механикой и движением в космосе. В случае камня на веревке сила, направленная к центру вращения возникает из-за самого факта движения тела. Тело стремится двигаться по прямой (по инерции), но веревка имеет ограниченную длину и не позволяет телу удаляться, создавая «силу». А у Кая эти два явления (веревка и тяготение) – совершенно аналогичны.

Кай пользуется определением работы, взятым из классического учебника.

Холмс возражает:

—Согласно формуле работа, совершаемая над телом, равна нулю. А вот энергия, затраченная на маневр, почему-то не равна нулю. Наверное потому, что она производится не "над телом", как вы выражаетесь, а, возможно. "над струей" или "над чем-то еще". Но, не затратив энергию, немыслимо осуществлять маневр ни при каких условиях! Это не велосипедное колесо, которое, один раз закрученное, может без трения вращаться сколько угодно! Это не аналогия!

Тело двигалось прямолинейно, а потом Нечто изменило направление его движения.

Приложение 2. Круговое движение в свободном пространстве

Это возможно с помощью веревки или стенки, но в космосе нет ни веревок, ни стенок!

В космосе, между прочим, осуществляются подобные маневры, когда корабль влетает при определенных условиях в область тяготения планеты и затем вылетает из этой области, так как его скорость вхождения в область притяжения больше второй космической. Откуда взялась энергия на маневр?

Кай:

—Для доказательства зануления работы силы тяготения в частном случае, а именно на круговой орбите не нужно ничего вычислять. Достаточно посмотеть определение работы силы в теоретической механике. Там под интегралом стоит скалярное произведение силы (у нас ньютоновской) на скорость. То есть - ноль ПО ОПРЕДЕЛЕНИЮ *скалярного произведения*

Приложение 2. Круговое движение в свободном пространстве

Посмотрим на определения работы силы в теоретической механике:

http://ru.wikipedia.org/wiki/%D0%9C%D0%B5%D1%85%D0%B0%D0%BD%D0%B8%D1%87%D0%B5%D1%81%D0%BA%D0%B0%D1%8F_%D1%80%D0%B0%D0%B1%D0%BE%D1%82%D0%B0

Определение

Предел, к которому стремится сумма $\sum_{i=1}^{i_\tau} F(\xi_i)\triangle s_i$ всех элементарных работ, когда мелкость $|\tau|$ разбиения τ стремятся к нулю, называется работой силы F вдоль кривой G.

Таким образом, если обозначить эту работу буквой W, то, в силу данного определения,

$$W = \lim_{|\tau|\to 0}\sum_{i=1}^{i_\tau} F(\xi_i)\triangle s_i,$$

следовательно,

$$W = \int_0^s F(s)ds \quad (1).$$

Если положение точки на траектории её движения описывается с помощью какого-либо другого параметра t (например, времени) и если величина пройденного пути $s = s(t)$, $a \leq t \leq b$ является непрерывно дифференцируемой функцией, то из формулы (1) получим

$$W = \int_a^b F[s(t)]s'(t)dt.$$

Холмс:

–Где там скорость? Производная пути по времени, ds/dt? Но что это за ПУТЬ такой?

Ведь это - путь вдоль вектора скорости, которая к действию самой силы не имеет отношения, поскольку существует и без силы.

Это недопонимание физической сути дела или отказ ее понимать.

Приложение 2. Круговое движение в свободном пространстве

Оказывается, что для понимания физики процесса все-таки нужно знать природу самой силы. Вот то самое место, где уважаемый сэр Исаак "дал мимо". И, хотя в его времена не знали ни о движении электрона, ни о магнитном поле, но гравитационные явления Ньютон наблюдал, причем наблюдал как никто другой. Однако, увы, он не смог высказать даже предположения о природе этой силы. И тогда…

— Давайте не будем думать о происхождении силы, - говорит Ньютон. — Достаточно того, что мы измерили ее действие в пространстве, нарисовали поле сил на бумажке-графике и установили, что величина силы уменьшается по какому-то закону в зависимости от расстояния. Дальше — все в порядке, вот вам математические способы расчета всего чего угодно.

— А откуда берется эта сила, каков ее источник?

— Не знаю, — говорит Ньютон. — Гипотез не измышляю, но утверждаю, что источником силы является масса.

— А почему же масса не расходуется?

— А потому что есть кинетическая энергия (движения) тела, и есть «потенциальная», запасаемая телом в поле тяготения. При движении в таком поле сил, называемом «потенциальным полем», кинетическая энергия якобы переходит в «потенциальную» и наоборот.

Все "увязывается", как говорят сторонники математической физики. Но это — не физика, а неправильно применяемая математика. И выясняется, что знание физики процесса нужно не только для удовлетворения любопытства, но и для правильного решения возникающих задач. Хотя бы даже для того, чтобы понимать разницу между вращением тела и обращением его вокруг центра по круговой орбите в свободном пространстве.

Теперь попробуем найти потерянную сермяжную правду.

Факт вечного вращения планет вокруг Солнца без видимых затрат энергии кажется неоспоримым. Но, если мы можем указать на причины движения земных тел, которые мы наблюдаем, то даже Великому Ньютону причина движения планет была неизвестна.

С другой стороны, представляется очевидной необходимость затрат энергии для аналогичного маневра в космосе космического корабля. Ибо физически невозможно, чтобы импульс (произведение массы на скорость) передавался одному телу от другого, а энергия — не передавалась. Энергия, положим, остается неизменной в изолированной системе, но одно тело ее теряет, а другое — получает.

Приложение 2. Круговое движение в свободном пространстве

В случае же тела на орбите мы не видим другого тела, теряющего энергию. И начинаем привлекать «математику, с помощью которой можно доказать что угодно» (Эйнштейн). Наш случай – как раз такого рода.

Кай утверждает, что скрытая теплотворная энергия топлива расходуется на ускорение газовой струи космического корабля. Причем имеет место как бы двойная бухгалтерия – если струя работающего двигателя направлена вдоль направления полета и корабль ускоряется, то все вроде бы нормально и корабль получает как импульс, так и кинетическую энергию (вместе с прибавкой скорости). Если же струя направлена перпендикулярно направлению движения, то для того, чтобы связать концы с концами, следует уподобить это движение движению планеты по круговой орбите, без затраты энергии. Иначе придется объяснять физическую разницу между этими случаями, а мы ее как бы и не знаем. И все это при условии, что нам прекрасно известен и принцип суперпозиции действующих сил.

В чем неточность заявлений Холмса?

В том, что он, видимо, умалчивает о том, что тело в пространстве движется по траектории, определяемой векторной суммой скоростей (а Холмс говорит о силах). И что под термином «перемещение» он имеет в виду частное, «парциальное» перемещение тела только под действием одной из приложенных сил. Кай же говорит о том, что перемещение (полное) есть результат векторного сложения скоростей. И это правильно. Что же неправильного у Кая? А то, что Кай вычисляет работу чисто формально, перемножая пройденный телом путь на действующую силу. Он делает это, пользуясь дефектом формулировки понятия «работа», в котором отсутствует часть фразы (выделено заглавными буквами) – «Работа – это скалярное произведение вектора силы, действующей на тело, на путь, проходимый этим телом **ПОД ДЕЙСТВИЕМ ЭТОЙ СИЛЫ**». И когда начинаешь делать акцент на этой «поправке», встречаешь бешеное сопротивление.

Более того, Кай даже согласен считать, что при воздействии перпендикулярной курсу боковой силы спутник получит импульс, но утверждает, что не получит энергию, так как изменилось только направление движения. А модуль вектора скорости тела не изменился. Но импульс $I=mv$ тело все же получить должно. Более того, если речь идет о получении импульса (а случай – не статический, это не жесткая конструкция), то понятно, что измениться может только скорость, но не масса. Тело должно было

Приложение 2. Круговое движение в свободном пространстве

приобрести если не скорость, то некоторую составляющую скорости в другом направлении (что одно и то же).

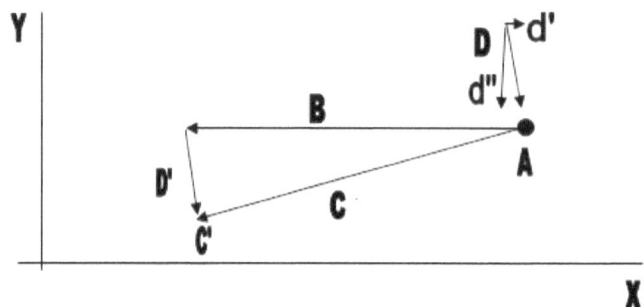

Силу D можно разложить на две составляющие. Одна из них вызывает смещение (не «перемещение», а «смещение»!) тела в направлении оси Y чертежа (вниз), а другая – в направлении оси X (вправо).

Первая составляющая должна вызывать смещение в вертикальном направлении, вторая должна, по-видимому, вызывать торможение тела, уменьшение модуля вектора его первоначальной скорости. В результате действия силы D (обеих ее составляющих), тело через некоторое время придет в точку «С». При соответствующем подборе величин может оказаться, что эта точка (как и все другие точки, образованные этими силами и скоростями), будет являться точкой окружности.

Но для того, чтобы так случилось, сила D (в среднем, конечно) должна быть направлена не под прямым углом к первоначальному вектору скорости, а несколько ему «навстречу». В среднем, конечно! В самый первый момент – точно перпендикулярно, но затем направление силы D должно постепенно меняться. Так что мы сейчас говорим о средних величинах за некоторый отрезок времени, только для того, чтобы докопаться до физики явления.

По этой причине (наличия небольшого угла «навстречу») мы и можем разложить силу D на составляющие – «встречную» d' и «поперечную» d'').

Составляющая d' будет тормозить тело, а составляющая d'' – смещать его в направлении, перпендикулярном вектору скорости "В".

Теперь – внимание!

В своем расчете Кай показал, что при уменьшении отрезка времени, на котором производится наблюдение, при постоянной величине силы D величина смещения (путь под

Приложение 2. Круговое движение в свободном пространстве

действием силы) **будет уменьшаться быстрее, чем длина отрезка наблюдения.** Оно и понятно – ведь путь пропорционален квадрату времени, и, стало быть, будет уменьшаться быстрее, чем отрезок времени. Этот факт при интегрировании вдоль дуги в результате даст нулевое смещение вдоль радиуса описываемой телом окружности, а, значит, и произведение силы D на величину этого смещения даст «ноль». Работа внешней силы при подобном маневре будет равна нулю.

(Кстати сказать, с помощью подобного же рассуждения можно «доказать», что сила тяжести не совершает работу даже при обычном броске камня параллельно земной поверхности.)

А энергия?

Ведь при боковой силе, вызванной реактивным двигателем, энергия безусловно затрачивается! С этим Кай не спорит, хотя картина совершенно одинаковая – есть сила, заставляющая корабль в свободном пространстве отклоняться от первоначального курса и двигаться точно по круговой траектории!

Для объяснения своей позиции Кай утверждает только, что в случае с кораблем он видит причину затрат энергии – она якобы затрачивается только на ускорение газовой реактивной струи. А в случае спутника он не видит ни второго тела, которое забирает на себя затрачиваемую энергию, ни самого факта затрат энергии. Но он согласен, что момент количества движения $I=mV$ создается в обоих случаях!

Поэтому у Кая нет другого выхода, как объявить случаи движения корабля и спутника – РАЗНЫМИ. А случаи движения спутника и камня на веревке – одинаковыми (в то время как дело обстоит ровно наоборот!). И это только потому, что для вращения камня на веревке, очевидно, не требуется затрачивать энергию, а энергию, необходимую для движения спутника удобно рассчитать по формуле работы, подставив в нее заведомо неверные путь и косинус. То есть налицо подтасовка, грубо говоря – обман…

Похоже, что без выяснения физической сути сил тут все же не обойтись, да простит нас сэр Исаак Ньютон!

Еще один пример…

Представим себе один из предыдущих примеров – бронированный космический корабль, обстреливаемый из пулеметов извне. Пулеметов два. Один имитирует тормозящую силу, все время двигаясь точно по курсу корабля (вместе с его маневром), и стреляя пулями ему навстречу. Второй также двигается вместе с

Приложение 2. Круговое движение в свободном пространстве

кораблем, но параллельным ему курсом, стреляя всегда точно перпендикулярно меняющемуся вектору скорости корабля.

Скорости при вылете пуль из обоих пулеметов относительно их стволов — одинаковы.

Пули второго пулемета при столкновении с массивным кораблем передадут ему часть своего количества движения I=mv, а значит

$$\frac{-V_3}{V_4} = \frac{k-1}{2} \approx \frac{m_2}{2m_1}$$

То есть пуля после отражения от корабля полетит в обратном направлении.

Даже без вычислений ясно, что при абсолютно упругом ударе пуля отразится в обратном направлении со скоростью, меньшей, чем та, которую она имела до удара. Ведь сам пулемет относительно корабля неподвижен!

Если же корабль двигается навстречу пуле, вылетевшей из первого пулемета, то скорость пули после удара будет больше примерно на величину скорости корабля.

Каждая пуля первого пулемета отнимает свой маленький кинетический момент из общего кинетического момента корабля на данном направлении. Каждая пуля второго пулемета прибавляет свой маленький кинетический момент кораблю в поперечном направлении. Под действием этих микро-моментов корабль постепенно теряет свой первоначальный момент в «горизонтальном направлении» и приобретает момент «вертикальный». Через четверть оборота ситуация будет в точности такая же, как при начале бомбардировки, но картинка будет повернута на 90 градусов.

То есть мы погасили скорость (а вместе с нею и момент) в одном направлении, и создали момент в перпендикулярном направлении. А поскольку вектора скоростей по модулю равны, то при прочих равных условиях оба пулемета выпустили по кораблю одно и то же количество пуль (моментов).

Энергия пулеметов (пуль) была затрачена на изменение (уменьшение) одного вектора скорости корабля, и на создание и увеличение другого вектора скорости корабля. Модуль суммарного вектора скорости не изменился, но направление его изменилось. Неправомерно утверждать, что одна скорость перешла в другую, и потому не потребовалось никаких затрат энергии. Это произошло в результате двух отдельных процессов.

Приложение 2. Круговое движение в свободном пространстве

Движение в свободном пространстве в любом направлении (при отсутствии гравитационных «полей») определяется исключительно величиной и вектором силы, действующей в данном направлении. Сила гравитации ничем не отличается от остальных даже с точки зрения Ньютона, и потому, как и любая сила, действуя в определенном направлении, должна совершать работу, и на это должно затрачиваться энергия. Другой вопрос – **что это за энергия, и откуда она берется?**

Есть единственное отличие этих сил, возникающих вследствие наличия «полей» неизвестной природы. Неизвестность причины действия силы естественным образом рождает представление об отсутствии затрат энергии – гравитация, электричество, ядерные силы... И, как следствие – представление о виртуальных частицах.

Для изменения курса космического корабля на 90 градусов нужна энергия. При этом совершенно неважно, каким сложным маневром это будет достигнуто. Даже время неважно – оно определяет только мощность, необходимую для этого, Меньше время – больше мощность при той же энергии.

Значит, нам нужно за равные промежутки времени потихоньку уменьшать один вектор скорости (тормозить корабль) и увеличивать другой. Поскольку процесс явно равномерный, то вычитание должно происходить равными порциями, то есть с увеличением числа интервалов времени и длины дуги уменьшается величина момента.

А поскольку все участки равноправные, то на любом участке должно сохраняться равенство добавленного и возвращенного момента.

Откуда он берется – из «поля»?

Куда же он возвращается? – «Полю»....

Вот откуда заявление, что моменты складываются, а энергия, мол, не затрачивается.

Итак, единственным аргументом в пользу того, что при движении по окружности затраты какой-либо энергии равны нулю, является убеждение, что если к телу, двигающемуся по прямой линии, приложить силу, перпендикулярную направлению его движения, то работа этой силы будет равна нулю по определению работы – $A=FS\cos\alpha$ на любом отрезке круговой траектории. При условии, конечно, что в каждой точке траектории эта сила действует под углом 90 градусов.

Простейшие примеры почему-то не убеждают. А именно –

Приложение 2. Круговое движение в свободном пространстве

брошенный горизонтально камень весом 9 граммов со скоростью 10 метров в секунду в первую секунду опустится на 4.5 метра по вертикали. Работу силы тяжести легко подсчитать.

Пуля весом в 9 граммов, выстреленная из ружья горизонтально со скоростью 1 км в секунду, опустится в первую секунду на 4,5 метра. Работу силы тяжести легко подсчитать. Она окажется той же самой, ибо не зависит от скорости тела, летящего равномерно и прямолинейно, а зависит только от силы, действующей на тело перпендикулярно к направлению его равномерного и прямолинейного движения; работа зависит от силы, действующей в направлении приложения этой силы.

Снаряд, выстреленный горизонтально из пушки со скоростью 3 км/сек, опустится в первую секунду на 4,5 метра. Зная массу снаряда, легко подсчитать работу, которую произведет сила тяжести.

То есть, с какой бы скоростью не было брошено тело в горизонтальном направлении, оно пройдет одно и то же расстояние (4,5 метра) по вертикали, так как именно по вертикали приложена действующая на него единственная сила – сила тяжести. И от скорости тела в горизонтальном направлении работа силы тяжести никоим образом не зависит.

Этот же снаряд, выстреленный с помощью ракеты горизонтально с первой космической скоростью 7 км/сек, опустится в первую секунду на те же 4,5 метра. И тут почему-то (по мнению Кая) оказывается, что вот в этом единственном, конкретном случае (1-я космическая скорость), работа вдруг оказывается равной нулю!

Тот, кто попытается умножить силу на путь вдоль направления движения, и затем еще на косинус угла между силой и направлением первоначального прямолинейного движения (чтобы якобы найти «смещение» под действием приложенной силы), сделает сразу две ошибки – и путь пройден не под действием приложенной силы, а по инерции с заранее заданной скоростью, к действию силы не относящейся, и косинус относится к движению с опорой, а не в свободном пространстве. В свободном пространстве тело, конечно, перемещается по направлению скорости, но если мы хотим знать работу некоторой силы, приложенной к телу в любом направлении, то мы должны умножить эту силу на путь, пройденный телом **в направлении действия этой силы** (назовите его «смещением», чтобы отличать от «перемещения»). То есть, мы должны учитывать только ту составляющую скорости, которая была создана действием этой силы.

Но в чем же суть противоречия, выявленного Лернером?

Приложение 2. Круговое движение в свободном пространстве

Как быть с вычислением по предложенной Лернером формуле?

Да, действительно, **если мы рассматриваем силу гравитации как постоянно действующую**, то мы должны признать, что при стремлении отрезка времени к нулю, и бесконечном увеличении числа отрезков, работа на отдельном интервале времени или расстояния изменяется не пропорционально длине отрезка или времени, потому что путь пропорционален квадрату времени. А значит, как показано и у Кая и у Холмса, **в пределе элементарная работа уменьшается быстрее, чем число отрезков**, а значит, сумма стремится к нулю?

Но ведь так будет при любом виде траектории, в том числе и при параболе. А это значит, что сила тяжести и в этом случае не будет совершать работы!?

Кай предпочитает игнорировать эти вопросы. Нигде, на всем протяжении многодневной беседы на форуме на этот вопрос ответа не было получено.

Как же следует рассуждать в рамках гравитонной гипотезы, и почему именно такое рассуждение является правильным (корректным)?

Дело в том, что в действительности на отрезке пути (или времени) на движущееся тело воздействует не собственно **СИЛА, а ИМПУЛЬС (FT=mV)**. Если для вычисления работы (затрат энергии) интегрировать бесконечно малые отрезки пути и времени, предполагая действующую «силу» постоянной, то, естественным образом, вы получите в результате ноль, как было сказано выше и как утверждал Кай. При уменьшении отрезка времени (или пути вдоль линейной скорости, что одно и то же) и при постоянной действующей силе тело будет проходить отрезки пути в перпендикулярном направлении пропорциональные квадрату времени ($S=at^2$). А значит, этот путь будет уменьшаться быстрее, чем уменьшается отрезок времени, и потому интегрирование даст НОЛЬ. По мнению Кая это произойдет просто вследствие величины косинуса, равной нулю, но это – ошибка, понятие косинуса в свободном пространстве применимо со специальными ограничениями. Но ведь тот же самый результат вы получите, производя подобную математическую (!) операцию в случае даже простого бросания камня параллельно земной поверхности! Однако, это почему-то не вызывает удивления. Сказано – в одном случае работы нет, а в другом случае она есть. Предлагается не задумываться слишком....

Приложение 2. Круговое движение в свободном пространстве

А с точки зрения гравитонной теории никакого парадокса нет. По простой причине – **сама сила, действующая на тело – не постоянна, она «квантована».** Физическая суть этой силы – результат взаимодействия гравитонов с преонами, составляющими протон.

Длительность импульса – ничтожная, так как она определяется временем взаимодействия преона с гравитоном. Далее следует интервал между импульсами.

В макромасштабе этого не видно. Множество гравитонов сливается в один сплошной поток. Как шум дождя во время ливня. Но никто же не отрицает, что дождь состоит из отдельных капель!?

Поэтому на любом отрезке окружности мы имеем вот такую картину:

И какой бы сколь угодно малый участок окружности мы ни взяли, число импульсов будет уменьшаться линейно. На каждом элементарном отрезке (импульсе) сила либо есть, либо нет, причем добавка к скорости призводится в виде «кванта скорости»..

В чем же разница? В том, что **при сокращении отрезка времени уменьшается не время, в течение которого действует сила (а значит и скорость в конце отрезка), а число импульсов (моментов), каждый из которых добавляет свою микро-скорость.** И, значит, при уменьшении интервала вдвое, уменьшается вдвое и общий импульс, в то время как в прежнем варианте время уменьшалось вдвое, а путь уменьшался вчетверо. При уменьшении же вдвое общего импульса все нормально – работа производится и она пропорциональна длине окружности – траектории движения тела.

Но этого допустить Ньютон никак не мог. Это означало бы (как и для Кая), что работа при движении по кругу есть, энергия затрачивается, а ее источника – не видно!

A=FS=mg.vt=mv.gt

mv- элементарный момент

Суммарная работа A=N.mvgt= Nt.mvg **увеличивается линейно со временем.**

Что же мешало применить простое суммирование моментов количества движения?

Приложение 2. Круговое движение в свободном пространстве

Мешало представление об «аналоговом» действии силы независимо от ее характера, от ее происхождения.

Таким образом, сегодня мы имеем полное право называть нашу физику – «гравитонно-квантовой механикой», ибо основное ее понятие - понятие «силы» - оказывается квантованным. Интересно при этом, что вся остальная современная квантовая механика оказывается либо ненужной, либо предельно упрощенной.

Теперь, понимая все это, можно снова вернуться к шарику, падающему на мраморную (стальную) плиту. На участке падения на шарик действует не какая-то постоянная мистическая «сила», а ИМПУЛЬС, момент количества движения, передаваемый шарику гравитонами. Каждый импульс добавляет определенную порцию скорости, так что в каждый следующий отрезок времени добавляется величина V.

Конечно, если мы будем наблюдать доли времени, доступные нашему наблюдению, то мы можем описать (!) зависимость скорости от времени в виде **V=at**. И, наблюдая падение тел вблизи Земли, был сделан вывод, что они падают с постоянным ускорением. То есть величина **V** как бы нарастала со временем. Скорость получалась умножением некоей величины на время, то есть становилась чисто математической величиной. А на самом деле скорость получается СЛОЖЕНИЕМ того или иного числа моментов количества движения, импульсов.

«Это фундаментально, Ватсон!»

В классике предполагается (!), что при приложении силы к телу его скорость возрастает линейно. Ибо это очевидно. Но это, по-видимому, верно только в макро-масштабе времени. В микро-масштабе времени нужно уже учитывать, что на преон действует очень кратковременный импульс.

Размер преона около 10^{-18} см. Скорость гравитона около 10^{21} см/сек. Отсюда время взаимодействия гравитона с преоном – не больше 10^{-43} сек. Но есть и интервал между взаимодействиями, и он может быть существенно длиннее, чем время взаимодействия.

Сила – это импульс, деленный на время, на интервал времени взаимодействия! А величина самого импульса – одна и та же, так как она определяется массой преона и временем нахождения гравитона в преоне! Вот почему неправомерно при анализе кругового движения устремлять отрезок времени к нулю.

Приложение 2. Круговое движение в свободном пространстве

На участке подъема шарика после отражения от плиты продолжает действовать та же самая сила гравитации в виде отдельных импульсов (моментов количества движения), каждый из которых отнимает свою порцию скорости из скорости шарика, движущегося навстречу потоку гравитонов. Эта модель объясняет движение шарика (и маятника) гораздо проще, чем модель «потенциальной энергии» и «работы», в которой подразумевается, что шарик неким неизвестным нам образом постоянно сводит «дебет с кредитом».

Из всего этого следует множество далеко идущих выводов.

Желающим пользоваться красивыми словами можно рекомендовать выражение «квантование силы».

Но как быть с проблемой сохранения энергии при круговом движении?

Моменты суммируются, понятно, каждый со своим знаком, и за полный период обращения сумма моментов оказывается равной нулю. Не работа, а сумма моментов! Потому что величина момента имеет знак, может быть положительной или отрицательной в зависимости от системы координат. А величина работы – всегда положительная!

А энергия (равная работе)?

А энергия доставляется с каждым приходящим извне импульсом, и может быть подсчитана на длине окружности с определенной, сколь угодно высокой точностью.

Заключение (выводы)

В чем удалось на сегодняшний день приблизительно разобраться с помощью гравитонной гипотезы:

- **что вакуум не пуст.** Что его заполняют гравитоны (гравитонный газ), и в областях с большим скоплением вещества – преоны, микро-вихри гравитонов, на несколько порядков бо́льших по размеру, чем гравитоны; существует также частички, гораздо меньшие гравитонов по величине и бо́льшие – по скорости;

- **источником энергии в нашей вселенной являются гравитоны.** Именно они вызывают вращение преонов, и скорее всего - протонов. Гравитоны, видимо, имеют внешнее по отношению к Вселенной происхождение;

- **что гравитоны движутся со скоростями до сотни миллионов км в секунду;**

- **что не существует ТЯГОТЕНИЯ масс – существует их ПРИТАЛКИВАНИЕ** (pushing);

- **что закон всемирного тяготения Ньютона – вовсе не всемирный**, и действует лишь на длине свободного пробега гравитона, примерно равного радиусу Солнечной системы. Всемирного тяготения не существует. Размеры планетных систем у звезд не могут быть больше этой величины (обычно 50-100 а.е.)

Космические образования Большого Космоса есть газовые облака гравитонов;

- **темной материи-энергии не существует**, галактики не удерживаются силами тяготения, это газовые вихри;

- начиная с определенных величин массы (критическая масса) внутри нее возникает масса, до которой не проникают гравитоны, и которая вследствие этого не оказывает никакого влияния на гравитационные явления. **Внутри звезды (и Солнца, понятно) может существовать очень большая масса**, о которой внешний наблюдатель может и не подозревать;

- **получают объяснение явления пульсаров** - масса внутри звезды, экранированная от гравитонов, не обладает и так называемым «фундаментальным свойством массы» - ИНЕРЦИЕЙ. Поэтому она может вращаться внутри звезды с любой скоростью, и иногда это как-то проявляется вовне;

- в связи с этим **не существует таких объектов, как «черные дыры»** – огромные скопления масс с огромной гравитацией. Черные дыры как явления есть, но они имеют совершенно иную природу;

-объяснены **причины возникновения колец вокруг планет,** а также почему у одних планет кольца такие, как у Сатурна, а у других – поменьше, а у Юпитера их почти совсем нет;

- **Выяснена причина ИНЕРЦИИ;**

- **Выяснена суть понятия ЭНЕРГИЯ и причина «сохранения формулы» энергии;**

- Выяснено, что понятие «потенциальная энергия» было введено вынужденно как следствие незнания природы гравитации. Понятие «энергия» относится только к движущемуся телу;

-Сохранения энергии во Вселенной, строго говоря, не существует – энергия гравитонного газа непрерывно преобразуется в вещество тел, находящихся в пространстве;

- С помощью «гравитонной» гипотезы **объясняется движение низколетящих спутников** Земли;

- Выяснено, что при движении спутников по орбитам происходит непрерывная затрата энергии со стороны «гравитонного газа». Точно так же при падении стального шарика на мраморную плиту и последующем отражении его от нее не происходит превращения «потенциальной» энергии в кинетическую и наоборот. Энергия гравитонного газа затрачивается как на ускорение, так и на торможение тела;

- Гипотеза объясняет **причину движения планет вокруг звезд;**

- Гипотеза объясняет **возможность постепенного превращения эллиптических орбит в круговые;**

- Объясняется **причина внутреннего разогрева планет и звезд.** Поглощение гравитонов внутри плотных областей планет приводит к образованию в них ВЕЩЕСТВА, а значит и к росту их массы и объема. Большие планеты разогреваются сильнее малых. В конце концов, планеты превращаются сначала в инфракрасные карлики, а затем в звезды. Процесс звездной эволюции выглядит существенно иным;

- **Синтез всех веществ происходит ВНУТРИ** планет, причем это зависит от этапа их эволюции (возраста). Данные о параметрах всех планет должны быть пересмотрены с этой точки зрения;

- **Наша вселенная - не единственная**. Таких вселенных - миллионы и миллиарды. Каждая из них, скорее всего, подобна одной клеточке нашего собственного организма. Совокупность вселенных представляет собой единый Сверхорганизм неизвестного «вида» - не исключено, что это какая-нибудь «Сверх-лягушка», сидящая на камне в своем «Сверх-болоте». Она находится в своем «сверх-мире» и так далее.... а мир бесконечен как в ПЛЮС, так и, скорее всего - в МИНУС;

- **Вселенная возникла** не в результате какого-то мистического Большого Взрыва, а в результате сближения двух других вселенных, вращавшихся в разных направлениях.

При возникновении Вселенной по рассмотренной в книге гипотезе, не было условий для какого-то взрыва. Взрыв может быть тогда, когда нет сил сжатия. А при сближении вселенных силы сжатия с их стороны – имеются. Если в настоящее время две «исходные» Вселенные расходятся, то дальние галактики уже «убегают», а до внутренних этот процесс еще не дошел! Потому что одно дело – скорость распространения колебаний в гравитонной среде, и совсем другое – постепенное изменение ее плотности.

-**Всякая сила, возникающая при взаимодействии тел – квантована** вследствие самой ее причины – воздействия гравитонов.

Нетривиальные следствия по главе 2

Гравитационное воздействие вызывается сверхмалыми частицами – гравитонами.

Скорость гравитонов более чем на 7 порядков больше скорости света. Гравитация есть следствие возникновения экранировки потока гравитонов массивным телом.

Соответствующие наблюдения за изменением веса тела во время солнечного затмения были проведены инж.Ярковским в конце 19-го века, Морисом Алле в 60-х годах XX века, а также сотрудниками НАСА в Австрии в монастыре Кремсмюнстер в конце XX века. Эти эксперименты подтвердили гипотезу.

Внутри атома электрон не является отдельной структурной частичкой, а представляет собой облако преонов, распределенных внутри атома на очень сильно вытянутой эллиптической орбите.

Протон представляет собой тороидальный вихрь, связанный с тороидальным вихрем преонов. Гравитоны могут захватываться преонами (поглощаться), а могут и проходить насквозь, отдавая часть своего импульса гравитонам преона.

Дана приблизительная оценка параметров преонов и гравитонов, а также оценка устойчивости космических систем.

Нетривиальные следствия по главе 3

Причиной возникновения гравитации является не масса и не ее «свойства», а окружающая ее среда (гравитонный газ).

При взаимодействии с гравитонным потоком тела получают от каждого гравитона микро-добавку скорости.

Выяснена причина инерции.

Выяснена суть понятия «энергия» и причина сохранения «формулы энергии».

Энергия (кинетическая) есть сумма добавок скоростей за время воздействия.

Физическая сущность произведения **mV** также отражает сумму воздействий, но для случая, как если бы они все были произведены одномоментно, мгновенно, а не были бы распределены во времени.

Потенциальная энергия есть удобный математический прием, но в реальности не может ни накапливаться, ни переходить в кинетическую.

При колебаниях физического маятника не происходит превращения (перехода) кинетической энергии в потенциальную. Энергия гравитонного потока расходуется (затрачивается) как в течение фазы ускорения, так и в течение фазы торможения. То же относится к случаю падения абсолютно упругого шарика на стальную (мраморную) плиту.

Гравитационной и инерционной масс не существует. Существует просто масса в виде определенного количества протонов.

Энергия затрачивается не только при ускорении или торможении тела, но и при любом изменении направления его движения. В частности, энергия затрачивается при движении тела по круговой орбите вокруг центра гравитации.

Гравитонный газ является источником бесконечно большой энергии.

В результате процесса взаимодействия гравитона и макрочастицы скорость последней увеличивается, так как внешний гравитон входит в состав вихря преона, добавляя ему свое «количество движения» (а по существу – свою собственную скорость)

Гравитонный газ, таким образом, постоянно отдает часть своей общей энергии материальным телам. Масса вещественных частиц, выраженная в количестве гравитонов, непрерывно увеличивается. И, вообще говоря, материальные тела существуют только как следствие этого процесса.

Выяснена физическая сущность гравитационной постоянной.

Нетривиальные следствия по главе 4

«Пустое пространство» на самом деле не пустое, хотя с точки зрения отдельно взятого газа пустота в нем есть, и частички данного газа могут свободно передвигаться в пространстве.

Вакуум заполнен газами разного уровня (по размерам, массе и скоростям частиц).

Формула «пустоты». Если выделить в пространстве любую сколь угодно малую область, то в ней с вероятностью, равной единице, найдется хотя бы одна частица меньшего размера, чем выделенная область.

Гравитонный газ может служить опорной средой для абсолютной системы отсчета в нашей области пространства.

В различных областях мирового пространства плотность гравитонного газа может быть различной, что влечет за собой как необходимое следствие изменение всех основных так называемых «мировых констант», целиком и полностью определяемых параметрами гравитонного (а значит – и преонного) газа.

Объясняется причина разогрева планет изнутри, и причина неиссякаемого излучения энергии звездами. Планеты разогреваются изнутри, в результате преимущественного поглощения гравитонов ядром (а не всей массой планеты). Это же относится и к звездам. Источником энергии звезд является гравитонный газ внешней среды.

Этот же процесс приводит и к образованию в планетах и звездах элементов всей таблицы Менделеева.

Разогрев планет является не основным следствием поглощения гравитонов преонами. Основной результат – включение гравитонов в состав преонов с дальнейшим делением преонов и образованием нового вещества. Поглощение гравитонов преонами не вызывает само по себе заметного нагрева вещества, хотя формально процесс взаимодействия гравитона с преоном является неупругим ударом.

Звездная эволюция внешне соответствует диаграмме Гершпрунга-Рассела, но последовательность эволюции обратна общепринятой.

Внутри планет и звезд, начиная с их определенной массы, возникают области, до которых не проникают гравитоны. В этих областях формируется очень большая «критическая» гравитирующая

Заключение (выводы)

масса, не оказывающая гравитационного воздействия на окружающие тела, и о существовании которой внешний наблюдатель может и не подозревать.

Такая масса, как бы «экранированная» от гравитонов среды, не обладает и «фундаментальным свойством массы» - инерцией. Этим объясняется и явление высокой частоты излучения пульсаров – такая масса может вращаться внутри звезды с любой скоростью (возможно, до какого-то предела).

Объяснены причины возникновения колец вокруг планет. Не исключено, что пояс астероидов также является аналогичным образованием, только у самого Солнца.

Объясняется причина вращения планет вокруг звезд, и всех достаточно больших космических тел вокруг своей оси.

Объясняется причина увеличения скорости вращения звезд в зависимости от их массы.

Объясняется постепенное превращение эллиптических орбит в круговые.

Критическая гравитационная масса в ядре планеты приводит к отклонениям движения спутников вблизи Земли от законов Кеплера. Чем дальше от планеты, тем точнее выполняется закон Кеплера.

Объясняется причина и процесс возникновения планетных систем у звезд. Это рутинное явление в космосе и необходимый этап звездной эволюции.

Объясняется причина развития «геологических» процессов на планетах, а также причина землетрясений и движение материков.

Космические образования Большого Космоса есть облака гравитонного газа. Галактики образуются как результат вращения космических циклонов – больших масс гравитонного газа.

Черные дыры как объекты со сверхмощным тяготением существовать не могут. Существует критическая масса, начиная с которой прибавление вещества в ней не приводит к увеличению ее тяготеющей массы (силы притяжения - приталкивания). В такой звезде масса может увеличиваться без увеличения ее силы притяжения. «Черные дыры», как наблюдаемые явления, могут иметь совершенно иную природу.

Видимые в центрах галактик несветящиеся образования, принимаемые за «черные дыры», могут представлять собой аналог явления «глаз тайфуна» в ураганах на Земле.

В различных областях мирового пространства плотность гравитонного газа может быть различной, что влечет за собой как необходимое следствие изменение всех основных так называемых

Заключение (выводы)

«мировых констант», целиком и полностью определяемых параметрами гравитонного (а значит – и преонного) газа.

Скорость света является сугубо частной характеристикой движения преонов, и, безусловно, не является «мировой постоянной», а зависит исключительно от концентрации гравитонов и преонов в данной (хотя и очень большой) области мирового пространства.

Видимые части галактик являются только их частью, содержащей звезды. Кроме этого имеются и невидимые части этих космических тайфунов, в которых еще нет звезд или даже и не будет их.

«Темной материи» не существует. Галактики удерживаются не силами тяготения, а представляют собой газовые вихри. «Темная материя» есть научный миф, результат неправомерного применения закона тяготения Ньютона как всемирного закона (явления). Скорости звезд в галактике определяются движением гравитонного газа, а не законами Кеплера, и не наличием в галактике тяготеющей массы.

Вселенная могла возникнуть в результате взаимодействия двух соседних вселенных, для чего не нужно привлекать сомнительную гипотезу «Большого взрыва».

Для объяснения «красного смещения» нет необходимости привлекать сомнительные представления о расширении «пространства» при неизменных расстояниях между галактиками. Пространство в этом случае теряет свой физический смысл и превращается в некий «параметр». В этом случае возникает больше вопросов, чем ответов на них. Явление «красного смещения» объясняется во второй части книги.

Объекты, находящиеся вне радиуса «видимой вселенной», не наблюдаются нами потому, что свет от них сносится в сторону потоком гравитонов «вселенского гравитонного вихря». Наиболее дальние от нас видимые объекты должны постепенно становиться для нас невидимыми.

www.ingramcontent.com/pod-product-compliance
Lightning Source LLC
Chambersburg PA
CBHW031828170526
45157CB00001B/228